EL PULGAR DEL PANDA

DRAKONTOS

Director:
JOSÉ MANUEL SÁNCHEZ RON

EL PULGAR DEL PANDA

Stephen Jay Gould

Traducción de
Antonio Resines

Revisión de
Joandomènec Ros

CRÍTICA
BARCELONA

Primera edición: 1994
Primera edición en esta nueva presentación: abril de 2025

El pulgar del panda. Reflexiones sobre historia natural y evolución
Stephen Jay Gould

Título original: *The Panda's Thumb. More Reflections in Natural History*

Traducción: Antonio Resines, 1994

Av. Diagonal, 662-664, 08034 Barcelona (España)
Crítica es un sello editorial de Editorial Planeta, S. A.

editorial@ed-critica.es
www.ed-critica.es

ISBN: 978-84-9199-745-0
Depósito legal: B. 5.369-2025
Impresión y encuadernación: Arteos Digital
Printed in Spain - Impreso en España

PEFC Certificado
Este libro procede de bosques gestionados de forma sostenible
PEFC
PEFC/14-38-00305
www.pefc.es

Para Jeanette McInerney, Ester L. Ponti, Rene C. Stack

Tres entregados y misericordiosos profesores de mis primeros años.

Escuela Primaria 26, Queens.

Un profesor... nunca logra saber dónde termina su influencia.

Henry Adams

PRÓLOGO

En la primera página de su clásico libro *The Cell in Development and Inheritance,* E. B. Wilson incluyó una cita de Plinio, el gran naturalista que murió con las botas puestas mientras navegaba a través de la bahía de Nápoles para estudiar la erupción del Vesubio del año 79 d. C. Se asfixió con los mismos vapores que sofocaron a los ciudadanos de Pompeya. Plinio escribió: *Natura nusquam magis est tota quam in minimis* («En ningún lugar se encuentra la naturaleza en su totalidad tanto como en sus más pequeñas criaturas»). Wilson, claro está, hizo suya la frase de Plinio para exaltar los microscópicos ladrillos de la vida, las diminutas estructuras inevitablemente desconocidas para el ilustre romano. Plinio se refería a los organismos.

La frase de Plinio refleja la esencia de lo que me fascina de la historia natural. Según un viejo estereotipo (seguido no tan a menudo como proclama la mitología), los ensayos sobre historia natural se limitan a describir las peculiaridades de los animales: las misteriosas costumbres del castor, o cómo la araña teje su frágil tela. Existe en esta tarea, quién lo niega, una cierta exultación. Pero cada organismo puede significar mucho más para nosotros. Cada uno de ellos nos instruye; su forma y su comportamiento encarnan mensajes de índole general si tan sólo somos capaces de aprender a interpretarlos. El lenguaje de esta lección es la teoría evolutiva. Exultación y explicación.

Yo tuve la suerte de tropezar con la teoría de la evolución, uno de los campos más excitantes e importantes de toda la ciencia. Jamás la había oído mencionar cuando emprendí mi andadura en mis primeros años; simplemente me sentía fascinado por los dinosaurios. Yo estaba convencido de que los paleontólogos se pasaban la vida desenterrando huesos y juntándolos, sin ir jamás más allá del trascendental momento en que decidían cómo unirlos. Entonces descubrí la teoría evolutiva. Desde aquel instante, la dualidad de la historia natural (su riqueza en particularidades y su potencial unión en una explicación subyacente) ha sido el motor de mi existencia.

Creo que la fascinación que tantas personas sienten por la teoría de la evolución reside en tres de sus propiedades. En primer lugar, es, en el momento actual de su desarrollo, lo suficientemente sólida como para ofrecernos satisfacciones y confianza y, no obstante, está fructíferamente tan poco desarrollada como para ofrecernos un arcón de tesoros rebosante de misterios. En segundo lugar, está situada en medio de un continuo que se extiende desde las ciencias que tratan de generalidades intemporales y cuantitativas hasta aquellas que trabajan directamente sobre las singularidades de la historia. Así pues, ofrece cobijo a todos los estilos y propensiones, desde aquellos que persiguen la pureza de la abstracción (las leyes del crecimiento de las poblaciones y la estructura del ADN) hasta los que se regocijan con el desorden de la particularidad irreductible (¿y qué hacía, si es que hacía algo, el *Tyrannosaurus* con sus absurdas patitas delanteras?). En tercer lugar, entra en contacto con la vida de todos nosotros, porque ¿cómo íbamos a ser indiferentes a los grandes interrogantes de la genealogía: de dónde venimos, y qué significado tiene? Y después, por supuesto, están todos esos organismos: más de un millón de especies descritas, de las bacterias a la ballena azul, con todo un ejército de escarabajos en medio, cada una con su belleza particular y cada una con su propia historia.

Estos ensayos abordan temas muy dispares: desde el origen de la vida al cerebro de Georges Cuvier, a un ácaro que muere antes de nacer. Y aun así, espero haber conseguido soslayar ese íncubo de las colecciones de ensayos, la incoherencia difusa, centrándolos todos en la teoría evolutiva, subrayando el impacto y los pensamientos de Darwin. Como sostuve al presentar mi anterior colección, *Desde Darwin:* «Soy un minorista, no un erudito. Lo que sé de los planetas y la política reside en su intersección con la evolución biológica».

He intentado fundir estos ensayos en un todo integrado, organizándolos en ocho secciones. La primera, dedicada a los pandas, las tortugas y los antenáridos, ilustra por qué podemos confiar en que la evolución es un hecho. El argumento encarna una paradoja: la prueba de la evolución radica en imperfecciones reveladoras de una historia. Esta sección va seguida de un emparedado de tres pisos: tres secciones dedicadas a grandes temas en el estudio evolutivo de la historia natural (la teoría darwinista y el significado de la adaptación, el ritmo y mecanismo del cambio, y las escalas de tamaño y tiempo), y dos capas de relleno de dos secciones cada una (3 y 4, y 6 y 7) sobre los organismos y las peculiaridades de su historia. (Si alguien desea llevar al límite la metáfora del emparedado y dividir estas siete secciones en carne y estructura de soporte, yo no me sentiré ofendido.) También he colocado palillos en el emparedado: temas subsidiarios comunes a todas las secciones, cuyo propósito es horadar algunas cómodas convenciones: por qué la ciencia tiene que estar imbricada en la cultura, por qué el darwinismo no puede identificarse con las esperanzas de armonía o progreso intrínsecos en la naturaleza. Pero cada pinchazo tiene su consecuencia positiva. Una comprensión de los prejuicios culturales nos obliga a considerar la ciencia como una actividad accesible y humana, muy semejante a cualquier forma de creatividad. El abandonar la esperanza de encontrar pasivamente en la naturaleza un significado a nuestras vidas, nos obliga a buscar las respuestas en nosotros mismos.

Estos ensayos son versiones ligeramente revisadas de mis columnas mensuales en la revista *Natural History,* tituladas colectivamente «This View of Life». He añadido posdatas a algunas: evidencia adicional acerca de la posible implicación de Teilhard en el fraude de Piltdown (ensayo 10); una carta de J. Harlen Bretz, tan polémico como siempre a sus noventa y seis años (19); confirmación procedente del hemisferio sur para una explicación de los imanes de las bacterias (30). Agradezco a Ed Barker que me haya convencido de que estos ensayos podrían resultar menos efímeros de lo que yo había pensado. El editor jefe de *Natural History,* Alan Ternes, y la revisora de originales, Florence Edelstein, me han ayudado mucho a desenrevesar las frases y las ideas, y en la selección de algunos buenos títulos. Hay cuatro ensayos que nunca habrían existido sin la gentil colaboración de mis colegas: Carolyn Fluehr-Lobban me presentó al doctor Down, me envió su desconocido artículo y compartió conmigo sus percepciones y sus escritos (ensayo 15). Ernst Mayr ha venido subrayando la importancia de la taxonomía popular durante años y disponía de todas las referencias necesarias (ensayo 20). Jim Kennedy me introdujo al trabajo de Kirkpatrick (ensayo 22); de otro modo jamás hubiera atravesado el velo de silencio que lo rodea. Richard Frankel me escribió una carta no solicitada de cuatro páginas explicando a este zote de la física las propiedades magnéticas de sus fascinantes bacterias (ensayo 30). Siempre me siento encantado y regocijado por la generosidad de mis colegas; un millar de historias no narradas compensan con creces cada caso ávidamente publicitado de mala voluntad. Agradezco a Frank Sulloway el haberme contado la verdadera historia de los pinzones de Darwin (ensayo 5), a Diane Paul, Martha Denckla, Tim White, Andy Knoll y Karl Wunsch sus referencias, sus agudezas y sus pacientes explicaciones.

Afortunadamente, escribo estos ensayos durante un momento fascinante de la teoría evolutiva. Cuando pienso en la paleontología de 1910, con su riqueza de datos y su vacío de ideas, considero un privilegio el estar trabajando en nuestros tiempos.

La teoría evolutiva está expandiendo el dominio de su impacto y sus explicaciones en todas direcciones. Consideremos la excitación existente en terrenos tan dispares como los mecanismos básicos del ADN, la embriología y el estudio del comportamiento. La evolución molecular es hoy en día una disciplina por derecho propio que promete aportar tanto ideas notablemente nuevas (la teoría de la neutralidad como alternativa a la selección natural), como soluciones a muchos misterios clásicos de la historia natural (véase el ensayo 24). Al mismo tiempo, el descubrimiento de secuencias insertadas y de genes saltarines revela un nuevo estrato de complejidad genética que debe de estar preñado de significación evolutiva. El código de tripletes no es más que un lenguaje maquinal; debe de existir un nivel de control más elevado. Si alguna vez conseguimos descubrir cómo regulan los organismos pluricelulares la temporización implicada en la compleja orquestación de su crecimiento embrionario, la biología del desarrollo podría aunar la genética molecular y la historia natural en una ciencia unificada de la vida. La teoría de la selección de parentesco ha ampliado fructíferamente la teoría darwinista al reino del comportamiento social, aunque en mi opinión sus defensores más celosos malinterpretan la naturaleza jerárquica de la explicación e intentan extenderla (por medio de analogías poco permisibles) al terreno de la cultura humana, donde no es aplicable (véanse los ensayos 7 y 8).

No obstante, mientras la teoría darwinista ensancha sus dominios, algunos de sus más queridos postulados van tambaleándose o, al menos, perdiendo su generalidad. La «síntesis moderna», versión contemporánea del darwinismo que lleva reinando treinta años, adoptó el modelo de una sustitución adaptativa de genes en el seno de poblaciones locales como explicación adecuada, por acumulación y extensión, de la historia completa de la vida. El modelo puede funcionar bien en su reducto empírico de los ajustes adaptativos menores, locales; las poblaciones de la mariposa *Biston betularia* se volvieron negras por sustitución de un único gen, como respuesta seleccionada para una menor visibilidad sobre los árboles que habían sido ennegrecidos por el hollín industrial. Pero ¿es el origen de una especie nueva tan sólo la extensión de este proceso a más genes con un mayor efecto? ¿Son las tendencias evolutivas de mayor alcance en las principales razas simplemente una mayor acumulación de cambios secuenciales adaptativos?

Muchos evolucionistas (entre los que me incluyo) empezamos a cuestionar esta síntesis y a respaldar la perspectiva jerárquica de que los distintos niveles de cambio evolutivo a menudo reflejan diferentes tipos de causas. Los ajustes menores en el seno de las poblaciones pueden ser secuenciales y adaptativos. Pero la especiación puede darse por cambios cromosómicos de mayor cuantía que producen la esterilidad con respecto a otras especies por motivos no relacionados con la adaptación. Las tendencias evolutivas pueden representar una especie de selección a nivel superior sobre especies que son esencialmente estáticas, y no la lenta y constante alteración de una única y gran población a lo largo de incontables eras.

Antes de la síntesis moderna, muchos biólogos (véase Bateson, 1922, en la bibliografía) expresaban su confusión y su desaliento porque los mecanismos de evolución propuestos a diferentes niveles parecían ser lo suficientemente contradictorios como para hacer imposible una ciencia unificada. Tras la síntesis moderna, se extendió la idea (convirtiéndose poco menos que en un dogma entre sus lugartenientes menos metódicos) de que toda la evolución podía reducirse al darwinismo básico de cambios adaptativos graduales en el seno de las poblaciones locales. En mi opinión, seguimos ahora un camino fructífero entre la anarquía de los días de Bateson y la restricción de puntos de vista impuesta por la síntesis moderna. La síntesis moderna opera en su campo apropiado, pero los procesos darwinistas de mutación y selección pueden funcionar de formas notablemente, diferentes en los dominios superiores de la jerarquía de niveles evolutivos. Creo que podemos esperar una uniformidad en los agentes causales, y de aquí, una única teoría general con un núcleo darwinista. Pero debemos tomar en consideración una multitud de mecanismos que imposibilitan la explicación de fenómenos de un nivel más elevado por medio del modelo de sustitución genética adaptativa preferido para el nivel más bajo.

En la base de todo este fermento yace la irreductible complejidad de la naturaleza. Los organismos no son bolas de billar, impulsadas por fuerzas externas simples y mensurables a nuevas posiciones predecibles sobre la mesa de billar de la vida. Los sistemas suficientemente complejos tienen una mayor riqueza. Los organismos tienen una historia que constriñe sus futuros en miles de modos sutiles (véanse los ensayos de la sección 1). La complejidad de sus formas lleva consigo toda una hueste de funciones incidentales a cualesquiera que fueran las presiones iniciales de la selección natural que supervisaron su construcción inicial (véase el ensayo 4). Sus senderos de desarrollo embrionario, intrincados y en gran medida desconocidos, garantizan que entradas sencillas (cambios de menor cuantía en la temporización, por ejemplo) puedan verse traducidas en cambios notables y sorprendentes en su resultado (el organismo adulto, véase el ensayo 18).

Charles Darwin decidió cerrar su gran libro con una sorprendente equiparación que expresa esta riqueza. Contrastó el sistema comparativamente simple de los movimientos planetarios, y su resultado de ciclos estáticos y sin fin, con la complejidad de la vida y sus maravillosos e impredecibles cambios a lo largo de las eras:

> Existe grandiosidad en esta perspectiva de la vida, con sus diversos poderes, originalmente subsumidos en unas pocas formas o en una sola; y en que de tan simple comienzo, mientras este planeta continuaba sus ciclos de acuerdo con las leyes fijas de la gravedad, hayan evolucionado y estén evolucionando un sinfín de formas bellas y prodigiosas.

PRIMERA PARTE

Perfección e imperfección: una trilogía sobre el pulgar del panda

1

EL PULGAR DEL PANDA

Pocos héroes bajan la vista en el esplendor de sus vidas: el triunfo los arrastra inexorablemente hacia adelante, frecuentemente hacia su destrucción. Alejandro lloró porque no le quedaban ya mundos que conquistar; Napoleón, excesivamente abarcador, selló su suerte en las profundidades de un invierno ruso. Pero Charles Darwin no continuó *El origen de las especies* (1859) con una defensa general de la selección natural o con su evidente extensión a la evolución humana (esperó hasta 1871 para publicar *The Descent of Man).* En lugar de ello, escribió su libro más oscuro, el titulado *On the Various Contrivances by which British and Foreign Orchids are Fertilized by Insects* («Sobre los diversos mecanismos por los que las orquídeas británicas y extranjeras son fertilizadas por los insectos»).

Las muchas excursiones de Darwin a las minucias de la historia natural —escribió una taxonomía de las bellotas de mar, un libro sobre las plantas trepadoras y un tratado acerca de la influencia de las lombrices de tierra en la formación del humus vegetal— le dieron la inmerecida fama de ser un anticuado y un tanto senil descriptor de plantas y animales curiosos, que había tenido una inspiración afortunada en el momento preciso. La oleada de academicismo darwinista que ha tenido lugar en el curso de los últimos veinte años (véase el ensayo 2) se ha encargado de disipar de una vez por todas este mito. Anteriormente, un destacado hombre de ciencia se había hecho portavoz de muchos colegas mal informados al juzgar a Darwin como un «mal hilvanador de ideas ... un hombre que no merece estar entre los grandes pensadores».

De hecho, cada uno de los libros de Darwin tuvo su papel en el inmenso y coherente planteamiento del trabajo de su vida: la demostración de que la evolución era un hecho y la defensa de la selección natural como su mecanismo fundamental. Darwin no estudió las orquídeas por sí mismas. Michael Ghiselin, un biólogo californiano que se tomó el trabajo de leer toda la obra de Darwin (véase su *Triumph of the Darwinian Method*), ha identificado correctamente el tratado sobre las orquídeas como un episodio importante de la campaña de Darwin en favor de la evolución.

Darwin comienza su libro sobre las orquídeas con una importante premisa evolutiva: la autofertilización continuada es una mala estrategia para la supervivencia a largo plazo, ya que la descendencia lleva los genes de un solo pariente, y las poblaciones no mantienen la suficiente variación para disponer de una flexibilidad evolutiva frente al cambio ambiental. Así pues, las plantas con flores que tienen tanto órganos sexuales femeninos como masculinos, desarrollan habitualmente una asombrosa variedad de «artilugios» para atraer a los insectos, asegurarse de que el adherente polen se pegue a sus visitantes y garantizar que éste entre en contacto con los órganos sexuales femeninos de la siguiente orquídea que sea visitada por el insecto.

El libro de Darwin es un compendio de estos artilugios, el equivalente botánico a un bestiario. Y, al igual que los bestiarios medievales, su propósito es instruir. El mensaje resulta pedagógico y a la vez profundo. Las orquídeas elaboran sus intrincados dispositivos a partir de los componentes comunes de las flores vulgares, partes habitualmente utilizadas para funciones muy distintas. Si Dios hubiera diseñado una hermosísima máquina para poner de relieve su sabiduría, sin duda no hubiera utilizado una colección de partes con funciones normalmente diferentes. Las orquídeas no eran obra de ningún ingeniero ideal; son ajustes provisionales hechos a partir de un juego limitado de piezas disponibles. Por lo tanto, deben haber evolucionado a partir de flores ordinarias.

De aquí la paradoja y el tema común a esta trilogía de ensayos: nuestros libros de texto tienden a ilustrar la evolución con ejemplos de diseños óptimos (la imitación casi perfecta de una hoja muerta por parte de una mariposa, o de una especie venenosa por parte de algún pariente comestible). Pero el diseño ideal es un argumento pésimo en favor de la evolución, ya que imita la acción postulada de un creador omnipotente. Las disposiciones extrañas y las soluciones singulares constituyen la verdadera prueba de la evolución, caminos que un dios sensato jamás hubiera adoptado, pero que un proceso natural, constreñido por la historia, se ve obligado a seguir. Nadie comprendió esto mejor que Darwin. Ernst Mayr ha demostrado como Darwin, al defender la evolución, se refería constantemente a las partes orgánicas y las disposiciones geográficas que menos sentido tenían. Lo que me lleva al panda gigante y a su «pulgar».

Los pandas gigantes son osos peculiares, miembros del orden Carnívoros. Los osos convencionales son los más omnívoros representantes de su orden, pero los pandas han restringido esta universalidad de gustos en la dirección opuesta: dan el mentís al nombre del orden al que pertenecen subsistiendo casi exclusivamente a base de bambú. Viven en densos bosques de estas plantas a grandes alturas en las montañas de China occidental. Allá se sientan, prácticamente inmunes a los depredadores, masticando bambú entre diez y doce horas diarias.

Como admirador infantil de Andy Panda y anteriormente propietario de un juguete de peluche ganado en la feria del condado cuando, por algún error de la física, cayeron todas las botellas de leche, me sentí encantado cuando los primeros frutos del deshielo de nuestras relaciones con China fueron más allá del ping-pong y se concretaron en la llegada de dos pandas al zoo de Washington. Fui a verlos con el correspondiente sobrecogimiento. Bostezaban, se desperezaban y paseaban de vez en cuando, pero pasaban la mayor parte del tiempo comiendo su adorado bambú. Se sentaban erguidos y manipulaban los tallos con sus patas delanteras, arrancando las hojas y comiendo sólo los brotes.

Me quedé estupefacto ante su destreza y me pregunté cómo era posible que el descendiente de una raza adaptada para la carrera pudiese utilizar sus garras tan hábilmente. Sujetaban los tallos de bambú entre sus garras y los despojaban de sus hojas, pasándolos entre un pulgar aparentemente flexible y el resto de los dedos. Esto me desconcertó. Yo había aprendido que la posesión de un pulgar oponible y diestro se encontraba entre las causas fundamentales del éxito humano. Nosotros habíamos conservado, incluso exagerado, esta importante flexibilidad de nuestros antepasados primates, mientras que la mayor parte de los mamíferos la habían sacrificado al especializar sus dedos. Los carnívoros corren, muerden y arañan. Mi gato podrá manipularme psicológicamente, pero nunca jamás escribirá a máquina ni tocará el piano.

De modo que conté los demás dedos del panda y me llevé una sorpresa aún mayor: había cinco, no cuatro. ¿Acaso era el «pulgar» un sexto dedo desarrollado independientemente? Por fortuna, el panda gigante tiene su biblia, una monografía escrita por D. Dwight Davis, antiguo conservador de anatomía de vertebrados del Museo Field de Historia Natural de Chicago. Probablemente constituya la mejor obra de anatomía evolutiva comparada moderna, y contiene más de lo que nadie querría llegar a saber jamás acerca de los pandas. Davis tenía la respuesta, por supuesto.

El «pulgar» del panda no es, anatómicamente, un dedo. Está constituido por un hueso llamado sesamoide radial, que habitualmente es un pequeño componente de la muñeca. En los pandas, el sesamoide radial está enormemente agrandado y alargado hasta ser casi igual de largo que los huesos metapodiales de los verdaderos dedos. El sesamoide radial está bajo una almohadilla de la mano delantera del panda; los cinco dedos forman el andamiaje de otra almohadilla, la palmar. Ambas almohadillas están separadas por un surco poco profundo que sirve como guía para los tallos de bambú.

El pulgar del panda está dotado no sólo de hueso para darle rigidez, sino también de músculos para proporcionarle su agilidad. Estos músculos, al igual que el propio hueso sesamoide, no surgieron *de novo*. Al igual que las partes de las orquídeas de Darwin, son partes anatómicas familiares remodeladas para una nueva función. El abductor del sesamoide radial (el músculo que lo separa de los verdaderos dedos) tiene el formidable nombre de *abductor pollicis longus* («el abductor largo del pulgar»; *pollicis* es el genitivo de *pollex,* nombre latino del pulgar). Su nombre lo delata. En otros carnívoros, este músculo se inserta en el primer dedo, o pulgar verdadero. Entre el sesamoide radial y el pólice se extienden otros dos músculos más cortos. Mueven el «pulgar» sesamoide hacia los verdaderos dedos.

¿Nos da la anatomía de otros carnívoros alguna pista acerca del origen de esta extraña disposición en los pandas? Davis señala que los osos y los mapaches ordinarios, los parientes más próximos de los pandas gigantes, sobrepasan con mucho a los demás carnívoros en el uso de sus patas delanteras para la manipulación de objetos mientras se alimentan. Perdonarán la metáfora retroactiva, pero los pandas, gracias a su ascendencia, empezaron ya con ventaja para desarrollar una mayor habilidad en la alimentación. Más aún, los osos ordinarios tienen ya un sesamoide radial ligeramente agrandado.

En la mayor parte de los carnívoros, los mismos músculos que mueven el sesamoide radial en el panda se insertan exclusivamente en la base del pólice, o pulgar verdadero. Pero en los osos normales, el músculo abductor largo termina en dos tendo-

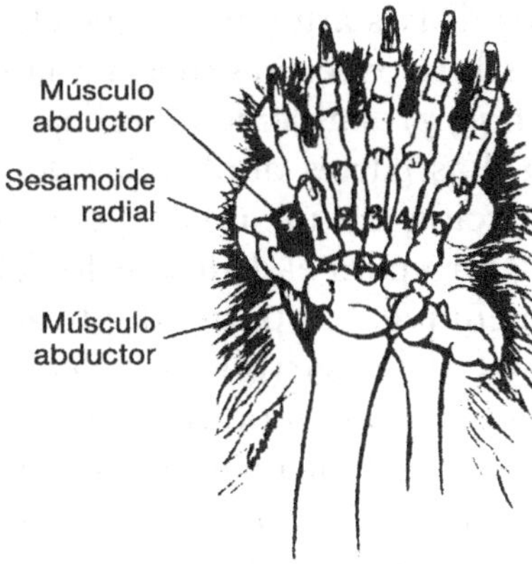

1. El pulgar del panda (D. L. Cramer).

nes: uno se inserta en la base del pulgar como en la mayor parte de los carnívoros, pero el otro se inserta en el sesamoide radial. Los dos músculos más cortos se insertan también, en parte, en el sesamoide radial de los osos. «Así —concluye Davis—, la musculatura para operar este nuevo y notable mecanismo —funcionalmente un dedo nuevo— no requirió cambio intrínseco alguno respecto a las condiciones ya existentes en los parientes más próximos del panda, los osos. Más aún, parece que la secuencia total de lo acontecido en la musculatura se sigue automáticamente de la simple hipertrofia del hueso sesamoide.»

El pulgar sesamoide de los pandas es una estructura compleja formada a partir del marcado crecimiento de un hueso y una redistribución *in extenso* de la musculatura. No obstante, Davis argumenta que todo el aparato surgió como respuesta mecánica al crecimiento del propio sesamoide. Los músculos se desplazaron porque el hueso hipertrofiado les impedía insertarse en sus localizaciones originales. Más aún, Davis postula que el sesamoide radial hipertrofiado podría ser consecuencia de un cambio genético simple, tal vez una única mutación que afectara al calendario y a la tasa de crecimiento.

En el pie del panda, la contrapartida del sesamoide radial, llamada sesamoide tibial, está también hipertrofiada, aunque no tanto como el sesamoide radial. Y, no obstante, el sesamoide tibial no hace de soporte de ningún dedo nuevo, y su tamaño aumentado no le confiere ventaja alguna, por lo que nosotros sabemos. Davis argumenta que el incremento coordinado de los dos huesos, en respuesta a la selección natural de uno solo de ellos, probablemente refleje un tipo simple de cambio genético. Las partes duplicadas del cuerpo no están sometidas a la acción de un único gen: no existe un gen «para» el pulgar, otro para el dedo gordo del pie, ni un tercero para el dedo meñique. Las partes duplicadas son coordinadas en el transcurso del desarrollo; la selección de un cambio en un elemento origina una modificación correspondiente en otros. Puede resultar genéticamente más complejo aumentar el tamaño del pulgar y *no* modificar el dedo gordo del pie, que hacer que aumenten los dos de tamaño. (En el primer caso, debe romperse una coordinación general, el pulgar tendría que verse favorecido independientemente, y el incremento correlativo en tamaño de las estructuras con él relacionadas tendría que ser suprimido. En el segundo caso, un único gen puede aumentar la tasa de crecimiento de un campo regulador del desarrollo de los dedos correspondientes.)

El pulgar del panda nos proporciona una buena contrapartida zoológica a las orquídeas de Darwin. Las soluciones óptimas del ingeniero quedan descartadas por la historia. El pulgar verdadero del panda queda relegado a otro papel, demasiado especializado en otra función como para convertirse en un dedo oponible y manipulador. De modo que el panda se ve constreñido a utilizar partes disponibles y a conformarse con el agrandamiento de un hueso de la muñeca que supone una solución un tanto engorrosa, pero bastante funcional. El hueso sesamoide no ganaría medallas en ningún concurso de ingeniería. Es, por utilizar la frase de Michael Ghiselin, un artefacto, no un exquisito dispositivo. Pero realiza su trabajo y excita nuestra imaginación tanto más cuanto que surge de una base tan improbable.

El libro de orquídeas de Darwin está repleto de casos similares: la *Epipactus* de las marismas, por ejemplo, utiliza su labelo (un pétalo agrandado) a modo de trampa. El labelo está dividido en dos partes. Una de ellas, cerca de la base de la flor, configura una especie de pista de aterrizaje. Un insecto que se pose sobre esta pista la hace descender, obteniendo así acceso a la copa de néctar que se encuentra más allá. Penetra hasta la copa, pero la pista de aterrizaje es tan elástica, que inmediatamente vuelve a su posición original, atrapando al insecto dentro de la copa del néctar. El insecto debe entonces retroceder a lo largo de la única salida posible: un sendero que le obliga a rozarse contra la masa de polen. Una máquina notable, pero desarrollada en su totalidad a partir de un pétalo convencional, una parte ya existente en el antecesor de la orquídea.

Darwin pasa acto seguido a mostrarnos cómo el mismo labelo evoluciona en otras orquídeas para formar una serie de ingeniosos mecanismos que garantizan la fecundación cruzada. Puede formar un plegamiento completo que obliga al in-

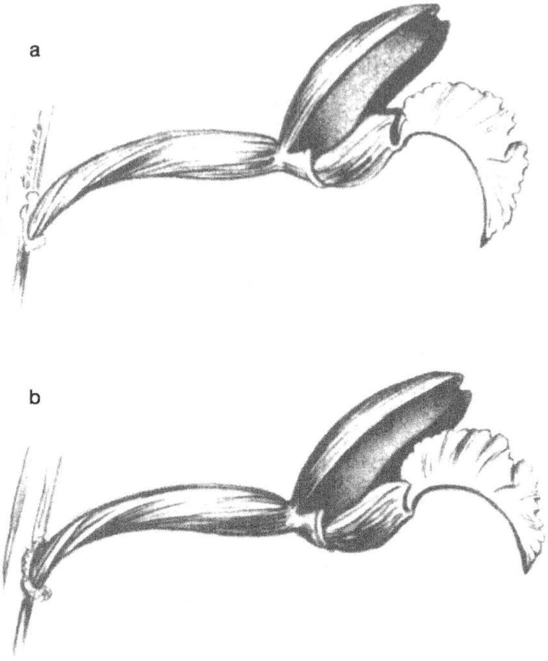

2. *Epipactus* de las marismas, con los sépalos inferiores arrancados. a) La pista de aterrizaje del labelo desciende al posarse el insecto. b) Al penetrar el insecto dentro de la copa, el labelo se eleva de nuevo (D. L. Cramer).

secto a mover su probóscide en torno y más allá del polen para alcanzar el néctar. Puede contener profundas acanaladuras o salientes guía que lleven al insecto tanto hacia el néctar como hacia el polen. Los canales configuran ocasionalmente un túnel, produciendo una flor tubular. Todas estas adaptaciones han sido construidas a partir de una parte que inició su andadura en forma de un sencillo pétalo convencional en alguna forma ancestral. No obstante, la naturaleza puede llegar a tanto con tan poco que exhibe, en palabras de Darwin, «toda una prodigalidad de recursos para llegar a un mismo fin, a saber, la fecundación de una flor por el polen de otra planta».

La metáfora de Darwin sobre la forma orgánica refleja su sentimiento maravillado de que la evolución pueda configurar un mundo de tal diversidad y de tal adecuación en el diseño con tan limitadas materias primas:

> Aunque un órgano puede no haber sido formado originalmente para un propósito determinado, si ahora sirve a este propósito, podemos decir de forma justificada que ha sido especialmente elaborado para él. Así, en toda la naturaleza, casi cualquier parte de cada ser viviente probablemente haya servido, en alguna versión ligeramente modificada, a diversos fines, y haya actuado dentro de la maquinaria vital de muchas formas específicas primitivas y disjuntas.

Puede que la metáfora de las ruedas y las poleas remodeladas no nos halague, pero consideremos lo bien que funcionamos. La naturaleza es, en palabras del biólogo François Jacob, una magnífica chapucera, no un divino artífice. Y ¿quién osará emitir juicio en favor de una u otra de estas ejemplares habilidades?

2

LOS SIGNOS INSENSATOS DE LA HISTORIA

Las palabras nos dan pistas acerca de su historia cuando su etimología no se corresponde con sus significados actuales. Así, sospechamos que los emolumentos fueron en otro tiempo el dinero que se pagaba al molinero local (del latín *molere,* «moler»), mientras que los desastres debían ser achacados a la mala estrella.*

Los evolucionistas siempre han considerado el cambio lingüístico como un fértil campo de analogías significativas. Charles Darwin, al abogar por una interpretación evolutiva de estructuras vestigiales tales como el apéndice humano y los dientes embrionarios de las ballenas, escribió: «Los órganos rudimentarios pueden compararse con las letras de las palabras que aún figuran en su ortografía y han acabado siendo fonéticamente inútiles, pero aportan una pista para la localización de su origen». Tanto los organismos como las lenguas evolucionan.

Este ensayo se enmascara tras una lista de datos curiosos, pero en realidad constituye un abstracto discurso sobre el método; o, más bien, sobre un método en particular, muy utilizado pero poco apreciado por los científicos. Según la imagen estereotipada, los científicos se apoyan sobre los experimentos y la lógica. Un hombre de edad madura con bata

* *Desastre*, del latín *dis*, partícula negativa, y *aster,* estrella, que etimológicamente puede interpretarse como mala estrella. *(N. del r.)*

blanca (la mayor parte de los estereotipos son sexistas), astutamente reticente, pero con un ardiente celo interior por la verdad, o bien expansivo y excéntrico, junta dos productos químicos y ve surgir sus respuestas en un matraz. Hipótesis, predicciones, experimentos y respuestas: el método científico.

Pero muchas ciencias no pueden funcionar y de hecho no funcionan así. Como paleontólogo y biólogo evolucionista, mi oficio consiste en la reconstrucción de la historia. La historia es única y compleja. No puede ser reproducida en un matraz. Los científicos que estudian la historia, particularmente una historia primitiva e inobservable, no registrada en las crónicas humanas ni en las geológicas, deben utilizar métodos de inferencia en lugar de métodos experimentales. Deben examinar los resultados modernos de los procesos históricos e intentar reconstruir el camino que lleva de las palabras, organismos o accidentes geográficos primitivos a los contemporáneos.

Una vez localizado el camino recorrido podemos llegar a especificar las causas que llevaron a la historia a recorrer ése precisamente, y no otro. Pero ¿cómo podemos deducir los caminos recorridos a partir de sus resultados actuales? En particular, ¿cómo podemos estar seguros de que se recorrió algún camino? ¿Cómo sabemos que un resultado actual es producto de alteraciones a lo largo de la historia y no una parte inmutable de un universo inmutable?

Este es el problema con el que se enfrentaba Darwin, ya que sus oponentes creacionistas sí consideraban cada especie como algo inmutable desde el momento de su formación inicial. ¿Cómo probaba Darwin que las especies modernas son producto de la historia? Podríamos suponer que se habría aferrado a los resultados más imponentes de la evolución, las complejas y perfeccionadas adaptaciones de los organismos a su ambiente: la mariposa que se hace pasar por una hoja muerta, el avetoro por una rama, la soberbia obra de ingeniería que es una gaviota en vuelo o un atún en el mar.

Paradójicamente, hizo exactamente lo contrario. Buscó rarezas e imperfecciones. La gaviota puede ser una maravilla de diseño; si uno cree de antemano en la evolución, entonces la ingeniería de sus alas refleja el poder configurador de la selección natural. Pero no puede demostrarse la evolución a través de la perfección, porque la perfección no tiene por qué tener historia. Después de todo, la perfección del diseño orgánico había sido durante mucho tiempo la argumentación favorita de los creacionistas, que veían en tan consumada ingeniería la inevitable intervención directa del divino arquitecto. El ala de un ave, como prodigio aerodinámico, podría haber sido creada tal y como la vemos hoy en día.

Pero, razonaba Darwin, si los organismos tienen historia, entonces sus fases ancestrales deberían dejar restos de su paso. Los vestigios del pasado que no tienen sentido en términos del tiempo presente (lo inútil, lo extraño, lo peculiar, lo incongruente) son las señas de identidad de la historia. Aportan pruebas de que el mundo no fue creado en su forma actual. Cuando la historia perfecciona, borra sus rastros.

¿Por qué debe un término general referente a las compensaciones económicas hacer referencia explícita a una profesión hoy en día prácticamente extinta, a menos que en algún momento tuviera relación con la molienda y el grano? ¿Y por qué debe el feto de una ballena desarrollar dientes en el vientre de la madre para reabsorberlos más adelante y pasarse la vida tamizando kril con un filtro de barbas, a menos que sus antecesores tuvieran dientes funcionales y que estos dientes pervivan como remanente en el transcurso de una etapa de la vida en la que no perjudican al individuo?

No existen evidencias en favor de la evolución que agradaran más a Darwin que la presencia, en la casi totalidad de los organismos, de estructuras rudimentarias o vestigiales, «partes en este extraño estado, que llevan la impronta de la inutilidad», como lo planteó él mismo. «En mi visión de la descendencia con modificaciones, el origen de los órganos rudimentarios es simple», continuaba. Son porciones inútiles de la anatomía, preservadas como remanentes de partes funcionales de los antepasados.

Este punto general se extiende más allá tanto de las estructuras rudimentarias como de la biología, alcanzando a cualquier ciencia histórica. Las rarezas, en términos del presente, son las señas de identidad de la historia. El primer ensayo de esta trilogía planteaba el mismo tema en un contexto diferente. El «pulgar» del panda demuestra la evolución porque es torpe y está elaborado a partir de una pieza extraña: el hueso sesamoide radial de la muñeca. El verdadero pulgar había sido hasta tal punto configurado en su papel ancestral como el dedo para correr y desgarrar de un carnívoro, que no podía ser modificado transformándolo en un manipulador oponible del bambú en un descendiente vegetariano.

La semana pasada, durante una reflexión no biológica, me encontré preguntándome por qué «veterano» y «veterinario», dos palabras con tan diferente significado, tienen una raíz similar en la palabra latina *vetus,* o «viejo». De nuevo nos enfrentamos con una rareza que requiere para su explicación un enfoque genealógico. «Veterano» no presentaba problema alguno: ya que su raíz y su significado actual coinciden, no hay indicación alguna de la presencia de la historia. «Veterinario» resultó ser interesante. Los habitantes de las ciudades tienden a considerar a los veterinarios como sirvientes de sus mimados perros y gatos. Yo había olvidado que los veterinarios originales trataban con animales de granja y ganado (al igual que la mayor parte de los veterinarios actuales; perdonen mi provincianismo neoyorquino). El eslabón que los une con *vetus* es «bestia de carga»: vieja, en el sentido de «capaz de soportar una carga». Las vacas, en latín, son *veterinae.*

Este principio general de la ciencia histórica debería ser aplicable también a la Tierra. La teoría de la tectónica de placas nos ha llevado a reconstruir la historia de la superficie de nuestro planeta. En el transcurso de los últimos doscientos millones de años, nuestros continentes de hoy se han venido fragmentando y dispersando a partir de un único supercontinente, Pangea, que se aglutinó a partir de continentes anteriores hace más de 225 millones de años. Si las rarezas modernas son la impronta de la historia, deberíamos preguntarnos si cualesquiera de las cosas raras que hacen hoy en día los animales podrían resultar más sensatas consideradas como adaptaciones a posiciones continentales primitivas. Entre los mayores enigmas y maravillas de la historia natural, se encuentran las largas y complicadas rutas de migración de muchos animales. Algunos desplazamientos a grandes distancias tienen sentido como rutas directas a climas favorables de una estación a otra; no son más peculiares que la migración anual de invierno a Florida de grandes mamíferos dentro de grandes aves metálicas. Pero otros animales recorren miles de kilómetros (de los territorios de alimentación a los de reproducción) con asombrosa precisión, habiendo otros lugares aparentemente apropiados mucho más cerca. ¿Podría alguna de estas rutas resultar más corta y tener más sentido si la trazáramos sobre un mapa de las posiciones primitivas de los continentes? Archie Carr, el mayor experto mundial sobre la migración de las tortugas verdes, ha propuesto precisamente esto.

Una población de tortugas verdes *(Chelonia mydas)* anida y se reproduce en la pequeña y apartada isla del Atlántico central llamada Ascensión. Los comedores de beneficencia londinenses y los barcos de aprovisionamiento de la Marina de Su Majestad encontraron y explotaron estas tortugas hace ya mucho tiempo. Pero no sospecharon, como más adelante descubrió Carr marcando animales en Ascensión y recuperándolos más adelante en sus zonas de alimentación, que la *Chelonia* recorre tres mil kilómetros desde la costa de Brasil para reproducirse en esa «mota de tierra a cientos de kilómetros de cualquier costa», en esta «espira casi oculta en medio del océano».

Las tortugas se alimentan y reproducen en territorios alejados entre sí, por buenas razones. Comen vegetación marina en pastos poco profundos y abrigados, pero se reproducen en costas desnudas donde existen playas arenosas, preferiblemente en islas en las que escasean los depredadores. Pero ¿por qué recorrer 3.200 kilómetros hasta el centro de un océano cuando existen otros lugares de apareamiento y reproducción, aparentemente apropiados, mucho más cercanos? (Otra gran población de la misma especie se reproduce en la costa caribeña de Costa Rica.) Como escribe Carr: «Las dificultades planteadas por semejante viaje parecerían insuperables si no fuera tan evidente que las tortugas, de alguna manera, las superan».

Tal vez, razonaba Carr, esta singular odisea sea una extensión de algo mucho más sensato, un viaje a una isla en medio del Atlántico cuando el Atlántico era poco más que un charco entre dos continentes recién separados. Suramérica y África se separaron hace unos ochenta millones de años, cuando los ancestros del género *Chelonia* estaban ya en la zona. Ascensión es una isla asociada con la dorsal atlántica central, un cinturón lineal donde el nuevo fondo marino surge del interior de la Tierra. Este material emergido a menudo alcanza la altura suficiente como para formar islas.

Islandia es la mayor isla moderna formada por la dorsal atlántica central; Ascensión es un ejemplo a menor escala del mismo proceso. Una vez que se forman islas en el lado de un risco, se ven empujadas por el nuevo material que sigue emergiendo y extendiéndose. Así, las islas tienden a ser tanto más antiguas cuanto más nos alejamos de una dorsal. Pero también tienden a ser cada vez más pequeñas y a erosionarse convirtiéndose en montículos marinos sumergidos, ya que la aportación de materiales nuevos desaparece una vez que se alejan de una dorsal activa. A menos que se vean preservadas y reconstruidas por un escudo de corales u otros organismos, las islas se verán, con el tiempo, desgastadas y sumergidas por las olas. (También pueden hundirse gradualmente en el océano al desplazarse pendiente abajo desde lo alto de una dorsal elevada hacia las profundidades oceánicas.)

Carr propuso, por lo tanto, que los antecesores de las tortugas verdes de Ascensión recorrían a nado una corta distancia desde Brasil hasta una «proto-Ascensión» de la dorsal atlántica central de finales del Cretácico. Al desplazarse y hundirse esta isla, se formó una nueva en la dorsal y las tortugas se aventuraron un poco más allá. Este proceso siguió su curso hasta que, como el corredor pedestre que alarga su carrera un poco cada día y llega a convertirse en un corredor de maratón, las tortugas se encontraron realizando un viaje de tres mil kilómetros. (Esta historia hipotética no resuelve la otra fascinante cuestión de cómo consiguen las tortugas localizar ese punto perdido en medio de un mar azul. Las recién nacidas flotan hasta Brasil sobre la corriente ecuatorial, pero ¿cómo regresan? Carr supone que realizan su viaje orientándose por las estrellas o algún otro cuerpo del firmamento y que finalmente llegan a puerto recordando las características —¿sabor?, ¿olor?— de las aguas de Ascensión al detectar la estela de la isla.)

La hipótesis de Carr es un excelente ejemplo de la utilización de lo singular para la reconstrucción de la historia. Me gustaría creerla. No me preocupan las dificultades empíricas, ya que éstas no hacen imposible la hipótesis. ¿Podemos estar seguros, por ejemplo, de que siempre surgiera una nueva isla a tiempo para reemplazar la desaparecida (ya que la ausencia de isla durante tan sólo una generación hubiera destrozado el sistema)? ¿Y surgirían las islas siempre lo suficientemente «en ruta» como para que pudieran ser encontradas? La propia Ascensión tiene menos de siete millones de años.

Me preocupa más bien una dificultad teórica. Si la totalidad de la especie *Chelonia mydas* emigrara a Ascensión o, aún mejor, si todo un grupo de especies relacionadas entre sí realizaran el viaje, yo no tendría objeción alguna que oponer a la hipótesis, ya que el comportamiento puede ser tan antiguo y tan heredable como la forma. Pero la *C. mydas* vive y se reproduce por todo el globo. Las tortugas de Ascensión no representan más que una de sus múltiples poblaciones reproductoras. Aunque sus primitivos antecesores tal vez vivieran en el charco que era el Atlántico hace doscientos millones de años, nuestros registros sobre el género *Chelonia* no van más allá de los quince millones de años, mientras que la especie *C. mydas* probablemente sea mucho más reciente. (El registro fósil, con todos sus defectos, indica que pocas especies de vertebrados consiguen sobrevivir más allá de una decena de millones de años.) En el modelo de Carr, las primeras tortugas que realizaron los primeros viajes a proto-Ascensión, eran antecesoras bastante remotas de *C. mydas* (pertenecientes, al menos, a un género diferente). Varios fenómenos de especiación separan a este antecesor del Cretácico de la moderna tortuga verde. Consideremos ahora lo que debería haber pasado en caso de que Carr estuviera en lo cierto. La especie ancestral tuvo que verse dividida en varias poblaciones reproductoras, de las cuales tan sólo una fue a parar a proto-Ascensión. Esta especie evolucionó luego a otra y a otra a lo largo de la serie de los muchos escalones evolutivos que la separaban de la *C. mydas*. En cada uno de éstos, la población de Ascensión retuvo su integridad, cambiando en filas cerradas con otras poblaciones separadas de una especie a otra.

Pero la evolución, hasta donde llegan nuestros conocimientos, no funciona así. Las nuevas especies surgen en poblaciones pequeñas y aisladas y se dispersan posteriormente. Las subpoblaciones de una especie de amplia distribución no evolucionan en paralelo de una especie a la siguiente. Si las subpoblaciones son acervos de reproducción separados, ¿cuáles son las probabilidades de que todas evolucionen del mismo modo y que sigan siendo capaces de fecundarse entre sí una vez suficientemente transformadas como para poderlas considerar una nueva especie? Yo asumo que la *C. mydas*, al igual que la mayor parte de las especies, surgió en alguna zona pequeña en algún momento comprendido dentro de los últimos diez millones de años, cuando África y Suramérica estaban mucho más cerca de lo que lo están hoy en día.

En 1965, antes de que se pusiera de moda la deriva continental, Carr propuso otra explicación diferente que para mí tiene más sentido, ya que hace derivar la población de Ascensión después de la evolución de la *C. mydas*. Argumentaba que los antecesores de la población de Ascensión derivaron accidentalmente sobre la corriente ecuatorial desde África occidental hasta Ascensión (Carr señala que otra tortuga, la *Lepidochelys olivacea*, la tortuga bastarda, del África occidental, colonizó la costa de Suramérica por esta misma ruta). Los recién nacidos flotaron seguidamente hasta Brasil sobre la misma corriente de este a oeste. Por supuesto, el problema radica en el regreso a Ascensión, pero el mecanismo de la migración de las tortugas es tan misterioso que no veo impedimento alguno para suponer que las tortugas puedan retener grabado el lugar de su nacimiento sin la existencia de una información genética previa transmitida por anteriores generaciones.

No creo que la confirmación de la deriva continental fuera el único factor que hizo que Carr cambiara de opinión. Este autor da a entender que prefiere esta nueva teoría porque preserva ciertos estilos básicos de explicación más queridos de los científicos (incorrectamente, según mi iconoclasta criterio). De acuerdo con la nueva teoría de Carr, la peculiar ruta a Ascensión evolucionó gradualmente, de modo sensato y predecible, paso a paso. En su anterior hipótesis es un suceso repentino, un capricho accidental e impredecible de la historia. Los evolucionistas tienden a sentirse más a gusto con las teorías gradualistas y libres de azar. En mi opinión, este es un prejuicio profundamente enraizado en las tradiciones filosóficas occidentales, y no un reflejo del funcionamiento de la naturaleza (véase el ensayo 5). Considero la nueva teoría de Carr una hipótesis audaz en apoyo de una filosofía convencional. Sospecho que es equivocada, pero no puedo por menos que aplaudir su ingenio, su esfuerzo y su método, ya que sigue el gran principio histórico de utilizar como indicio de cambio lo peculiar.

Me temo que las tortugas ilustran otro aspecto de la ciencia histórica; en este caso, una frustración, más que un principio explicativo. Si carecemos de evidencia directa en forma de fósiles o de crónicas humanas, si estamos obligados a inferir un proceso sólo a través de sus resultados de hoy en día, normalmente nos vemos bloqueados o reducidos a la especulación acerca de las probabilidades del mismo. Porque es bien cierto que muchos caminos llevan a muchas Romas.

Este asalto se lo apuntan las tortugas; ¿y por qué no? Mientras los navegantes portugueses se ceñían a las costas de África, la *Chelonia mydas* nadaba derecha hacia un punto perdido en medio del océano. Mientras los mejores científicos del mundo luchaban durante siglos por inventar instrumentos de navegación, la *Chelonia* se limitaba a mirar el cielo y seguir su camino.

3

PROBLEMAS POR PARTIDA DOBLE

La naturaleza estigmatiza a Izaak Walton como un vulgar aficionado con más frecuencia de la que habría imaginado. En 1654, el pescador más famoso del mundo antes del advenimiento de Ted Williams escribió acerca de su cebo favorito: «Tengo un pececillo artificial ... tan curiosamente elaborado y tan exactamente reproducido que engañaría a cualquier trucha de mirada penetrante en un arroyo de corriente rápida».

En un ensayo de mi anterior libro, *Desde Darwin,* contaba la historia de la *Lampsilis,* una almeja de agua dulce con un «pez» de reclamo montado sobre su extremo posterior. Este notable cebo tiene un «cuerpo» hidrodinámico, pliegues laterales que imitan las aletas y la cola y una mancha ocular como remate; los pliegues incluso ondulan con unos movimientos rítmicos que imitan los natatorios. Este «pez», construido a partir de una bolsa de incubación (el cuerpo) y la piel exterior de la almeja (aletas y cola), atrae al pez verdadero y permite que la almeja madre dispare contra él sus crías. Dado que las larvas de *Lampsilis* sólo pueden crecer como parásitos de las branquias de un pez, este reclamo resulta algo verdaderamente útil.

Recientemente, para mi sorpresa, descubrí que la *Lampsilis* no es un caso único. Los ictiólogos Ted Pietsch y David Grobecker se hicieron con un único espécimen de un asombroso pez pescador de caña filipino, de la familia Antenáridos, no como recompensa a sus intrépidas aventuras, sino a través de una fuente de novedades científicas: el comerciante de ejemplares para acuarios. (La capacidad de reconocimiento, más que el machismo,* es a menudo la base de los descubrimientos exóticos.) Los peces pescadores de caña** atraen su comida en lugar de buscar un paseo gratis para sus larvas. Tienen una espina de la aleta dorsal altamente modificada que se inserta en el extremo de sus fauces. Al final de esta espina, montan un cebo apropiado. Algunas especies abisales, que viven en un mundo oscuro jamás alcanzado por la luz de la superficie, pescan con su propia fuente de iluminación: reúnen bacterias fosforescentes en sus cebos. Las especies de aguas poco profundas suelen tener cuerpos multicolores y llenos de abultamientos, y resultan notablemente similares a rocas repletas de esponjas y algas. Yacen inertes sobre el fondo y ondean o agitan sus vistosos cebos cerca de su boca. Los «cebos» difieren según las especies, pero en su mayor parte se asemejan (a menudo de un modo imperfecto) a una serie de invertebrados, incluidos gusanos y crustáceos.

El pez pescador de Pietsch y Grobecker, no obstante, ha desarrollado un cebo para peces tan notable como el señuelo montado en la parte posterior de la *Lampsilis,* el primero descubierto en los peces pescadores. (Su informe lleva por título, apropiadamente, «El perfecto pescador»*** y cita a modo de epígrafe el pasaje de Walton transcrito más arriba.) Esta ex-

* En castellano en el original. *(N. del r.)*

** Los ingleses denominan *anglerfish* (es decir, peces pescadores de caña) a todos los lofiformes que usan el engaño de atraer a sus presas mediante cebos situados al final de un radio de aleta modificado como si de una caña de pescar se tratara. Los lofiformes están constituidos por varias familias, las más conocidas de las cuales son los lófidos (los rapes), los antenáridos (los peces rana, que son los que se comentan en el artículo) y otras varias, la mayoría agrupadas en el suborden Ceratioideos (pejesapos abisales). El lector interesado puede consultar «Peces rana», de T. W. Pietsch y D. B. Grobecker (los mismos autores que cita Gould), en *Investigación y Ciencia,* 167 (1990), pp. 62-69. *(N. del r.)*

*** *The Compleat Angler* es el título del libro que Izaak Walton escribió sobre el arte de la pesca. *(N. del r.)*

quisita falsificación también exhibe manchas de pigmento similares a ojos en el lugar adecuado. Además, tiene filamentos comprimidos que representan las aletas torácicas y abdominales a lo largo de la parte inferior del cuerpo, extensiones desde el dorso que imitan las aletas dorsal y anal e incluso una excrecencia trasera que parece indiscutiblemente una cola. Pietsch y Grobecker concluyen: «El cebo es una réplica casi exacta de un pez pequeño que fácilmente podría pertenecer a toda una serie de familias de percoideos comunes de la zona de las Filipinas». El pez pescador llega incluso a agitar su cebo a través del agua, simulando las ondulaciones laterales de un pez al nadar.

Podría parecer a primera vista que estos artificios casi idénticos de un pez y una almeja cierran definitivamente el caso a favor de la evolución darwinista. Si la selección natural puede hacer semejante cosa dos veces, sin duda puede hacer cualquier otra. No obstante (continuando con el tema de los dos ensayos precedentes y poniendo punto final a esta trilogía), la perfección es tan útil al creacionista como al evolucionista. ¿Acaso no proclama el salmo: «Los cielos declaran la gloria de Dios y el firmamento muestra su obra»? Los dos ensayos anteriores argumentaban que la imperfección apoya la causa de la evolución. Este último plantea la respuesta darwinista a la perfección.

Si hay algo más difícil de explicar que la perfección, es la perfección repetida en animales muy diferentes. Un pez en la parte trasera de una almeja y otro delante de la boca del pez pescador, el primero evolucionado a partir de una bolsa de incubación y piel exterior y el segundo de una espina de una aleta, hacen algo más que duplicar los problemas. Yo no encuentro dificultades para defender el origen evolutivo de los dos «peces». En el caso de la *Lampsilis* puede identificarse una serie de pasos intermedios plausibles. El hecho de que los peces pescadores utilicen en su servicio una espina de la aleta dorsal pone en evidencia el principio de la provisionalidad del material disponible que hacía que el pulgar del panda y el labelo de la orquídea dijeran tanto en favor de la evolución (véase el primer ensayo de esta trilogía). Pero los darwinistas tienen que

3. Pez pescador de caña (David B. Grobecker).

hacer algo más que demostrar la evolución; deben defender el mecanismo básico de la variación al azar y la selección natural como causa primera del cambio evolutivo.

Los evolucionistas antidarwinistas siempre han otorgado trato de favor al desarrollo repetido de adaptaciones similares como argumento contra la idea darwinista básica de que la evolución carece de planes y de dirección. Si distintos organismos convergen una y otra vez sobre las mismas soluciones, ¿acaso no indica esto que determinadas direcciones de transformación están predeterminadas, y no establecidas por la selección natural al actuar sobre variaciones al azar? ¿Acaso no deberíamos considerar la propia repetición de la forma como causa de los numerosos cambios evolutivos que llevan a ella?

A lo largo de su última media docena de libros, por ejemplo, Arthur Koestler ha planteado toda una campaña en contra de su propia idea equivocada del darwinismo. Espera encontrar alguna fuerza ordenadora que restrinja la evolución en determinadas direcciones y que desborde la influencia de la selección natural. Su caballo de batalla es la evolución repetitiva de excelentes diseños en especies diferentes. Una y otra vez cita los «cráneos casi idénticos» de los lobos y del «lobo de Tasmania» (este mamífero marsupial se parece al lobo pero, genealógicamente, está mucho más cercano a los uómbats, los canguros y los koalas). En *Janus,* su libro más reciente, Koestler escribe: «Incluso la evolución de una única especie de lobo por mutación al azar más selección presenta, como hemos visto, dificultades insuperables. Duplicar este proceso independientemente en una isla y en un continente supondría elevar un milagro al cuadrado».

La respuesta darwinista implica tanto una negativa como una explicación. En primer lugar, la negativa: es definitivamente falso que formas altamente convergentes sean efectivamente idénticas. Louis Dollo, el gran paleontólogo fallecido en 1931, estableció un principio que no ha sido comprendido adecuadamente, «la irreversibilidad de la evolución» (también conocida como ley de Dollo). Algunos científicos mal informados creen que Dollo abogaba en favor de una misteriosa fuerza directriz, que impulsaba a la evolución hacia adelante, sin permitir jamás que echara la vista atrás. Y le catalogan entre los no darwinistas que sienten que la selección natural no puede ser la causa del orden en la naturaleza.

De hecho, Dollo era un darwinista que se interesaba por el fenómeno de la evolución convergente, el desarrollo reiterativo de adaptaciones similares en diferentes especies. La teoría elemental de las probabilidades, argumentaba, garantiza prácticamente que la convergencia jamás podría dar nada que se aproximara a una semblanza perfecta. Los organismos no pueden borrar su pasado. Dos especies diferentes pueden desarrollar similitudes superficiales notables como adaptación a un modo común de vida. Pero los organismos contienen tal cantidad de partes complejas e independientes que la posibilidad de que todas evolucionen por duplicado hacia exactamente el mismo resultado es, a todos los efectos, nula. La evolución es irreversible; los signos de los ancestros son preservados siempre; la convergencia, por impresionante que resulte, es siempre superficial.

Consideremos mi candidato para la más asombrosa convergencia de todas: el ictiosaurio. Este reptil marino con antecesores terrestres, confluyó tan acentuadamente hacia los peces que llegó, de hecho, a desarrollar unas aletas dorsal y caudal en el lugar adecuado y con el diseño hidrodinámico preciso. Estas estructuras resultan tanto más notables en cuanto que evolucionaron de la nada: el reptil terrestre ancestral carecía de joroba en la espalda o de placa en la cola que pudieran servir de precursoras. No obstante, el ictiosaurio no es un pez, ni en su diseño general ni en sus intrincados detalles. (En los ictiosaurios, por ejemplo, la columna vertebral atraviesa la lámina inferior de la cola; en los peces con vértebras caudales, la columna se adentra en la superior.) El ictiosaurio sigue siendo un reptil desde sus pulmones y su respiración aérea hasta sus aletas configuradas a partir de huesos modificados, y no de espinas.

Los carnívoros de Koestler cuentan la misma historia. Tanto el lobo placentario como el «lobo» marsupial están diseñados para cazar, pero ningún experto confundiría jamás sus cráneos. Las numerosas y pequeñas improntas de la marsupialidad no se ven obliteradas por la convergencia en forma y función exteriores.

En segundo lugar, la explicación: el darwinismo no es la teoría del cambio caprichoso que se imagina Koestler. La variación al azar puede ser la materia prima del cambio, pero la selección natural construye buenos diseños rechazando la mayor parte de las variantes, aceptando y acumulando, al mismo tiempo, aquellas pocas que mejoran la adaptación a los ambientes locales.

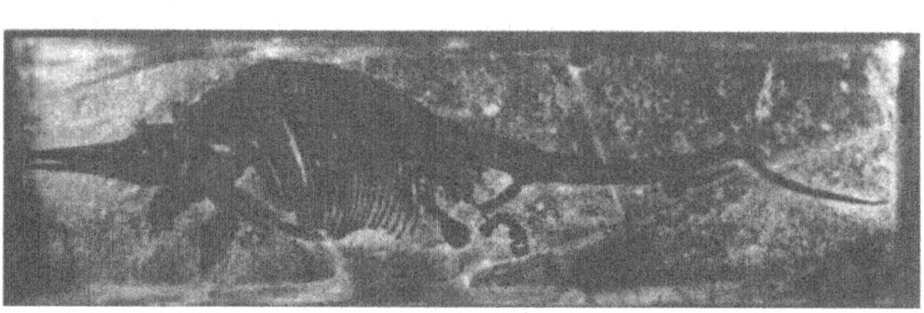

4. Ictiosaurio (cortesía del American Museum of Natural History).

La razón básica de una fuerte convergencia, por prosaica que parezca, es simplemente que algunas formas de ganarse la vida imponen criterios muy exigentes de forma y función sobre todo organismo que las asuma. Los mamíferos carnívoros tienen que correr y morder. No necesitan molares trituradores ya que desgarran y tragan su comida. Tanto los lobos placentarios como los marsupiales están hechos para extensas carreras, tienen caninos largos, puntiagudos y afilados, y molares reducidos. Los vertebrados terrestres se impulsan con sus patas y pueden utilizar o no la cola para equilibrarse. Los peces se equilibran al nadar con las aletas y se impelen desde atrás por medio de la cola. Los ictiosaurios, al vivir como peces, desarrollaron una cola ancha, igual que hicieron luego los cetáceos (aunque las aletas horizontales de la cola de un cetáceo se mueven de arriba a abajo, mientras que las verticales de los peces y los ictiosaurios lo hacen de lado a lado).

Nadie ha abordado este tema biológico del diseño perfecto y repetido con mayor elocuencia que D'Arcy Wentworth Thompson en su tratado de 1942, *On Growth and Form*,* que aún se reedita y sigue siendo tan relevante como el día de su publicación. Sir Peter Medawar, un hombre que desprecia el esnobismo y la exageración, lo describe diciendo que es «sin comparación posible el mejor trabajo literario de los anales de la ciencia escrito en lengua inglesa». Thompson, zoólogo, matemático, académico de clásicas y estilista de prosa, obtuvo el reconocimiento siendo ya anciano, pero se pasó la totalidad de su vida profesional en una pequeña universidad escocesa porque sus criterios eran demasiado heterodoxos como para que obtuviera un prestigioso puesto en Londres o en Oxbridge.

Thompson era más un reaccionario brillante que un visionario. Se tomaba en serio a Pitágoras y trabajaba como un geómetra griego. Encontraba particular deleite en buscar las formas abstractas de un mundo idealizado, encarnado una y

* Existe una versión castellana, traducción de la que John T. Bonner abrevió en 1961 de la original inglesa: *Sobre el crecimiento y la forma* (Blume, Madrid, 1980). *(N. del r.)*

otra vez en los productos de la naturaleza. ¿Por qué aparecen hexágonos repetidos en las celdillas de los panales y en las placas entrelazadas de algunas conchas de tortuga? ¿Por qué las espirales de una piña y un girasol (y a menudo de las hojas sobre un tallo) se acomodaban a la serie de Fibonacci? (Un sistema de espirales que irradian de un punto común pueden ser vistas como una serie de espirales dextrógiras o levógiras. Las espirales levógiras y dextrógiras no son iguales en número, sino que representan dos cifras consecutivas de la serie de Fibonacci. Esta se construye añadiendo los dos números anteriores para formar el siguiente: 1, 1, 2, 3, 5, 8, 13, 21, etc. La piña, por ejemplo, puede tener 13 espirales levógiras y 21 dextrógiras.) ¿Por qué tantas conchas de caracol, tantos cuernos de macho cabrío, e incluso el camino seguido por una polilla al acercarse a la luz, siguen una curva llamada espiral logarítmica?

La respuesta de Thompson era la misma para todos los casos: estas formas abstractas son soluciones óptimas para problemas comunes. Son desarrolladas repetidamente en grupos dispares porque son el mejor, a veces el único, camino hacia la adaptación. Los triángulos, los paralelogramos y los hexágonos, se ven a menudo favorecidos porque se aproximan al círculo y maximizan el área interior en relación con las paredes sustentadoras (un mínimo de construcción para un máximo de capacidad de almacenamiento de miel, por ejemplo). El esquema de Fibonacci emerge automáticamente en cualquier sistema de espirales radiales construidas añadiendo elementos nuevos en el ápice, de uno en uno, que ocupen el mayor espacio posible. La espiral logarítmica es la única curva que no cambia de forma al crecer en tamaño. Yo puedo aceptar las formas abstractas thompsonianas como adaptaciones óptimas, pero en cuanto a la cuestión metafísica más amplia de por qué la «buena» forma a menudo exhibe una regularidad tan sencilla y numérica, no puedo más que alegar mi ignorancia y maravillarme.

Hasta aquí, he hecho referencia tan sólo a la mitad del problema representado por la perfección repetida. He hablado acerca del «porqué». He argumentado que la convergencia jamás vuelve totalmente idénticos dos organismos complejos (una circunstancia que sometería a los procesos darwinistas a una presión más allá de sus capacidades) y he intentado explicar las repeticiones próximas como adaptaciones óptimas a problemas comunes con pocas soluciones.

Pero ¿qué hay del «cómo»? Podemos saber para qué sirven el pez de la *Lampsilis* y el cebo del pez pescador, pero ¿cómo surgieron? Este problema se vuelve particularmente agudo cuando la adaptación final es compleja y peculiar, pero está construida a partir de piezas familiares de diferente función ancestral. Si el cebo pisciforme del antenárido requirió quinientas modificaciones diferenciadas, únicamente para lograr su exquisito mimetismo, ¿cómo empezó entonces el proceso? Y ¿por qué continuó, a menos que alguna fuerza no darwinista, conocedora del objetivo final, lo hiciera seguir adelante? ¿Qué posible beneficio podría aportar el primer paso por sí mismo? ¿Acaso la quingentésima parte de un señuelo es suficiente para inspirar la curiosidad de un pez vivo?

La respuesta de D'Arcy Thompson a este problema fue demasiado extensa, pero característicamente profética. Este autor argumentó que los organismos están conformados directamente por las fuerzas físicas que actúan sobre ellos: las formas óptimas no son más que los estados naturales de una materia plástica en presencia de las fuerzas físicas apropiadas. Los organismos saltan repentinamente de un óptimo a otro al alterarse el régimen de fuerzas físicas. Sabemos hoy que las fuerzas físicas son demasiado débiles, en la mayor parte de los casos, como para construir directamente una forma, y, en su lugar, nos volvemos hacia la selección natural. Pero nos vemos descarrilar si la selección tan sólo puede actuar de un modo paciente y gradual, paso a paso, secuencialmente, para construir una adaptación compleja.

Creo que una solución yace en la esencia de la concepción de Thompson, una vez despejada ésta de la afirmación gratuita de que las fuerzas físicas configuran directamente los organismos. A menudo, las formas complejas están construidas por un sistema mucho más sencillo (con frecuencia muy simple) de factores generativos. Las partes están conectadas en-

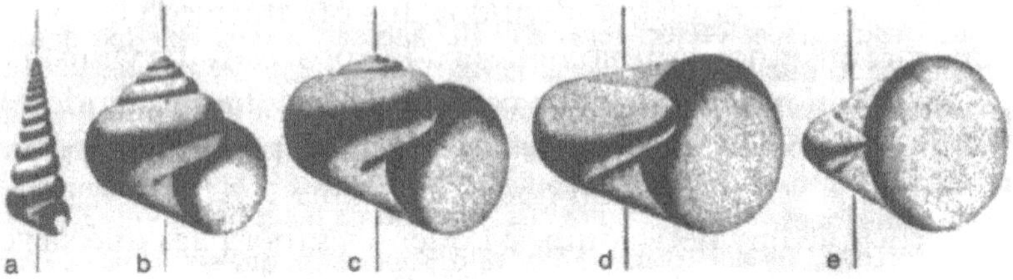

5. En estas figuras trazadas por ordenador (no son caracoles de verdad, a pesar de las similitudes), una forma (a la derecha) muy similar a la de ciertos caracoles puede ser convertida en un «caracol» (figuras a la izquierda) haciendo disminuir simplemente el ritmo con el que la elipse generatriz crece al desarrollarse la «concha», e incrementando el ritmo de traslación de esta elipse a lo largo del eje de giro. Todas estas figuras han sido trazadas especificando tan sólo cuatro parámetros (foto cortesía de D. M. Raup).

tre sí en formas intrincadas a través del crecimiento, y la alteración de una de ellas puede repercutir en todo el organismo y transformarlo en una serie de formas insospechadas. David Raup, del Chicago Field Museum of Natural History, adaptó la idea de D'Arcy Thompson a un ordenador moderno y demostró que todas las formas básicas de las conchas espirales (desde la nautiloide a la almeja y al caracol) pueden ser todas generadas variando tan sólo tres simples gradientes de crecimiento. Utilizando el programa de Raup, puedo transformar un caracol de jardín en una almeja común, modificando tan sólo dos de los tres gradientes. Y, lo crean o no, un género peculiar de caracoles actuales lleva de hecho una concha bivalva tan similar a la de una almeja convencional que me sobresalté al ver salir de entre las valvas la cabeza de un caracol al filmar un plano corto de una película.*

Esto concluye mi trilogía acerca de la cuestión de la perfección y la imperfección como signos de evolución. Pero la totalidad es, en realidad, una extensión de la disquisición acerca del «pulgar» del panda, un objeto simple, concreto, que dio lu-

* Se trata, en realidad, de diversos géneros *(Julia, Berthelinia, Tamanovalva, Edenttellina)* de gasterópodos del orden Sacoglosos (Opistobranquios). *(N. del r.)*

gar a los tres ensayos, a pesar de todas las subsiguientes digresiones y meditaciones. El pulgar, construido a partir de un hueso de la muñeca, imperfecto como signo de la historia, surgido a partir de las piezas disponibles. Dwight Davis se enfrentó al dilema de la potencial impotencia de la selección natural si tenía que funcionar en incontables pasos para elaborar un panda a partir de un oso. Y abogó por la solución de D'Arcy Thompson de reducción a un sistema simple de factores generadores. Mostró cómo el complejo aparato del pulgar, con todos sus músculos y nervios, podía surgir como una serie de consecuencias automáticas del alargamiento del hueso sesamoide radial. Seguidamente argumentó que los complejos cambios de forma y función del cráneo (la transición de omnívoro a una masticación casi exclusiva de bambú) podían ser expresados como consecuencia de una o dos modificaciones subyacentes. Llegó a la conclusión de que «tan sólo unos pocos mecanismos genéticos —tal vez no más de media docena— estuvieron implicados en el desplazamiento adaptativo primario desde el *Ursus* [oso] hasta el *Ailuropoda* [panda]. La acción de la mayor parte de estos mecanismos puede ser identificada con una razonable certeza».

Y así podemos pasar de la subyacente continuidad genética del cambio (un postulado darwinista esencial) a una alteración potencialmente episódica en su resultado manifiesto: una secuencia de organismos complejos y adultos. Dentro de los sistemas complejos, la regularidad de las entradas puede traducirse en cambios episódicos del resultado. Nos enfrentamos aquí a una paradoja básica de nuestro ser y de nuestra búsqueda por encontrar qué fue lo que nos hizo. Sin este nivel de complejidad en nuestra construcción, no podríamos haber desarrollado el cerebro necesario para plantear tales cuestiones. Contando con esta complejidad, no podemos esperar encontrar soluciones en las respuestas sencillas que son tan del gusto de nuestro cerebro.

SEGUNDA PARTE

Darwiniana

4

LA SELECCIÓN NATURAL Y EL CEREBRO HUMANO: DARWIN FRENTE A WALLACE

En el cuarto brazo del crucero de la catedral de Chartres, la más desconcertante de todas las vidrieras medievales retrata a los cuatro evangelistas como enanos sentados sobre los hombros de los cuatro profetas del Antiguo Testamento: Isaías, Jeremías, Ezequiel y Daniel. La primera vez que vi esta vidriera en 1961, siendo aún un engreído estudiante universitario, pensé inmediatamente en el famoso aforismo de Newton («si he podido ver más lejos, ha sido irguiéndome sobre los hombros de gigantes») y me imaginé que había realizado un gran descubrimiento al dar con esta falta de originalidad. Años más tarde, muchísimo más humilde por una serie de razones, me enteré de que Robert K. Merton, el celebrado sociólogo de la ciencia de la Universidad de Columbia, había dedicado todo un libro a los usos prenewtonianos de la metáfora en cuestión. Su título es, apropiadamente, *On the Shoulders of Giants*. De hecho, remonta el *bon mot* hasta Bernard de Chartres en 1126 y cita a varios académicos que creen que los vitrales del gran transepto, instalado tras la muerte de Bernard, representan un intento explícito de inmortalizar en cristal su metáfora.

Aunque Merton construye sabiamente su libro como un delicioso paseo a través de la vida intelectual de la Europa medieval y renacentista, plantea una cuestión seria. Merton ha dedicado gran parte de su trabajo al estudio de los descubrimientos múltiples en la ciencia. Ha demostrado que casi la totalidad de las grandes ideas surgen más de una vez, independientemente y, a menudo, prácticamente al mismo tiempo; y que los grandes científicos están insertados en sus culturas, no divorciados de ellas. La mayor parte de las grandes ideas está «en el aire», y hay varios estudiosos agitando sus cazamariposas simultáneamente.

Uno de los más famosos «múltiples» de Merton reside en mi propio terreno de la biología evolutiva. Darwin, por narrar la ya famosa historia con brevedad, desarrolló su teoría de la selección natural en 1838 y la expuso en dos bocetos inéditos de 1842 y 1844. Seguidamente, sin dudar ni por un momento de su teoría, pero temeroso de exponer sus implicaciones revolucionarias, pasó a cocerse en su propio jugo, remolonear, esperar, meditar y recoger datos durante otros quince años. Finalmente, ante la insistencia de sus amigos más próximos, empezó a trabajar sobre sus notas, con la intención de publicar un voluminoso texto que hubiera sido cuatro veces más largo que *El origen de las especies.* Pero, en 1858, Darwin recibió una carta y un manuscrito de un joven naturalista, Alfred Russel Wallace, que había desarrollado independientemente la teoría de la selección natural mientras yacía enfermo de paludismo en una isla del archipiélago malayo. Darwin se quedó anonadado por la detallada similitud entre los dos trabajos. Wallace incluso llegaba a citar su misma fuente de inspiración, una fuente no biológica, el *Ensayo sobre la población,* de Malthus. Darwin, consumido por la ansiedad, realizó el esperado gesto de magnanimidad, pero intentó encontrar algún modo de preservar su legítima prioridad. Escribió a Lyell: «Antes preferiría quemar la totalidad de mi obra que permitir que él o cualquier otra persona pudiera pensar que he actuado con espíritu mezquino». Pero añadía una sugerencia: «Si pudiera publicar honorablemente, afirmaría que me vi inducido a publicar un boceto ... por el hecho de que Wallace me había mandado un resumen de mis conclusiones generales». Lyell y Hooker picaron el anzuelo y fueron en rescate de Darwin. Mientras éste permanecía en su casa, guardando luto por la muerte de su hijo menor a causa de la escarlatina, presentaron una obra conjunta a la Sociedad Linneana que contenía un extracto del ensayo de 1844 de Darwin, junto con el manuscrito de Wallace. Un año más tarde Darwin publicó su «extracto» febrilmente recopilado del trabajo de mayores dimensiones, *El origen de las especies*. Wallace se vio eclipsado.

Wallace ha pasado a la historia como la sombra de Darwin. Tanto en público como en privado, Darwin era invariablemente justo y generoso con su colega más joven. Escribió a Wallace en 1870: «Espero que suponga para usted una satisfacción el reflexionar (y hay muy pocas cosas en mi vida que me hayan resultado más satisfactorias) que jamás hemos sentido celos el uno del otro, aunque seamos, en cierto sentido, rivales». Wallace, a su vez, mantuvo una consistente actitud de deferencia. En 1864 escribió a Darwin: «En cuanto a la teoría en sí de la selección natural, siempre mantendré que es suya y sólo suya. Usted la había elaborado con un detalle que jamás había pasado por mi imaginación, años antes de que yo viera el primer rayo de luz sobre el tema, y mi trabajo jamás hubiera convencido a nadie, ni hubiera recibido más atención que la de ser considerado una ingeniosa especulación, mientras que su libro ha revolucionado el estudio de la historia natural, cautivando a los mejores talentos de nuestros tiempos».

Este genuino afecto y este apoyo mutuo enmascaraban un serio desacuerdo acerca de lo que podía ser la cuestión fundamental de la biología evolutiva, tanto entonces como hoy. ¿Hasta qué punto es exclusiva la selección natural como agente del cambio evolutivo? ¿Deben ser consideradas adaptaciones todas las características de los organismos? Y, no obstante, su papel de *alter ego* subordinado a Darwin ha quedado tan firmemente establecido en las narraciones populares que pocos estudiosos de la evolución llegan a darse cuenta de que hubiera diferencias entre ellos en cuestiones de teoría. Más aún, en un área específica, en la que su público desacuerdo quedó registrado en los libros (el origen del intelecto humano), muchos escritores han contado la historia al revés porque no fueron capaces de situar este debate en el contexto de un desacuerdo más general acerca del poder de la selección natural.

Todas las ideas sutiles pueden ser trivializadas, incluso vulgarizadas, retratándolas en términos inflexibles, absolutos.

Marx se sintió obligado a negar que fuera marxista, mientras que Einstein contendía con la gravemente errónea afirmación de que lo que él decía era que «todo es relativo». Darwin vivió para ver cómo se apropiaban de su nombre para defender un punto de vista extremista que él jamás compartió, ya que el «darwinismo» ha sido definido a menudo, tanto en sus tiempos como en los nuestros, como la creencia de que prácticamente todo cambio evolutivo es producto de la selección natural. De hecho, Darwin se quejaba con frecuencia, con una amargura insólita en él, de la apropiación indebida de su nombre. En la última edición de *El origen de las especies* (1872) escribió: «Dado que mis conclusiones han sido muy deformadas últimamente, y se ha afirmado que yo atribuyo exclusivamente a la selección natural la modificación de las especies, permítaseme que haga notar que en la primera edición de este trabajo, y en las subsiguientes, incluí en una posición extremadamente notable (a saber, en el final de la introducción) las siguientes palabras: "Estoy convencido de que la selección natural ha sido el principal, pero no el único, medio de modificación". Esto no ha tenido repercusión alguna. Grande es el poder de la deformación continuada».

No obstante, Inglaterra albergaba efectivamente a un grupo de seleccionistas estrictos («darwinistas» en su sentido deformado), y su líder era Alfred Russel Wallace. Estos biólogos sí atribuían todo cambio evolutivo a la selección natural. Consideraban cada partícula morfológica, cada función de cada órgano, cada comportamiento, una adaptación, un producto de la selección tendente a la aparición de un organismo «mejor». Tenían una fe profunda en la «adecuación» de la naturaleza, en la perfecta adaptación de todas las criaturas a su ambiente. En un sentido peculiar estuvieron apunto de volver a introducir la idea creacionista de la armonía natural, sustituyendo al dios benévolo por la fuerza omnipotente de la selección natural. Darwin, por otra parte, era un pluralista convencido, que contemplaba un universo mucho más chapucero. Él veía mucha adaptación y armonía, ya que creía que la selección natural tiene un lugar de preferencia entre las fuerzas evolutivas. Pero existen también otros procesos y los organismos exhiben toda una variedad de caracteres que no constituyen adaptaciones y no favorecen la supervivencia de un modo directo. Darwin hizo hincapié en dos principios que llevan al cambio no adaptativo: 1) los organismos son sistemas integrales y un cambio adaptativo en una de sus partes puede llevar a modificaciones no adaptativas de otros caracteres («correlaciones de crecimiento» en términos de Darwin); 2) un órgano construido bajo la influencia de la selección para un papel específico puede ser capaz, como consecuencia de su estructura, de realizar también otras muchas funciones no seleccionadas.

Wallace planteaba la línea dura hiperseleccionista («el darwinismo puro» según sus propias palabras) en un primer artículo de 1867, considerándola «una deducción necesaria a partir de la teoría de la selección natural».

> Ninguno de los hechos definidos de la selección orgánica, ningún órgano especial, ninguna forma o marca característica, ninguna peculiaridad del instinto o los hábitos, ninguna relación entre especies o entre grupos de especies puede existir, que no sea ahora, o haya sido alguna vez, útil a los individuos o razas que los poseen.

De hecho, más adelante argumentaba que cualquier falta aparente de utilidad tan sólo puede ser reflejo de la insuficiencia de nuestros conocimientos; una argumentación notable, dado que hace que el principio de utilidad sea *a priori* imposible de descalificar: «El aserto de la "inutilidad" en el caso de cualquier órgano ... no es, y nunca podrá ser, la afirmación de un hecho, sino tan sólo una expresión de nuestra ignorancia acerca de su objeto u origen».

Todas las discusiones públicas y privadas que Darwin mantuvo con Wallace se centraron en su diferente valoración del poder de la selección natural. La primera vez que cruzaron las espadas fue por la cuestión de la «selección sexual», el proceso subsidiario propuesto por Darwin para explicar el origen de características aparentemente irrelevantes o incluso perjudiciales para la cotidiana «lucha por la supervivencia» (expresada primariamente en la alimentación y la defensa), pero que podían ser interpretadas como mecanismos para aumentar el éxito a la hora del apareamiento: las elaboradas cornamentas de los ciervos, o las plumas caudales del pavo real, por ejemplo. Darwin proponía dos tipos de selección sexual: la competencia entre los machos para obtener acceso a las hembras, y la elección por parte de las propias hembras. Atribuía gran parte de la diferenciación entre las modernas razas humanas a la selección sexual, basada en los diferentes criterios de belleza surgidos en los diferentes pueblos. (Su libro acerca de la evolución humana, *The Descent of Man,* de 1871,* es en realidad una amalgama de dos obras: un largo tratado acerca de la selección natural en todo el reino animal y una narración especulativa más breve acerca de los orígenes de la humanidad, que se apoyaba fuertemente en la selección sexual.)

La idea de la selección sexual no es en realidad opuesta a la selección natural, ya que no es más que otro sendero hacia el imperativo darwinista del éxito reproductivo diferencial. Pero a Wallace le desagradaba la selección sexual por tres motivos: comprometía la generalidad de esa visión tan peculiarmente propia del siglo XIX de la selección natural como una batalla por la vida, no simplemente por copular; ponía un excesivo énfasis en la «volición» de los animales, en particular en el concepto de la elección por la hembra; y, aún más importante, permitía el desarrollo de numerosos caracteres importantes que resultan irrelevantes, si no perjudiciales, para el funcionamiento de un organismo como una máquina bien diseñada. Así pues, Wallace veía en la selección sexual una amenaza a su visión de los animales como obras de perfecta elaboración, configuradas por la fuerza puramente material de la selección natural. (De hecho, Darwin había desarrollado el concepto en gran medida para explicar por qué tantas diferencias entre los grupos humanos resultan irrelevantes para la supervivencia basada en un buen diseño, reflejando

* Existen varias versiones castellanas, entre ellas *El origen del hombre y la selección en relación al sexo* (Bruguera, Barcelona, 1980). *(N. del r.)*

meramente la variedad de caprichosos criterios de belleza que surgieron sin razón adaptativa alguna en varias razas. Wallace aceptaba la selección sexual basada en el combate entre machos como algo suficientemente próximo a la metáfora de la batalla, que controlaba su concepto de la selección natural. Pero rechazaba la idea de elección por parte de la hembra, y desasosegaba grandemente a Darwin con sus intentos especulativos de atribuir todos los caracteres surgidos de ella a la acción adaptativa de la selección natural.)

En 1870, mientras preparaba *The Descent of Man,* Darwin escribió a Wallace: «me duele discrepar de usted, y de hecho me aterroriza y me hace desconfiar continuamente de mí mismo. Me temo que jamás llegaremos a entendernos el uno al otro». Luchaba por comprender la reticencia de Wallace e incluso por aceptar la fe de su amigo en una selección natural pura: «Le agradará saber —escribió a Wallace— que estoy sumamente preocupado por la protección y la selección sexual; esta mañana me incliné gozosamente hacia su punto de vista; esta noche he oscilado de vuelta a [mi] antigua posición, de la que me temo que jamás me apearé».

Pero el debate acerca de la selección sexual no era más que el preludio de un desacuerdo mucho más serio y famoso acerca de ese tema supremamente emocional y contencioso: el origen de la humanidad. En pocas palabras, Wallace, el hiperseleccionista, el hombre que había ridiculizado a Darwin por su reticencia a ver la acción de la selección natural en cada matriz de la forma orgánica, se detenía abruptamente ante el cerebro humano. Nuestro intelecto y nuestra moralidad, argumentaba Wallace, no podían ser producto de la selección natural; por lo tanto, ya que la selección natural es el único instrumento de la evolución, algún poder superior (Dios, por no andar con rodeos) tuvo que haber intervenido en la construcción de esta última y más grande de las innovaciones orgánicas.

Si Darwin se había sentido apenado por su incapacidad de impresionar a Wallace con la selección sexual, ahora se quedó positivamente boquiabierto ante la abrupta media vuelta de Wallace en la mismísima línea de meta. En 1869 escribió a

Wallace: «Espero que no haya usted asesinado demasiado a su propio hijo y al mío». Un mes más tarde se quejaba: «Si no me lo hubiera dicho usted, hubiera creído que [sus comentarios acerca del hombre] habían sido añadidos por alguna otra persona. Como usted esperaba, discrepo penosamente de su opinión, y lo lamento mucho». Wallace, sensible al reproche, se refirió en adelante a su teoría del intelecto humano denominándola «mi herejía particular».

La narración convencional de la apostasía de Wallace al borde mismo de la total consistencia considera una falta de valor por parte de éste el no haber dado el último paso, introduciendo plenamente al hombre en el sistema natural, un paso que Darwin dio con encomiable entereza en dos libros, *The Descent of Man* (1871) y *The expression of the Emotions in Man and Animals* (1872).* Así, Wallace emerge de la mayor parte de las narraciones históricas como un hombre inferior a Darwin por una (o por más de una) de estas tres razones, todas relacionadas con su posición sobre el origen del intelecto humano: por cobardía pura y simple; por su incapacidad para trascender las constricciones impuestas por la cultura y la visión tradicionales acerca del carácter único del hombre; y por su inconsistencia al advocar la selección natural con tanto ímpetu (en el debate acerca de la selección sexual) abandonándola, no obstante, en el momento más crucial.

Yo no puedo analizar la psique de Wallace, y no pienso hacer comentarios acerca de sus motivos más profundos para aferrarse a la separación insalvable entre el intelecto humano y el comportamiento de los meros animales. Pero puedo valorar la lógica de su argumentación, y reconocer que la versión tradicional de ésta es, no sólo incorrecta, sino que está expuesta exactamente al revés. Wallace no abandonó la selección natural en el umbral de la humanidad. Más bien, fue una visión particularmente rígida de la selección natural lo que le llevó, con perfecta consistencia, a rechazarla en el caso de la

* Existen varias versiones castellanas, entre ellas *La expresión de las emociones en el hombre y en los animales* (Atlante, Barcelona, 1909). *(N. del r.)*

mente humana. Su posición no varió en ningún momento: la selección natural es la única causa de los principales cambios evolutivos. Sus dos debates con Darwin (la selección sexual y el origen del intelecto humano) representan la misma discusión, y no a un Wallace inconsistente defendiendo la selección en un caso y huyendo de ella en el siguiente. El error de Wallace acerca del intelecto humano surgió de la inadecuación de su rígido seleccionismo, no de su falta de aplicación. Y su argumentación merece ser estudiada hoy en día, ya que su defecto persiste como el eslabón más débil en muchas de las especulaciones evolutivas más recientes y «modernas» de la literatura de nuestros tiempos. Porque el rígido seleccionismo de Wallace está mucho más cerca que el pluralismo de Darwin a la actitud encarnada por nuestra teoría favorita en el momento actual, que, irónicamente dentro de este contexto, recibe el nombre de «neodarwinismo».

Wallace propuso varios argumentos en favor del carácter único del intelecto humano, pero su afirmación central empieza por una toma de postura extremadamente desusada en sus tiempos, una que exige, vista retrospectivamente, nuestras mayores alabanzas. Wallace era uno de los pocos no racistas del siglo XIX. Creía de verdad que todos los grupos humanos tenían las mismas capacidades intelectuales innatas. Wallace defendía decididamente este igualitarismo anticonvencional con dos argumentos, uno anatómico y otro cultural. Afirmaba, en primer lugar, que el cerebro de los «salvajes» no es menor ni está peor organizado que el nuestro: «En el cerebro de los "salvajes" más primitivos, y, en la medida de lo que sabemos, en las razas prehistóricas, nos encontramos con un órgano ... poco inferior en tamaño y complejidad al perteneciente al tipo más elevado». Más aún, ya que el condicionamiento cultural puede integrar al más primitivo de los salvajes a nuestra más cortesana forma de vida, el primitivismo en sí debe surgir de la no utilización de las capacidades existentes, y no de su ausencia: «Está latente en las razas inferiores, ya que bajo una formación europea se han constituido bandas militares de nativos en muchas partes del mundo, que han sido capaces de ejecutar loablemente la mejor música moderna».

Por supuesto al definir a Wallace como no racista, no pretendo sugerir que considerara las prácticas culturales de todos los pueblos como iguales en su valor intrínseco. Wallace, al igual que la mayor parte de sus coetáneos, era un chovinista cultural que no ponía en duda la evidente superioridad de las costumbres europeas. Puede haber sido un defensor de las capacidades de los «salvajes» pero, desde luego, tenía una pobre opinión acerca de su vida tal y como equivocadamente la concebía: «Nuestras leyes, nuestro gobierno y nuestra ciencia nos obligan a razonar continuamente acerca de toda una serie de complicados fenómenos hasta llegar al resultado esperado. Incluso nuestros juegos, tales como el ajedrez, nos obligan a ejercitar todas estas facultades hasta extremos notables. Comparemos esto con las lenguas de los salvajes, que carecen de términos para expresar conceptos abstractos; la absoluta carencia de previsión por parte del hombre salvaje para ir más allá de sus necesidades más inmediatas; su incapacidad de combinar, o comparar, o razonar acerca de cualquier tema general que no atraiga inmediatamente sus sentidos».

De aquí surge el dilema de Wallace: todos los «salvajes», desde nuestros antepasados a los supervivientes de hoy en día, tenían cerebros perfectamente capaces de desarrollar y apreciar las más finas sutilezas del arte, la moralidad y la filosofía europeas; y, no obstante, utilizaban en estado natural tan sólo una diminuta fracción de esas capacidades naturales para la construcción de sus rudimentarias culturas, con lenguajes empobrecidos y repugnante moralidad.

Pero la selección natural tan sólo puede dar forma a un carácter para su inmediata utilización. El cerebro estaba excesivamente superdesarrollado para lo que se utilizaba en las sociedades primitivas; por lo tanto, la selección natural no podía ser su constructora:

> Un cerebro un 50 por 100 mayor que el de un gorila ... habría resultado más que suficiente para el desarrollo mental limitado del salvaje; y debemos por lo tanto admitir que el cerebro grande, que de hecho posee, jamás podría haber sido desarrollado sólo por medio de cualquiera de esas leyes de la evolución, cuya esen-

cia consiste en que llevan a un grado de organización exactamente proporcionado a las necesidades de cada especie, y nunca más allá de éstas ... La selección natural sólo podría haber dotado al hombre salvaje de un cerebro en mínimo grado superior al de un mono, mientras que, por el contrario, posee uno que es poco inferior al de un filósofo.

Wallace no confinó esta argumentación general al terreno del intelecto abstracto, sino que la extendió a todos los aspectos del «refinamiento» europeo, al lenguaje y la música en particular. Consideremos su punto de vista acerca del «maravilloso poder, flexibilidad, alcance y dulzura de los sonidos musicales que puede producir la laringe humana, especialmente en el sexo femenino».

Los hábitos de los salvajes no ofrecen indicación alguna de cómo podría haberse desarrollado esta facultad a través de la selección natural, ya que ellos jamás la requieren ni utilizan. El canto de los salvajes es un aullido más o menos monótono, y los hombres rara vez cantan. Los salvajes, desde luego, jamás escogen esposa por su magnífica voz, sino por su salud, su fuerza y su belleza física. Por lo tanto, la selección sexual no podría haber desarrollado este maravilloso poder, que sólo entra en juego en los pueblos civilizados. Parecería que el órgano hubiera sido preparado en anticipación del futuro progreso del hombre, ya que contiene capacidades latentes que le resultan inútiles en su condición primitiva.

Finalmente, si nuestras capacidades superiores surgieron antes de que las usásemos o las necesitásemos, entonces no pueden ser producto de la selección natural. Y, si se originaron anticipándose a una futura necesidad, entonces deben ser creación directa de una inteligencia superior: «La inferencia que yo haría a partir de esta clase de fenómenos es que una inteligencia superior ha dirigido el desarrollo del hombre en una dirección definida, y con un propósito específico». Wallace se había reincorporado al campo de la teología natural, y Darwin protestó, intentó alterar la posición de su colega, y finalmente se lamentó de ella.

La falacia del argumento de Wallace no es simplemente una reticencia a extender la evolución a los humanos, sino más bien el hiperseleccionismo que permeaba todo su pensamiento evolutivo. Porque si el hiperseleccionismo fuera válido (si cada partícula de cada criatura fuera elaborada para, y sólo para su inmediata utilización), entonces la argumentación de Wallace es inatacable. Los primeros hombres de Cromagnon, con un cerebro más grande que el nuestro, produjeron asombrosas pinturas en sus cavernas, pero no escribían sinfonías ni construyeron ordenadores. Todo lo que hemos logrado desde entonces es producto de una evolución cultural basada en un cerebro de capacidad invariante. Desde el punto de vista de Wallace, ese cerebro no podría ser producto de la selección natural, ya que siempre poseyó capacidades muy superiores a las necesarias para cumplir su función original.

Pero el hiperseleccionismo no es válido. Es una caricatura del punto de vista más sutil de Darwin, y no sólo ignora, sino que malinterpreta, la naturaleza de la forma y la función orgánicas. La selección natural puede construir un órgano «para» una función o grupo de funciones específicas. Pero este «propósito» no tiene por qué especificar detalladamente las capacidades de tal órgano. Los objetos diseñados con un determinado propósito pueden, como resultado de su complejidad estructural, realizar también toda otra serie de tareas. Una fábrica puede instalar un ordenador con el exclusivo propósito de elaborar la nómina mensual, pero una máquina así puede también analizar la estadística de ganancias o pegarle una paliza a cualquiera (o al menos empatar perpetuamente) en el juego de tres en raya. Nuestros grandes cerebros pueden haberse originado «para» hacerse cargo de algunas habilidades como la recolección de alimentos, la vida social o lo que sea; pero estas habilidades no agotan los límites de lo que una máquina tan compleja puede hacer. Afortunadamente, estos límites incluyen, entre otras cosas, la capacidad de escribir, desde listas de compras para todos nosotros a grandes óperas para unos pocos. Y nuestra laringe puede haber surgido «para» una gama limitada de sonidos articulados, necesarios para coordinar la vida social. Pero su diseño físico nos permite hacer con ella más cosas, desde cantar en la ducha a todos, hasta ser la ocasional diva.

El hiperseleccionismo ha permanecido con nosotros mucho tiempo bajo diversos disfraces, ya que representa la versión científica de finales del siglo XIX del mito de la armonía natural: todo es para lo mejor en el mejor de los mundos posibles (todas las estructuras están bien diseñadas para un propósito definido, en este caso). Es, de hecho, la visión del estúpido doctor Pangloss, tan vívidamente satirizado por Voltaire en *Cándido:* el mundo no es necesariamente bueno, pero es el mejor al que podríamos aspirar. Como decía el buen doctor en un pasaje que antecedía a Wallace en un siglo, pero que capta la esencia de lo que hay de equivocado en su argumentación: «Las cosas no pueden ser más que como son ... Todo está hecho con los mejores propósitos. Nuestras narices fueron hechas para sujetar las gafas, por lo tanto tenemos gafas. Está claro que las piernas estaban pensadas para llevar pantalones, y los llevamos». Y tampoco podemos afirmar que el panglosianismo esté muerto en nuestros días; no cuando tantos libros de la literatura popular acerca del comportamiento humano afirman que desarrollamos nuestro gran cerebro «para» cazar y después buscan el origen de todos nuestros males modernos en las limitaciones al pensamiento y los sentimientos supuestamente impuestos por tal modo de vida.

Por lo tanto, irónicamente, el hiperseleccionismo de Wallace llevó nuevamente a la creencia básica del creacionismo, al que pretendía sustituir: una fe en la «corrección» de las cosas, un lugar definido para cada objeto en un todo integrado. Como injustamente escribía Wallace acerca de Darwin:

> Aquel cuyas enseñanzas fueron inicialmente estigmatizadas como degradantes e incluso ateas, al dedicar a los variopintos fenómenos de las cosas vivas el amoroso, paciente y reverente estudio de quien verdaderamente tiene fe en la belleza y la armonía y la perfección de la creación, fue capaz de sacar a la luz innumerables adaptaciones y demostrar que las partes más insignificantes de

los más insignificantes seres vivos tenían una utilidad y un propósito.

Yo no niego que la naturaleza tiene sus armonías. Pero la estructura tiene también sus capacidades latentes. Construida con un fin, puede realizar otros; y en esta flexibilidad yace tanto el caos como la esperanza de nuestras vidas.

5

EL CAMINO DE EN MEDIO DE DARWIN

«Navegábamos ya por el paso exhalando gemidos / —narra Odiseo— con Escila a este lado, al de allá la divina Caribdis. / Espantosa tragábase ésta las aguas salobres / y al echarlas de sí borbollaban en gran torbellino / como en una caldera que hierve a un buen fuego; la espuma / salpicaba a lo alto y caía en los dos farallones» (canto XII, vv. 234-239). Odiseo consiguió desviarse en torno a Caribdis, pero Escila se apoderó de seis de sus mejores hombres y los devoró ante sus ojos: «Nunca tuve a mis ojos tan triste visión entre todas / cuantas he padecido en el mar descubriendo sus rutas» (canto XII, vv. 258-259).*

Los falsos reclamos y los peligros a menudo aparecen en parejas en nuestras leyendas y metáforas: considérese la sartén y el fuego, o la espada y la pared. Las prescripciones para evitarlos, o bien ponen su énfasis en una tozuda firmeza (lo recto y estrecho de los evangelistas cristianos) o la media entre alternativas desagradables (el dorado punto medio de Aristóteles). La idea de escoger una ruta intermedia entre dos extremos indeseables emerge como prescripción básica para llevar una vida sensata.

La naturaleza de la creatividad científica es a la vez un perenne tema de discusión y un candidato de preferencia para la búsqueda de una media de oro. Las dos posiciones extremas

* Traducción castellana en verso de José Manuel Pabón (*Odisea,* Gredos, Madrid, 1982). *(N. del r.)*

no han competido directamente por los favores del incauto. Más bien han ido sustituyéndose la una a la otra secuencialmente, una de ellas en ascenso mientras la otra se eclipsa.

La primera, el inductismo, mantenía que los científicos eran esencialmente grandes observadores y pacientes recolectores de información. Ya que, según los inductistas, una teoría nueva y significativa sólo puede surgir de una firme base de datos. Según este punto de vista arquitectónico, cada dato es un ladrillo en una estructura construida sin planos. Cualquier palabrería acerca de teorías (el edificio completo) resulta fatua y prematura antes de que estén colocados los ladrillos. El inductismo gozó en tiempos de gran prestigio dentro del mundo de la ciencia, representando incluso una especie de postura «oficial», ya que representaba, por falsamente que fuera, la naturaleza absolutamente honesta, completamente objetiva y casi automática del progreso científico hacia una verdad definitiva e incontrovertible.

Y no obstante, como tan justamente afirmaban sus críticos, el inductismo también presentaba a la ciencia como una disciplina sin corazón, casi inhumana, que no ofrecía lugar legítimo a los golpes de suerte, la intuición y todos los demás atributos subjetivos que van con nuestra concepción vernácula del genio. Los grandes científicos, afirmaban los críticos, se distinguen más por su capacidad para las corazonadas y la síntesis que por su habilidad en la experimentación o la observación. Las críticas al inductismo son indiscutiblemente válidas y yo doy la bienvenida a su destronamiento a lo largo de los últimos treinta años como preludio necesario a una mejor comprensión. Aun así, al atacarlo tan vehementemente, algunos críticos han intentado imponer una alternativa igualmente extrema e improductiva en su énfasis sobre la subjetividad esencial del pensamiento creativo. Según este criterio del *eureka,* la creatividad es algo inefable, accesible tan sólo a personas de genio. Surge como un rayo del cielo, imprevista, impredecible e imposible de analizar; pero estos rayos caen sólo sobre unas pocas personas especiales. Nosotros, los vulgares mortales, debemos mostrarnos sobrecogidos y llenos de agradecimiento. (El nombre hace referencia, por supuesto, a la legendaria historia de Arquímedes corriendo desnudo, gritando *eureka!* («lo he descubierto») cuando el agua desplazada por su cuerpo al meterse en el baño hizo caer las legañas de sus ojos, sugiriéndole un método de medición de volúmenes.)

Me siento decepcionado a partes iguales por estos dos extremos opuestos. El inductismo reduce el genio a operaciones rutinarias y aburridas, el eurekismo le otorga una condición de inaccesible, más propia de los dominios del misterio intrínseco que de un terreno en el que podríamos comprenderlo y aprender de él. ¿Acaso no es posible maridar las características positivas de cada punto de vista y abandonar tanto el elitismo del eurekismo como las cualidades pedestres del inductismo? ¿No podríamos reconocer el carácter personal y subjetivo de la creatividad, sin dejar de comprenderla como un modo de pensar que destaca o exagera capacidades que nos son lo suficientemente comunes a todos como para que podamos al menos comprenderla, si no imitarla?

En la hagiografía de la ciencia, unos pocos hombres sustentan tan elevadas posiciones que deben serles aplicables todos los argumentos si es que han de tener alguna validez. Charles Darwin, como santo principal de la biología evolutiva, ha sido presentado tanto como inductista como a modo de ejemplo fundamental del eurekismo. Intentaré demostrar que estas interpretaciones son inadecuadas por igual, y que los recientes estudios sobre la propia odisea de Darwin hacia la teoría de la selección natural apoyan una posición intermedia.

Tan grande era el prestigio del inductismo en su día que el propio Darwin cayó bajo su influencia y, ya anciano, delineó falsamente a su luz los logros de su juventud. En una autobiografía escrita como lección de moralidad para sus hijos y no para su publicación, escribió algunas famosas líneas que confundieron a los historiadores durante casi un centenar de años. Al describir el camino por él seguido para llegar a la teoría de la selección natural, afirmaba: «Trabajé sobre sólidos principios baconianos y, sin plantearme teoría alguna, recogí datos a gran escala».

La interpretación inductista se centra en los cinco años que Darwin pasó a bordo del *Beagle* y explica su transición de estudiante para pastor de la Iglesia a némesis de los predicadores como resultado de sus agudos poderes de observación, aplicados a la totalidad del mundo. Así, cuenta la historia tradicional, los ojos de Darwin se abrieron cada vez más al ver, sucesivamente, los huesos de gigantescos mamíferos fósiles suramericanos, las tortugas y los pinzones de las Galápagos y la fauna marsupial de Australia. La verdad de la evolución y su mecanismo de selección natural se apoderaron lentamente de él al ir calibrando datos en un cedazo de absoluta objetividad.

Lo inadecuado de esta narración queda ampliamente ilustrado por la falsedad de su ejemplo estrella convencional: los llamados pinzones de Darwin de las Galápagos. Sabemos ahora que aunque estas aves comparten unos antepasados comunes recientes del continente suramericano, se han convertido en un impresionante conjunto de especies en las lejanas Galápagos. Pocas especies de animales terrestres consiguen cruzar la ancha barrera oceánica entre Suramérica y las Galápagos. Pero los inmigrantes afortunados a menudo encuentran un mundo escasamente poblado, exento de la competencia que limita sus oportunidades en el atestado continente. Por lo tanto, los pinzones evolucionaron para adoptar papeles normalmente asumidos por otras aves y desarrollaron su famosa serie de adaptaciones para la alimentación: trituración de semillas, consumo de insectos, incluso la sujeción y utilización de una aguja de cacto para sacar insectos de las plantas. El aislamiento (tanto de las islas con respecto al continente como de las islas entre sí) ofrecía una oportunidad para la separación, la adaptación independiente y la especiación.

Según la versión tradicional, Darwin descubrió estos pinzones, infirió correctamente su historia y escribió en su cuaderno de notas las famosas líneas: «Si existe el más mínimo fundamento para estos comentarios, valdrá la pena examinar la zoología de los archipiélagos, ya que tales hechos minarían la estabilidad de las especies». Pero, al igual que ocurre con tantas narraciones heroicas, desde el cerezo de Washington hasta la piedad de los cruzados, la lectura común se ve más dominada por la esperanza que por la verdad. Darwin, desde luego, encontró los pinzones, pero no los reconoció como variaciones de un tronco común. De hecho, ni siquiera tomó nota de las islas donde descubrió a muchos de ellos: algunas de sus etiquetas rezan simplemente «islas Galápagos». Ya hemos dicho bastante acerca de su inmediata comprensión del papel del aislamiento en la formación de nuevas especies. Reconstruyó la historia evolutiva una vez de vuelta en Londres, y no antes, cuando un ornitólogo del Museo Británico identificó correctamente todas las aves como pinzones.

La famosa cita de su cuaderno de notas hace referencia a las tortugas de las Galápagos y a la afirmación de los nativos de que podían «decir inmediatamente de qué isla procedía cualquier tortuga» a partir de sutiles diferencias en tamaño y forma del cuerpo y de sus placas. Esta es una afirmación de un orden diferente y muy inferior a la del relato tradicional de los pinzones. Porque en el caso de éstos se trata de verdaderas especies separadas, un ejemplo viviente de la evolución. Las sutiles diferencias existentes entre las tortugas representan una variación geográfica de menor cuantía dentro de la misma especie. Es un salto en el razonamiento, si bien hoy en día sabemos que válido, argumentar que diferencias tan pequeñas puedan verse amplificadas para producir nuevas especies. Los creacionistas, después de todo, aceptaban la variación geográfica (consideremos las razas humanas), pero argumentaban que no podía ir más allá de los rígidos límites del arquetipo creado.

No deseo minimizar el carácter fundamental del viaje del *Beagle* para la carrera de Darwin. Le suministró espacio, libertad y tiempo inagotables para pensar según su mecanismo favorito de autoestimulación. (Su ambivalencia hacia la vida universitaria, y su mediano rendimiento en ella con arreglo a los estándares convencionales, reflejaban su falta de entusiasmo por un currículum de sabiduría impartida.) En 1834 escribe desde Suramérica: «No tengo una idea clara acerca de lo que es clivaje, estratificación, líneas de levantamiento del suelo. No tengo libros que me digan mucho, y lo poco que me dicen no puedo aplicarlo a lo que veo. En consecuencia, saco mis propias conclusiones, y son algo gloriosamente ridículo».

Las rocas y plantas y animales que vio provocaron en él la actitud crucial de la duda, comadrona de toda creatividad.

Sidney, Australia, 1836. Darwin se pregunta por qué un dios racional podría querer crear tantos marsupiales en Australia ya que nada en su clima ni su geografía sugiere ninguna superioridad en particular a favor de las bolsas: «Estaba yo tumbado sobre una ribera soleada y estaba reflexionando acerca del extraño carácter de los animales de este país en comparación con los del resto del mundo. Un hombre que no creyera más que en su propia razón bien podría exclamar: "Sin duda, aquí han estado trabajando dos creadores distintos"».

No obstante, Darwin regresó a Londres sin haberse planteado teoría evolutiva alguna. Sospechaba la verdad de la evolución, pero no tenía mecanismo por el que explicarla. La selección natural no surgió de ninguna lectura directa de los datos del *Beagle,* sino de sus dos años subsiguientes de meditación y lucha, tal como se refleja en una serie de notables cuadernos de apuntes que han sido descubiertos y publicados en el transcurso de los últimos veinte años. En estos cuadernos de notas vemos cómo Darwin va poniendo a prueba y abandonando toda una serie de teorías y persiguiendo una multitud de falsas pistas, aunque luego afirmara que había registrado datos con la mente en blanco. Leyó a filósofos, poetas y economistas, siempre en busca de significados y visiones, aunque haya quien afirme que la selección natural surgió inductivamente de los datos del *Beagle.* Más tarde, calificó a uno de los cuadernos de notas como algo «lleno de metafísica acerca de la moral».

No obstante, si este tortuoso camino da la réplica a la Escila del inductismo, ha engendrado otro mito igualmente simplista: la Caribdis del eurekismo. En su irritantemente equívoca autobiografía, Darwin da fe, efectivamente, de un *eureka* y sugiere que la idea de la selección natural surgió como un súbito y desconcertante relámpago tras más de un año de frustrante tanteo a ciegas.

> En octubre de 1838, esto es, quince meses después de comenzar mi investigación sistemática, leí por entretenerme el libro de Mal-

> thus sobre la población, y, estando como estaba bien preparado para apreciar la lucha por la supervivencia que se produce por doquier, gracias a mis largas observaciones de los hábitos de los animales y las plantas, se me ocurrió de repente que, bajo esas circunstancias, las variaciones favorables tenderían a ser preservadas, y las desfavorables a ser destruidas. El resultado de esto sería la formación de nuevas especies. Allí tenía al fin una teoría sobre la que trabajar.

Y, no obstante, sus cuadernos de notas dan el mentís, una vez más, a los posteriores recuerdos de Darwin; en este caso por la absoluta ausencia, en las fechas en las que ocurrió, de cualquier tipo de exultación sobre su visión malthusiana. La inscribe en forma de unos párrafos bastante breves y sobrios, carentes de un solo signo de exclamación, y habitualmente utilizaba dos o tres en momentos de excitación. No lo abandonó todo pasando a reinterpretar un mundo confuso con esa nueva luz. El día inmediatamente posterior escribió un pasaje aún más largo acerca de la curiosidad sexual de los primates.

La teoría de la selección natural no surgió ni como inducción elaborada a partir de los datos de la naturaleza, ni como un misterioso relámpago de iluminación procedente del subconsciente de Darwin, detonado por una lectura fortuita de Malthus. Emergió, por el contrario, como resultado de una búsqueda consciente y productiva, que procedió de un modo ramificado pero ordenado, y que utilizó tanto los datos de la naturaleza como el abanico asombrosamente amplio de percepciones procedentes de disciplinas muy dispares y alejadas de la suya propia. Darwin recorrió el camino de en medio entre el inductismo y el eurekismo. Su genio no es ni pedestre ni inaccesible.

El academicismo darwinista ha experimentado una explosión desde el centenario de *El origen de las especies* en 1959. La publicación de los cuadernos de notas de Darwin y la atención dedicada por varios estudiosos a los dos años cruciales transcurridos entre el atraque del *Beagle* y la desautorizada inspiración malthusiana han cerrado la discusión en favor de una teoría del «camino de en medio» sobre la creatividad de Darwin. Dos trabajos particularmente importantes se concentran en las escalas más amplia y más estrecha. La magistral biografía intelectual y psicológica de Howard E. Gruber sobre esta fase de la vida de Darwin, *Darwin on Man,* sigue la pista a todos los falsos intentos y puntos cruciales de la investigación de Darwin. Gruber demuestra que Darwin estaba continuamente proponiendo, comprobando y abandonando hipótesis, y que jamás se limitó a recoger datos ciegamente. Empezó con la idea un tanto imaginativa de que las especies nuevas surgen con un margen de vida limitado, y se abrió camino gradualmente, si bien a empellones, hacia la idea de la extinción por competencia en un mundo de luchas continuas. No dio muestras de exultación alguna al leer a Malthus, porque en su rompecabezas le faltaban por aquel entonces tan sólo una o dos piezas por encajar.

Silvan S. Schweber ha reconstruido, con un detalle todo lo minucioso que permiten los datos y documentos existentes, las actividades de Darwin durante las pocas semanas anteriores a Malthus («The Origin of the *Origin* Revisited», *Journal of the History of Biology,* 1977). Argumenta que las piezas finales surgieron, no de datos nuevos en la historia natural, sino de los vagabundeos intelectuales de Darwin por campos muy distantes. En particular, leyó un largo resumen del trabajo más famoso del científico social y filósofo Auguste Comte, el *Cours de philosophie positive.* Se sintió particularmente impresionado por la insistencia de Comte en que una verdadera teoría ha de ser predictiva, y, al menos, potencialmente cuantitativa. Después abordó el trabajo de Dugald Stewart *On the Life and Writing of Adam Smith,* y se embebió de la creencia básica de los economistas escoceses de que las teorías sobre la estructura social global deben empezar por analizar las acciones no reprimidas de los individuos. (La selección natural es, por encima de todo, una teoría acerca de la lucha del organismo como individuo por su éxito reproductivo.) Después, buscando la cuantificación, leyó un largo análisis del trabajo realizado por el más famoso estadístico de sus días, el belga Adolphe Quetelet. En las reflexiones de Quetelet encontró, entre otras cosas, un planteamiento categórico de la afirmación cuantitativa de Malthus: que la población crecería geométricamente y los suministros de alimentos lo harían sólo aritméticamente, asegurando así una intensa lucha por la supervivencia. De hecho, Darwin había leído ya la afirmación de Malthus varias veces; pero sólo en este momento estuvo preparado para apreciar su significado. Así pues, no dio con Malthus por accidente, sino que sabía ya lo que decía. Su «entretenimiento», debemos asumir, consistía sólo en un deseo de leer en su formulación original la familiar afirmación que tanto le había impresionado en su exposición secundaria por Quetelet.

Al leer la detallada exposición de Schweber acerca de los momentos que precedieron a la formulación de la selección natural por parte de Darwin, me sentí particularmente impactado por la ausencia de influencias decisivas procedentes de su propio campo, el de la biología. Los agentes precipitadores inmediatos fueron un científico social, un economista y un estadista. Si el genio posee algún denominador común, yo propondría la amplitud de los intereses y la capacidad de construir analogías fructíferas entre distintos campos de trabajo.

De hecho, en mi opinión, la teoría de la selección natural debería ser vista como una analogía extendida (si consciente o inconscientemente por parte de Darwin, no sabría decirlo) de la economía del *laissez-faire* de Adam Smith. La esencia de la argumentación de Adam Smith es una especie de paradoja: si se pretende una economía ordenada con un máximo de beneficios para todos, entonces dejemos que los individuos compitan y luchen en su propio beneficio. El resultado, tras una adecuada criba y eliminación de los individuos ineficientes, será un Estado armónico y estable. Un orden aparente emerge de un modo natural de las luchas entre los individuos, no de unos principios predeterminados o de un control superior. Dugald Stewart epitomizaba el sistema de Smith en el libro que leyó Darwin:

> El plan más efectivo para hacer avanzar a un pueblo ... es permitir que cada hombre, en tanto que observe las reglas de la justicia, se guíe por sus propios intereses a su modo y manera, y ponga

> tanto su diligencia como su capital en la más libre competencia posible con los de sus conciudadanos. Todo sistema político que pretenda ... atraer hacia una especie particular de industria una mayor parte del capital social del que normalmente iría a parar a ella ... es, en realidad, subversivo del gran propósito que pretende promover.

Como afirma Schweber: «El análisis escocés de la sociedad sostiene que el efecto combinado de las acciones individuales tiene como resultado las instituciones sobre las cuales se basa la sociedad, y que tal sociedad es estable y evoluciona, y que funciona sin necesidad de una mente directora y planificadora».

Sabemos que la singularidad de Darwin no reside en su apoyo a la idea de la evolución: docenas de científicos le habían precedido en esto. Su contribución particular se basa en la documentación y en el carácter de novedad de su teoría acerca de cómo opera la evolución. Los anteriores evolucionistas habían propuesto mecanismos imposibles basados en tendencias perfeccionadoras internas y en direcciones inherentes. Darwin abogaba por una teoría natural y comprobable basada en la interacción inmediata entre individuos (sus oponentes la consideraron desalmada y mecanicista). La teoría de la selección natural es una transferencia creativa a la biología de la argumentación básica de Adam Smith en favor de una economía racional: el equilibrio y el orden de la naturaleza no surgen de un control más elevado y exterior (divino), o de la existencia de leyes que operen directamente sobre la totalidad, sino de la lucha entre los individuos por su propio beneficio (en términos modernos, por la transmisión de sus genes a las generaciones futuras a través del éxito diferencial en la reproducción).

Mucha gente se siente desasosegada al escuchar semejante planteamiento. ¿Acaso no compromete la integridad de la ciencia el que algunas de sus conclusiones fundamentales se originen, por analogía, de la política y la cultura contemporáneas en lugar de a partir de los datos de la propia disciplina? En una famosa carta a Engels, Karl Marx identificaba las similitudes entre la selección natural y la situación social en Inglaterra:

> Resulta notable ver cómo Darwin reconoce entre las bestias y las plantas a su sociedad inglesa, con su división del trabajo, su competencia, su apertura de nuevos mercados, sus «invenciones» y la «lucha por la supervivencia» malthusiana. Es el *bellum omnium contra omnes* («la guerra de todos contra todos») de Hobbes.

Y, no obstante, Marx era un admirador de Darwin; y en esta aparente paradoja se encuentra la respuesta. Por motivos que comprenden todos los temas que he subrayado aquí (que el inductismo es inadecuado, que la creatividad exige amplitud, que la analogía es una profunda fuente de percepciones), los grandes pensadores no pueden divorciarse de su medio (y origen) social. Pero el origen de una idea es una cosa; su verdad o su fecundidad, otra. La psicología y la utilidad de los descubrimientos son temas extremadamente diferentes. Darwin puede haber sacado la idea de la selección natural de la economía, pero aun así, puede ser correcta. Como escribió el socialista alemán Karl Kautsky en 1902: «El hecho de que una idea emane de una clase en particular, o esté de acuerdo con sus intereses, no prueba, por supuesto, nada acerca de su verdad o falsedad». En este caso resulta irónico que el sistema del *laissez-faire* de Adam Smith no funcione en su propio terreno de la economía, ya que lleva al oligopolio y la revolución y no al orden y la armonía. No obstante, la lucha entre los individuos parece ser ley de la naturaleza.

Mucha gente utiliza tales argumentos acerca del contexto social para adscribir las grandes percepciones fundamentalmente al indefinible fenómeno de la buena suerte. Así, Darwin tuvo la suerte de nacer rico, tuvo la suerte de viajar a bordo del *Beagle,* tuvo la suerte de vivir rodeado de las ideas de su época, tuvo la suerte de tropezar con el pastor protestante Malthus; fue esencialmente poco más que un hombre en el lugar preciso en el momento preciso. Y, no obstante, cuando leemos la historia de su lucha por comprender, y de la amplitud de sus preocupaciones y sus estudios, y de la orientación de su búsqueda de un mecanismo para la evolución, comprendemos por qué Pasteur pronunció su famosa frase de que la fortuna favorece a la mente preparada.

6

LA MUERTE ANTES DEL NACIMIENTO, O EL *NUNC DIMITTIS* DE UN ÁCARO

No puede existir algo más desmoralizante que la incompetencia de los padres ante la más obvia e inocente de las preguntas de un niño: ¿por qué es azul el cielo?, ¿por qué es verde la hierba?, ¿por qué tiene fases la Luna? Nuestro embarazo resulta tanto más agudo porque pensábamos conocer las respuestas a la perfección, pero no las habíamos ensayado desde que nosotros a nuestra vez habíamos recibido una respuesta mascullada, en similares circunstancias, una generación antes. Son las cosas que creemos saber (por ser tan elementales o porque nos rodean) las que a menudo presentan las mayores dificultades cuando, de hecho, nos instan a explicarlas.

Una de estas preguntas, con una respuesta tan obvia como incorrecta, se encuentra muy próxima a nuestras vidas biológicas: ¿por qué en los seres humanos (y en la mayor parte de las especies que nos son familiares), se producen varones y hembras en número aproximadamente igual? (De hecho, los varones son más frecuentes que las hembras en cuanto a nacimientos, pero la mortalidad diferencial de los varones lleva a una mayoría femenina en la edad adulta. No obstante, las desviaciones de la proporción de 1 a 1 no son nunca notables.) A primera vista, la respuesta parece, como en la máxima de Rabelais, «evidente como la nariz en el rostro de un hombre». Después de todo, la reproducción sexual requiere una pareja; la igualdad numérica implica un apareamiento universal, la feliz condición darwinista de la máxima capacidad reproductiva. Reconsiderando la cuestión, la cosa ya no está tan clara, y nos vemos atraídos a, la versión shakespeariana del símil: «Una chanza no vista, inescrutable, invisible, como la nariz en el rostro de un hombre». Si la máxima capacidad reproductiva constituye el estado óptimo de una especie, entonces, ¿para qué hacer igual número de machos que de hembras? Las hembras, después de todo, determinan el límite del número de descendientes, ya que los óvulos son invariablemente mucho más grandes y menos abundantes que los espermatozoides en las especies que nos son familiares; esto es, cada óvulo puede dar lugar a un descendiente, pero no cada espermatozoide. Un macho puede fecundar a varias hembras. Si un macho puede aparearse con nueve hembras y la población contiene un centenar de individuos, ¿por qué no hacer diez machos y noventa hembras? La capacidad reproductora excederá, sin lugar a dudas, la de una población compuesta por cincuenta machos y cincuenta hembras. Las poblaciones compuestas predominantemente de hembras deberían, por sus tasas superiores de reproducción, ganar cualquier carrera evolutiva con las poblaciones que mantuvieran un igual número de miembros de cada sexo.

Lo que parecía obvio se ve, por lo tanto, convertido en problemático, y la cuestión subsiste: ¿por qué la mayor parte de las especies sexuadas contienen un número aproximadamente igual de miembros de cada sexo? La respuesta, según la mayor parte de los biólogos evolucionistas, yace en el reconocimiento de que la teoría de la selección natural de Darwin habla tan sólo de lucha entre los *individuos* en pos del éxito reproductor. No incluye afirmación alguna acerca del bien de las poblaciones, las especies o los ecosistemas. El planteamiento de diez machos y noventa hembras estaba realizado en términos de las ventajas obtenidas por la población en su totalidad, al modo habitual, cotidiano y totalmente equivocado en que la gente piensa en la evolución. Si la evolución operara en beneficio de las poblaciones en su totalidad, las especies sexuadas contendrían relativamente pocos machos.

La igualdad numérica observada entre machos y hembras, frente a las obvias ventajas que tendría una predominancia de las hembras si la evolución operara sobre grupos, se alza como una de las más precisas demostraciones de que Darwin tenía razón: la selección natural opera a través de la lucha de los individuos por maximizar su éxito reproductor. El argumento darwinista fue encuadrado por vez primera por el gran biomatemático británico R. A. Fisher. Supongamos, planteaba Fisher, que se iniciara un predominio de cualquiera de los dos sexos. Digamos, por ejemplo, que nacen menos machos que hembras. Los machos empiezan a dejar mayor descendencia dado que sus oportunidades de apareamiento aumentan al ir siendo cada vez más escasos; es decir, fecundan por término medio a más de una hembra. Así, si cualquier factor genético influye en la proporción relativa de machos nacidos de un determinado padre (y esos factores existen de hecho), entonces los padres con inclinación genética a producir machos obtendrán una ventaja darwiniana: producirán un número superior a la media de nietos gracias al éxito reproductor superior de sus descendientes inmediatos, predominantemente machos. Así pues, los genes que favorecen la producción de machos se extenderán y aumentará la frecuencia de nacimiento de los machos. Pero esta ventaja para los machos se desvanece al crecer el número de ellos, y desaparece por completo cuando el número de machos llega a ser igual al número de hembras. Dado que el mismo razonamiento funciona a la inversa, favoreciendo el nacimiento de hembras cuando éstas son escasas, la proporción entre sexos se ve impulsada a su valor de equilibrio de 1:1, por los procesos darwinianos.

Pero ¿cómo podría poner a prueba un biólogo la teoría de Fisher de la proporción entre los sexos? Irónicamente, la especie que confirma sus predicciones no sirve de gran ayuda más allá de las observaciones iniciales. Una vez enmarcado el argumento básico y determinado que la especie que mejor conocemos tiene un número aproximadamente igual de machos que de hembras, ¿qué es lo que adelantamos averiguando que las siguientes mil especies están organizadas de modo similar? Desde luego, todo encaja, pero no añadimos la misma cantidad de confianza con cada especie nueva que sumamos a la lista. ¿Podría la proporción de 1:1 existir por algún otro motivo?

Para poner a prueba la teoría de Fisher, debemos buscar excepciones a ella. Debemos buscar situaciones insólitas en las que las premisas de la teoría de Fisher no se cumplan, situaciones que lleven a una predicción científica de que la proporción entre sexos debe alejarse del valor de 1:1. Si el cambio de premisas nos lleva a una predicción concreta y con éxito de un resultado alterado, entonces nos encontraremos ante una comprobación independiente que consolida con fuerza nuestra confianza. Este método está encarnado por el viejo proverbio de que «la excepción prueba la regla», aunque mucha gente malinterpreta el proverbio porque incorpora el significado menos común de «probar». «Probar» viene del latín *probare:* «poner a prueba o intentar». Su significado actual más frecuente es el de demostración final y convincente, y el refrán parecería decir que las excepciones establecen una validez incuestionable. Pero, en otro sentido más próximo a sus raíces, «probar» (como en «terreno de pruebas» o «prueba de imprenta») es más equivalente a su análogo «probe», una comprobación o una exploración. Es la excepción la que pone a prueba la regla, comprobando y explorando sus consecuencias en situaciones alteradas.*

Aquí viene en nuestra ayuda la rica diversidad de la naturaleza. La imagen estereotipada del observador de aves añadiendo a su lista de especies el carcachi bizco de pico retorcido, dorsipunteado, patipalo y crestirrojo, ofrece, en una injustificada ridiculización, un retorcimiento perverso de la utilización real que dan los naturalistas a la diversidad de la vida. Es precisamente la riqueza de la naturaleza la que nos permite establecer, ya de entrada, una ciencia sobre la historia natural; ya que la variedad garantiza prácticamente que se hallarán excepciones para poner a prueba cualquier regla. Tanto las rarezas como los casos peculiares son comprobaciones de la generalidad, no simples peculiaridades para ser descritas y recogidas con sobrecogimiento o risotadas.

* La versión inglesa del refrán permite esta ambigüedad, pero no la castellana, en la que la excepción claramente confirma la regla. *(N. del r.)*

Afortunadamente, la naturaleza ha sido pródiga en su aportación de especies y modos de vida que violan las premisas de la argumentación de Fisher. En 1967, el biólogo británico W. D. Hamilton (hoy en la Universidad de Michigan) recogió los casos y los razonamientos en un artículo titulado «Extraordinary sex ratios». En este ensayo discutiré únicamente la más evidente e importante de las violaciones a la regla.

La naturaleza rara vez presta oídos a nuestras homilías en todos los casos. Se nos dice, y con buenas razones, que el apareamiento entre hermanos y hermanas debe evitarse, ya que si no demasiados genes recesivos inapropiados tienen oportunidad de expresarse en dosis doble. (Tales genes tienden a ser escasos, y son pocas las probabilidades de que dos personas no ligadas por lazos familiares los lleven. Pero la probabilidad de que dos parientes consanguíneos lleven el mismo gen es, normalmente, del 50 por 100.) No obstante, algunos animales no han llegado a conocer esa regla y se dedican, tal vez de un modo exclusivo, a aparearse entre consanguíneos.

Este tipo de apareamiento exclusivo destruye la premisa básica de Fisher de cara a las proporciones sexuales de 1:1. Si las hembras son siempre fecundadas por sus hermanos, entonces los dos miembros de las parejas reproductoras proceden siempre de los mismos padres. Fisher asumía que los machos tenían parientes diferentes y que un desabastecimiento de machos suponía ventajas genéticas para aquellos padres que produjeran preferentemente machos. Pero si los mismos padres producen *tanto* las madres *como* los padres de sus nietos, entonces hacen la misma inversión genética en cada nieto, sin importar el número de machos y hembras que produzcan entre su descendencia. En este caso, la razón de la existencia de un equilibrio entre machos y hembras desaparece y el argumento previo en favor de la predominancia de las hembras reaparece de nuevo. Si cada pareja de abuelos tiene una cantidad limitada de energía que invertir en hijos, y si los abuelos que producen más hijos obtienen una ligera ventaja darwiniana, entonces los abuelos deberían producir todas las hembras posibles y tan sólo el número necesario de machos como para garantizar que todas sus hembras queden fecundadas. De hecho, si sus descendientes machos pudieran reunir la suficiente energía sexual, entonces los padres deberían producir un solo macho y utilizar hasta el último ápice de energía disponible para producir todas las hembras posibles. Como de costumbre, la naturaleza viene en nuestra ayuda con numerosas excepciones para poner a prueba la regla de Fisher: de hecho, las especies con apareamiento entre consanguíneos tienden también a producir un número mínimo de machos.

Consideremos la curiosa vida de un ácaro macho del género *Adactylidium,* tal y como fue descrita por E. A. Albadry y M. S. F. Tawfik en 1966. Emerge del cuerpo de su madre y muere en el curso de unas pocas horas, sin haber hecho aparentemente nada en el transcurso de su breve vida. No intenta, una vez fuera de la madre, alimentarse ni aparearse. Conocemos casos de organismos con una vida adulta breve: el único día de vida de la efímera tras una existencia larvaria mucho más larga, por ejemplo. Pero la efímera se aparea y garantiza la continuidad de su especie en el transcurso de esas breves horas. Los machos de *Adactylidium* no parecen hacer otra cosa que emerger y morir.

Para resolver el misterio, debemos estudiar la totalidad del ciclo biológico y husmear en el interior del cuerpo de la madre. La hembra fecundada de *Adactylidium* se aferra a un huevo de tisanóptero. Ese único huevo le suministra toda la alimentación de la que va a disponer para la cría de todos sus descendientes, dado que no se alimenta de otra cosa hasta su muerte. Este ácaro, por lo que sabemos, se dedica exclusivamente al apareamiento entre consanguíneos y, por lo tanto, debería producir un número mínimo de machos. Más aún, dado que la energía total para la reproducción se ve severamente limitada por los recursos nutritivos de un único huevo de tisanóptero, la progenie está estrictamente limitada, y cuantas más hembras salgan, mejor. De hecho, *Adactylidium* encaja en nuestras predicciones produciendo una puesta de entre cinco y ocho hermanas, acompañadas por un único macho que ha de servir tanto de hermano como de marido de todas ellas. Pero producir un único macho es arriesgado, y si muere todas las hermanas permanecerán vírgenes y la vida evolutiva de su madre se habrá acabado.

Si el ácaro corre el riesgo de producir un solo macho, maximizando así su producción potencial de hembras fértiles, dos adaptaciones más podrían minimizar el riesgo, suministrando tanto protección para el macho como garantizando su proximidad a sus hermanas. Qué mejor sistema que criar la camada dentro del propio cuerpo de la madre, alimentando tanto a las larvas como a los adultos dentro de ella y permitiendo que incluso la copulación tenga lugar dentro de su caparazón protector. De hecho, unas cuarenta y ocho horas después de aferrarse al huevo de tisanóptero, se abren entre seis y nueve huevos dentro del cuerpo de la hembra de *Adactylidium*. Las larvas se alimentan del cuerpo de su madre, devorándola literalmente desde dentro. Dos días más tarde las larvas alcanzan su madurez, y el único macho copula con todas sus hermanas. Ya en este momento, los tejidos de la madre se han desintegrado, y su espacio corporal es una masa de ácaros adultos, de sus heces y los esqueletos desechados de sus estadios de larva y ninfa. Los descendientes abren seguidamente agujeros en la pared del cuerpo de la madre y salen al exterior; las hembras deben ahora encontrar un huevo de tisanóptero y reemprender el proceso, pero los machos ya han cumplido su papel evolutivo antes del «nacimiento». Emergen, reaccionan comoquiera que reaccionen los ácaros ante las glorias del mundo exterior y mueren inmediatamente.

Pero ¿por qué no llevar el proceso una etapa más allá? ¿Por qué ha de nacer el macho? Tras copular con sus hermanas, su trabajo está ya realizado. Está ya listo para la versión para ácaro de la oración de Simeón *Nunc dimittis:* «Oh Señor, permite ahora a tu siervo partir en paz». De hecho, ya que todo lo que es posible tiende a suceder al menos una vez en el multifacético mundo de la vida, un pariente próximo del *Adactylidium* hace eso precisamente. El *Acarophenax tribolii* también se dedica exclusivamente al apareamiento entre consanguíneos. Dentro del cuerpo de la madre se desarrollan quince huevos, incluyendo el del único macho. El macho emerge dentro del caparazón de su madre, copula con todas sus hermanas y muere antes de nacer. Puede parecer una vida poco atractiva la suya, pero el macho de *Acarophenax* hace tanto por su continuidad evolutiva como hizo Abraham procreando hijos hasta los cien años de edad.

Las rarezas de la naturaleza son algo más que buenas historias. Constituyen material con el que poner a prueba los límites de teorías interesantes acerca de la historia de la vida y su significado.

7

SOMBRAS DE LAMARCK

El mundo, desafortunadamente, rara vez se ajusta a nuestras esperanzas y se niega, sistemáticamente, a comportarse de un modo razonable. El escritor de salmos no se distinguió por la agudeza de sus observaciones cuando escribió: «He sido joven, y ahora soy anciano; y aún no he visto abandonado al justo, ni a su semilla pidiendo pan». La tiranía de lo que parece razonable a menudo impone trabas a la ciencia. ¿Quién hubiera creído antes de Einstein que la masa y el envejecimiento de un objeto podrían verse afectados por una velocidad cercana a la de la luz?

Dado que el mundo viviente es producto de la evolución, ¿por qué no suponer que surgió de la manera más simple y directa? ¿Por qué no argumentar que los organismos mejoran gracias a sus propios esfuerzos y legan estas mejoras a sus descendientes en forma de genes alterados?, un proceso que hace tiempo viene llamándose, en términos técnicos, «herencia de los caracteres adquiridos». Esta idea resulta atractiva para el sentido común no sólo por su simplicidad, sino tal vez en mayor medida por su feliz implicación de que la evolución recorre un camino inherentemente progresivo, impulsada por el duro trabajo de los propios organismos. Pero igual que todos tenemos que morir, y que no vivimos en el centro de un universo restringido, del mismo modo la herencia de los caracteres adquiridos representa otra esperanza humana burlada por la naturaleza.

La herencia de los caracteres adquiridos recibe también el nombre más corto, aunque históricamente impreciso, de lamarckismo. Jean Baptiste Lamarck (1744-1829), el gran biólogo y evolucionista temprano francés, creía en la herencia de los caracteres adquiridos, pero ésta no constituía el eje de su teoría evolutiva y, desde luego, no era idea original suya. Se han escrito libros enteros en busca de su genealogía prelamarckista (véase Zirkle en la bibliografía). Lamarck argumentaba que la vida es generada, continua y espontáneamente, bajo una forma muy sencilla. Después asciende una escala de complejidad, motivada por «una fuerza que tiende incesantemente a complicar la organización». Ésta opera a través de la respuesta creativa de los organismos a «necesidades sentidas». Pero la vida no puede organizarse en forma de escala, porque el sendero ascendente a menudo se ve desviado por los requerimientos de los ambientes locales; así, las jirafas adquieren largos cuellos y las aves acuáticas patas con membrana interdigital, mientras que los topos y los peces de las cavernas pierden los ojos. La herencia de los caracteres adquiridos desempeña efectivamente un importante papel en este modelo, pero no el papel protagonista. Es el mecanismo que asegura que la descendencia se beneficie de los esfuerzos de sus progenitores, pero no hace que la evolución ascienda por la escala.

A finales del siglo XIX, muchos evolucionistas buscaban una alternativa a la teoría de la selección natural de Darwin. Releyeron a Lamarck, dejaron a un lado sus cuestiones esenciales (la generación continua y las fuerzas de la complejidad) y elevaron un aspecto de su mecánica (la herencia de los caracteres adquiridos) a un grado de importancia que jamás había tenido, ni siquiera para Lamarck. Más aún, muchos de estos «neolamarckistas» abandonaron la idea cardinal de Lamarck de que la evolución es una respuesta activa y creativa por parte de los organismos a sus necesidades sentidas. Preservaron la herencia de los caracteres adquiridos, pero consideraron su adquisición como imposición directa de los ambientes modificadores sobre unos organismos pasivos.

Aunque me incline ante su utilización contemporánea y defina el término *lamarckismo* como la idea de que los organismos evolucionan adquiriendo caracteres adaptativos y transmitiéndoselos a su descendencia en forma de información genética alterada, me gustaría que constara, no obstante, cuán pobremente honra este nombre a un magnífico científico que murió hace ciento cincuenta años. La sutileza y la riqueza se ven degradadas muy a menudo en nuestro planeta. Consideren el malvavisco (quiero decir la planta). Con sus raíces se elaboraba en tiempos un magnífico dulce; ahora su nombre se ha visto adherido a ese miserable producto sintético de azúcar, gelatina y jarabe de maíz.

En este sentido, el lamarckismo siguió siendo una teoría popular hasta bien entrado nuestro siglo. Darwin ganó la batalla en favor del hecho de la evolución, pero su teoría acerca del mecanismo (la selección natural) no obtuvo una popularidad amplia hasta la fusión de las tradiciones de la historia natural y la genética mendeliana en los años de la década de 1930. Más aún, el propio Darwin jamás rechazó el lamarckismo, aunque lo consideraba subsidiario a la selección natural como mecanismo evolutivo. Incluso ya en 1938, por ejemplo, el paleontólogo de Harvard Percy Raymond, escribiendo (sospecho) sobre esta misma mesa que estoy utilizando ahora, dijo acerca de sus colegas: «Probablemente la mayor parte de ellos sean lamarckistas de alguna manera; al crítico poco caritativo le podría parecer que hay muchos que son más lamarckistas que Lamarck». Hemos de reconocer la continuada influencia del lamarckismo para comprender una buena parte de las teorías sociales de un pasado inmediato, ideas que se vuelven incomprensibles si las encajamos a la fuerza dentro del marco darwinista que a menudo damos por supuesto que tienen. Cuando los reformadores hablaban del «estigma» de la pobreza, el alcoholismo o la criminalidad, solían hablar literalmente: los pecados del padre se transmitirían por dura ley hereditaria mucho más allá de la tercera generación. Cuando Lysenko empezó a abogar en favor de curas lamarckistas para los males de la agricultura soviética en el transcurso de los años treinta del siglo XX, no acababa de resucitar una bobada propia de principios del siglo pasado, sino una teoría aún respetable, si bien en rápido declive. Aunque este toque de información histórica no haga menos lamentable ni su hegemonía ni los métodos que utilizó para mantenerla, hace al menos que la narración resulte algo menos misteriosa. El debate de Lysenko con los mendelianos rusos era, al principio, una discusión científica legítima. Más adelante, él se mantuvo en su puesto por medio del fraude, el engaño, la manipulación y el asesinato; ésa es la tragedia.

La teoría de la selección natural de Darwin es más compleja que el lamarckismo porque requiere dos procesos separados, en lugar de una única fuerza. Ambas teorías enraízan en el concepto de *adaptación:* la idea de que los organismos responden a los ambientes cambiantes, desarrollando una forma, función o comportamiento mejor adecuados a esas nuevas circunstancias. Así, en ambas teorías, la información procedente del ambiente debe ser transmitida a los organismos. En el lamarckismo, la transferencia es directa. Un organismo percibe el cambio ambiental, responde del modo «correcto» y transmite su reacción adecuada directamente a su descendencia.

El darwinismo, por contra, es un proceso de dos pasos, en el que hay dos fuerzas que son las responsables de la variación y de su dirección. Los darwinistas hablan de la variación genética, el primer paso, como algo que se produce «al azar». Éste constituye un término desafortunado, puesto que no nos referimos al azar en el sentido matemático de igualdad de probabilidades en todas las direcciones. Simplemente queremos decir que la variación se produce sin una orientación preferente hacia direcciones adaptativas. Si disminuyen las temperaturas y una capa de piel más espesa pudiera colaborar a la supervivencia, la variación genética en beneficio de una mayor cantidad de pelo no empieza a surgir cada vez con mayor frecuencia. La selección, el segundo paso, opera sobre la variación *no orientada* y transforma la población confiriendo un mayor éxito reproductor a las variantes ventajosas.

Esta es la diferencia esencial entre el darwinismo y el lamarckismo, pues el lamarckismo es, esencialmente, una teoría de la variación *dirigida*. Si las pieles gruesas son mejores, se desarrollan y se transmite ese potencial a la descendencia. Así pues, la variación es dirigida directamente hacia la adaptación, y no es necesaria ninguna segunda fuerza, como la selección natural. Mucha gente no comprende el papel fundamental de la variación dirigida en el lamarckismo. A menudo argumentan: ¿acaso no confirma el lamarckismo el hecho de que el ambiente influye realmente sobre la herencia?; los mutágenos químicos y radiactivos incrementan la tasa de mutaciones y el fondo de variación genética de la población. Este mecanismo aumenta el número de variaciones, pero no las impulsa en direcciones favorecidas. El lamarckismo sostiene que la variación genética se origina preferentemente en direcciones adaptativas.

Por ejemplo, en la edición del 2 de junio de 1979 de *Lancet,* la principal revista médica británica, el doctor Paul E. M. Fine argumenta en favor de lo que él denomina «lamarckismo» discutiendo una serie de rutas bioquímicas para la herencia de variaciones genéticas adquiridas, pero *no dirigidas. Los* virus, en esencia fragmentos desnudos de ADN, pueden insertarse en el material genético de una bacteria y ser transmitidos a su descendencia como parte del cromosoma bacteriano. Un enzima llamado *transcriptasa inversa* puede mediar la lectura de la información desde el ARN celular «de vuelta» al ADN nuclear. La antigua idea de un flujo único e irreversible de información del ADN del núcleo a través del ARN mensajero a las proteínas que construyen el cuerpo no se sostiene en todos los casos, aunque el mismo Watson la santificó en tiempos como «dogma central» de la biología molecular: el ADN elabora ARN, que elabora proteínas. Dado que un virus insertado es un «carácter adquirido» que puede transmitirse a la descendencia, Fine argumenta que el lamarckismo es válido en algunos casos. Pero Fine no ha comprendido el requerimiento lamarckista de que los caracteres han de ser adquiridos con fines adaptativos, porque el lamarckismo es una teoría de la variación dirigida. Yo no tengo noticia de que ninguno de estos mecanismos bioquímicos lleve a la incorporación preferencia) de información genética favorable. Tal vez sea posible; tal vez incluso ocurra. Si tal fuera el caso, sería un descubrimiento excitante y nuevo, y verdaderamente lamarckiano.

Pero, hasta el momento, no hemos hallado nada en el funcionamiento del mendelismo o en la bioquímica del ADN que nos anime a creer que los ambientes o las adaptaciones requeridas sean capaces de hacer mutar las células sexuales en direcciones específicas. ¿Cómo podría un clima más frío «decirle» a los cromosomas de un óvulo o un espermatozoide que produzcan mutaciones para una mayor longitud del pelo? ¿Cómo podría Pete Rose transmitir su actividad a sus gametos? Estaría bien; sería sencillo. Impulsaría la evolución a velocidades mucho mayores que las que permiten los procesos darwinianos. Pero no es el método de la naturaleza, por lo que sabemos.

Y, no obstante, el lamarckismo sigue en pie, al menos en la imaginación popular, y debemos preguntarnos por qué. Arthur Koestler, en particular, lo ha defendido vigorosamente en varios libros, incluido *The Case of the Midwife Toad,** un intento de reivindicar al lamarckista austríaco Paul Kammerer, que se pegó un tiro en 1926 (aunque fundamentalmente por otras razones) después de descubrir que su espécimen estrella** había sido trucado por medio de una inyección de tinta china. Koestler tiene la esperanza de establecer al menos un «minilamarckismo» para deshinchar la ortodoxia de lo que él considera un darwinismo despiadado y mecanicista. Yo creo que el lamarckismo conserva su atractivo por dos razones fundamentales.

En primer lugar, unos cuantos fenómenos evolutivos parecen, en efecto, sugerir explicaciones lamarckistas. Habitualmente, el atractivo lamarckista surge de una errónea concepción del darwinismo. Por ejemplo, a menudo se afirma, y es verdad, que muchas adaptaciones genéticas han de ir precedidas por un desplazamiento en el comportamiento carente de fundamento genético. En un caso clásico reciente, varias especies de herrerillos aprendieron a abrir los tapones de las botellas de leche inglesas y a beberse la nata. Es fácil imagi-

* Existe una versión castellana: *El abrazo del sapo* (*Aymá,* Barcelona, 1973). *(N. del r.)*

** El sapo partero del título del libro inglés. *(N. del r.)*

narse una subsiguiente evolución de la forma del pico para hacer más fácil el pillaje (aunque probablemente se vea abortada por los envases de cartón y el cese del reparto domiciliario). ¿Acaso no es esto algo lamarckiano en el sentido de que una innovación activa de la conducta, no genética, sienta las bases para reforzar la evolución? ¿Acaso no piensa el darwinismo que el ambiente es una especie de crisol de refinamiento y que los organismos son entidades pasivas ante él?

Pero el darwinismo no es una teoría mecanicista sobre el determinismo ambiental. No considera a los organismos bolas de billar llevadas de un lado para otro por un ambiente configurador. Estos ejemplos de innovación en la conducta son íntegramente darwinistas; y, aun así, alabamos a Lamarck por poner tanto énfasis en el hecho del papel activo de los organismos como creadores de sus ambientes. Los herrerillos, al aprender a abrir botellas, establecieron nuevas presiones selectivas al alterar su propio ambiente. Ahora se verán favorecidos por la selección natural los picos con otras formas. El nuevo ambiente no provoca que los herrerillos elaboren una variación genética orientada a la forma favorecida. Eso, y sólo eso, sería lamarckista.

Otro fenómeno que lleva toda una serie de nombres incluido el de «efecto Baldwin» y el de «asimilación genética», parece ostentar un carácter más lamarckista, pero encaja igualmente bien en una perspectiva darwinista. Por elegir la ilustración clásica: los avestruces tienen callosidades en las patas donde suelen arrodillarse sobre un suelo duro; pero las callosidades se desarrollan ya dentro del huevo, antes de que puedan ser usadas. ¿Acaso no requiere esto un escenario lamarckista? Unos antepasados de patas lisas empezaron a arrodillarse y a adquirir callosidades como adaptación no genética, del mismo modo que nosotros, según nuestra profesión, desarrollamos callosidades de escritor, o plantares. Estas callosidades fueron seguidamente heredadas como adaptaciones genéticas, formándose mucho tiempo antes de ser utilizadas.

La explicación darwinista de la «asimilación genética» puede ilustrarse con el sapo partero de Paul Kammerer, el ejemplo favorito de Koestler, puesto que Kammerer, irónicamente, realizó un experimento darwinista sin reconocerlo como tal. Este sapo terrestre procede de antecesores acuáticos que desarrollan rebordes ásperos en sus patas delanteras, las almohadillas nupciales. Los machos utilizan estas almohadillas para sujetar a la hembra mientras copulan en su escurridizo ambiente. Los sapos parteros, que copulan en *terra firma,* han perdido las almohadillas, aunque unos cuantos individuos anómalos las desarrollan de modo rudimentario, lo que indica que la capacidad genética para producir las almohadillas no se ha perdido por completo.

Kammerer obligó a unos cuantos sapos parteros a copular en el agua y crió a la siguiente generación a partir de los pocos huevos que habían sobrevivido en aquel medio tan poco hospitalario. Tras repetir el proceso a lo largo de varias generaciones, Kammerer produjo machos con almohadillas nupciales (a pesar de que más tarde uno recibió una inyección de tinta china, tal vez no administrada por Kammerer, para acentuar el efecto). Kammerer llegó a la conclusión de que había puesto de relieve un efecto lamarckista: había devuelto al sapo partero a su ambiente ancestral; éste había recuperado una adaptación ancestral y la había transmitido genéticamente a sus descendientes.

Pero, en realidad, Kammerer había realizado un experimento darwinista: al obligar a los sapos a reproducirse en el agua, tan sólo sobrevivieron unos pocos huevos. Kammerer había ejercido una fuerte presión selectiva en favor de cualesquiera variaciones genéticas que favorecieran el éxito dentro del agua. Y había reforzado su presión a lo largo de varias generaciones. La selección de Kammerer había reunido los genes que favorecen la vida acuática, una combinación que ninguno de los padres de la primera generación poseía. Ya que las almohadillas nupciales son una adaptación acuática, su expresión puede estar ligada a la serie de genes que confieren éxito dentro del agua, una serie favorecida en su frecuencia por la selección darwinista de Kammerer. Del mismo modo, el avestruz puede desarrollar inicialmente callosidades como adaptación no genética. Pero el hábito de arrodillarse, reforzado por estas callosidades, también pone en funcionamiento nuevas presiones selectivas para la preservación de variaciones genéticas fortuitas, que pudieran también codificar estas características. Las callosidades en sí no son misteriosamente transferidas por medio de la herencia de los caracteres adquiridos del adulto al joven.

El segundo, y sospecho que más importante motivo del atractivo, aún en vigor, del lamarckismo, yace en su oferta de consuelo frente a un universo carente de significado intrínseco para nuestras vidas. Refuerza dos de nuestros más arraigados prejuicios: el prejuicio de que el esfuerzo debe ser recompensado, y nuestra esperanza en un mundo inherentemente progresivo y motivado. Su atractivo para Koestler y otros humanistas yace más bien en este solaz que en cualquier argumentación técnica acerca de la herencia. El darwinismo no ofrece tal consuelo, ya que lo único que sostiene es que los organismos se adaptan a los ambientes locales luchando por incrementar su propio éxito reproductor. El darwinismo nos obliga a buscar significados en algún otro sitio; ¿y acaso no es éste el objetivo del arte, la música, la literatura, la ética, la lucha personal y el humanismo koestleriano? ¿Por qué pedirle cuentas a la naturaleza e intentar restringir sus caminos cuando las respuestas (incluso aunque sean personales y no absolutas) yacen dentro de nosotros?

Así pues, el lamarckismo, en la medida en que podemos juzgarlo, es falso en el dominio que siempre ha ocupado: como teoría biológica de la herencia genética. Y, no obstante, y tan sólo por analogía, es el modo de «herencia» para otro, y muy diferente, tipo de «evolución»: la evolución cultural humana. El *Homo sapiens* surgió hace al menos cincuenta mil años, y carecemos de la más mínima evidencia de mejora genética alguna desde entonces. Sospecho que el Cromagnon medio, adecuadamente educado, podría haber manejado ordenadores junto con nuestros mejores especialistas (si sirve de algo, tenían un cerebro ligeramente mayor que el nuestro). Todo lo que hemos logrado, para bien o para mal, es resultado de la evolución cultural. Y lo hemos logrado a un ritmo inigualado por órdenes enteros de magnitud en toda la historia anterior de la vida. Los geólogos no pueden medir unos cuantos cientos o miles de años en el contexto de la historia de nuestro planeta. Y, aun así, en ese milimicrosegundo hemos transformado la faz de nuestro planeta a través de la influencia de un invento biológico no alterado: la conciencia. De tal vez un centenar de miles de personas armadas de hachas, a más de cuatro mil millones* con bombas, cohetes, ciudades, televisiones y ordenadores... y todo esto sin ningún cambio genético sustancial.

La evolución cultural ha progresado a un ritmo al que los procesos darwinianos no pueden ni aproximarse. La evolución darwiniana continúa en el *Homo sapiens*, pero a un ritmo tan lento que prácticamente carece ya de impacto en nuestra historia. Este punto de inflexión en la historia de la Tierra ha sido alcanzado porque, finalmente, se han liberado sobre el planeta procesos lamarckianos. La evolución cultural humana, en marcada oposición a nuestra historia biológica, es de carácter lamarckiano. Lo que aprendemos en una generación lo transmitimos directamente por medio de la enseñanza y la escritura. Los caracteres adquiridos son heredados en la tecnología y la cultura. La evolución lamarckiana es rápida y acumulativa. Explica la diferencia cardinal entre nuestro antiguo mecanismo de cambio, puramente biológico, y nuestra actual enloquecedora aceleración hacia algo nuevo y liberador... o hacia el abismo.

* En la actualidad, más de seis mil millones. *(N. del r.)*

8

GRUPOS ALTRUISTAS Y GENES EGOÍSTAS

El mundo de los objetos puede ser ordenado según una jerarquía de niveles ascendentes, de cajas dentro de cajas. De los átomos a las moléculas constituidas por átomos, a los cristales formados por moléculas, a los minerales, las rocas, la Tierra, el sistema solar, la galaxia hecha de estrellas y el universo de galaxias. A diferentes niveles operan fuerzas diferentes. Las rocas caen por la fuerza de la gravedad, pero a nivel atómico y molecular, la gravedad es tan débil que los cálculos normales la ignoran.

La vida también opera en muchos niveles, y cada uno de ellos desempeña su papel en el proceso evolutivo. Consideremos tres grandes niveles: los genes, los organismos y las especies. Los genes son los planos de los organismos; los organismos son los elementos de construcción de las especies. La evolución requiere variación, ya que la selección natural no puede operar sin una amplia serie de alternativas. La mutación es el motivo último de variación, y las unidades de variación son los genes. Las unidades de selección son los organismos. Pero los individuos no evolucionan: tan sólo pueden crecer, reproducirse y morir. El cambio evolutivo se produce en grupos de organismos interactivos; las especies son la unidad de evolución. En pocas palabras, como escribe el filósofo David Hull, los genes mutan, los individuos son seleccionados y las especies evolucionan. O eso es lo que proclama el criterio darwinista ortodoxo.

La identificación de los individuos como unidad de selección es un tema central en el pensamiento de Darwin. Darwin insistía en que el exquisito equilibrio de la naturaleza carecía de causa «superior». La evolución no reconoce el «bien del ecosistema», ni siquiera el «bien de la especie». Toda armonía o estabilidad que pudieran darse son consecuencia indirecta de la persecución implacable por parte de los individuos de sus propios intereses; en jerga moderna, conseguir poner más genes propios en las futuras generaciones por medio de un mayor éxito reproductor. Los individuos son la unidad de selección; «la lucha por la existencia» es una actividad de los individuos.

No obstante, en el transcurso de los últimos quince años las objeciones a la concentración de Darwin sobre el individuo, han inflamado algunos vivos debates entre los evolucionistas. Estas objeciones han venido desde arriba y desde abajo. Desde arriba, el biólogo escocés V. C. Wynne-Edwards puso los pelos de punta a los ortodoxos hace quince años al argumentar que son los grupos y no los individuos las unidades de selección, al menos para la evolución del comportamiento social. Desde abajo, el biólogo inglés Richard Dawkins me ha puesto a mí los pelos de punta con su afirmación de que los propios genes son unidades de selección, y los individuos tan sólo sus receptáculos temporales.

Wynne-Edwards organizó su defensa de la «selección de grupo» en un extenso libro titulado *Animal Dispersion in Relation to Social Behaviour*. Empezaba con un dilema: ¿por qué si los individuos sólo luchan por maximizar su éxito reproductor, existen tantas especies que parecen mantener su población a un nivel razonablemente constante, adecuado a la disponibilidad de recursos? La respuesta darwinista tradicional invocaba las restricciones externas impuestas por el alimento, el clima y la depredación: sólo tantos pueden alimentarse, de modo que el resto perece de inanición (o se hiela o es devorado), y los números se estabilizan. Wynne-Edwards, por el contrario, argumentaba que los animales regulan su propia población calculando las restricciones de su ambiente y regulando en consecuencia su propia reproducción. Reconocía de entrada que semejante teoría contravenía la insistencia de Darwin sobre la «selección individual» ya que requería que muchos individuos limitaran o abandonaran su propia reproducción por el bien de su grupo.

Wynne-Edwards postulaba que la mayor parte de las especies están divididas en grupos más o menos discretos. Algunos grupos jamás desarrollan mecanismo alguno para regular su reproducción. En el seno de estos grupos, la selección individual reina incontestada. En años buenos, las poblaciones aumentan y los grupos florecen; en años malos, los grupos no pueden regularse y se enfrentan a una severa esquilmación e incluso a la extinción. Otros grupos desarrollan sistemas de regulación en los que muchos individuos sacrifican su reproducción en beneficio del grupo (algo imposible si la selección tan sólo puede favorecer a los individuos que buscan su propio beneficio). Estos grupos sobreviven en los buenos y los malos tiempos. La evolución es una lucha entre grupos, no entre individuos. Y los grupos sobreviven si regulan su población por medio de actos altruistas de sus individuos. «Es necesario —escribió Wynne-Edwards— postular que las organizaciones sociales son capaces de una evolución y un perfeccionamiento progresivos como entidades por derecho propio».

Wynne-Edwards reinterpretó desde este prisma la mayor parte de los comportamientos animales. El entorno, por así decirlo, imprime tan sólo un número limitado de licencias para la reproducción. Seguidamente, los animales compiten para conseguirlas por medio de elaborados sistemas de rivalidad convencionalizada. En las especies territoriales, cada parcela de tierra conlleva una licencia y los animales (normalmente los machos) pujan por cada licencia. Los perdedores aceptan graciosamente su derrota y se retiran a un celibato periférico por el bien de todos. (Wynne-Edwards, por supuesto, no atribuye una intención consciente a los ganadores y a los perdedores. Este autor imagina que debe existir algún mecanismo hormonal inconsciente que explique el buen perder.)

En las especies con jerarquías de dominancia, las licencias son asignadas al número apropiado de lugares y los animales compiten por el rango. La competencia se realiza por medio de plantes y fanfarronería, ya que los animales no deben destruirse los unos a los otros luchando como gladiadores. Después de todo, tan sólo están compitiendo por las licencias en beneficio del grupo. La competencia es más una lotería que una prueba de habilidades; la distribución del número apropiado de participaciones es mucho más importante que quién pueda ganar. «La convencionalización de la rivalidad y el fundamento de la sociedad son una misma y única cosa», proclamaba Wynne-Edwards.

Pero ¿cómo conocen los animales el número de participaciones? Evidentemente no pueden conocerlo, a menos que puedan censar su propia población. En su hipótesis más sorprendente, Wynne-Edwards sugirió que el gregarismo, el enjambreamiento, el canto comunal y los coros surgieron a través de la selección grupal como mecanismo efectivo para el censo. Incluía «el canto de las aves, la vibración de las chicharras, los grillos y las ranas, los sonidos subacuáticos de los peces y los destellos de las luciérnagas».

Los darwinistas se abalanzaron ferozmente sobre Wynne-Edwards en la década posterior a la edición de su libro. Siguieron dos estrategias. En primer lugar, aceptaron la mayor parte de las observaciones de Wynne-Edwards, pero las reinterpretaron como ejemplos de selección individual. Argumentaban, por ejemplo, que la cuestión clave de la territorialidad y las jerarquías de dominancia es *quién* gana. Si la proporción sexual entre machos y hembras es de 50:50 y si los machos con éxito monopolizan varias hembras, entonces no todos los machos pueden reproducirse. Todo el mundo compite por el privilegio darwiniano de transmitir el mayor número posible de genes. Los perdedores no se reirán graciosamente, satisfechos con que su sacrificio va a redundar en el bien común. Simplemente, han sido derrotados; con suerte, ganarán en su siguiente intento. El resultado puede ser una población bien regulada, pero el mecanismo es la lucha individual.

Prácticamente todos los ejemplos de Wynne-Edwards de aparente altruismo pueden ser reescritos como historias de egoísmo individual. En muchas bandadas de aves, por ejemplo, el primer individuo que ve a un depredador emite un grito de alarma. La bandada se dispersa, pero de acuerdo con los seleccionistas de grupo, el que grita ha salvado a sus congéneres atrayendo la atención sobre sí mismo: la autodestrucción (o al menos el peligro) en beneficio de la bandada.

Los grupos con avisadores altruistas prevalecieron en la evolución sobre todos los grupos egoístas y silenciosos, a pesar del peligro corrido por el altruista individual. Pero los debates han planteado al menos una docena de alternativas que interpretan el grito como algo beneficioso para el que lo emite. El grito puede poner en movimiento al azar a la bandada, desconcertando al depredador y haciendo menos probable que capture a nadie, incluyendo al avisador. O el que grita puede desear retirarse en busca de su propia salvación pero no se atreve a romper filas solo, no sea que el depredador lo detecte. Por lo tanto, grita para que la bandada lo siga. Como avisador puede tener desventajas con respecto a sus compañeros (o no, al ser el primero en emprender la huida), pero aun así puede seguir resultándole ventajoso el haber gritado, en lugar de permitir que el depredador se apodere de alguien (tal vez de él mismo) al azar.

La segunda estrategia contra la selección de grupo reinterpreta los actos de aparente altruismo desinteresado como mecanismos egoístas para propagar los genes propios a través de los parientes supervivientes: es la teoría de la selección de parentesco. Los hermanos, por término medio, comparten la mitad de sus genes. Si uno muere por salvar a tres hermanos, transmite un 150 por 100 de sí mismo a través de su reproducción. Una vez más se ha actuado por el propio beneficio evolutivo, si bien no en beneficio de la propia continuidad física. La selección de parentesco es una forma de la selección individual darwiniana.

Estas alternativas no desautorizan la selección de grupo, ya que simplemente reescriben sus historias al modo más convencional de la selección individual darwiniana. Aún tiene que posarse el polvo en torno a esta tan debatida cuestión, pero parece estar surgiendo un cierto consenso (tal vez incorrecto). La mayor parte de los evolucionistas de hoy en día estarían dispuestos a admitir que puede darse la selección de grupo en determinadas situaciones especiales (especies constituidas por muchos grupos socialmente cohesionados y muy discretos que compiten directamente entre sí). Pero consideran tales situaciones algo infrecuente, aunque tan sólo sea porque los grupos discretos son habitualmente grupos familiares, lo que lleva a la preferencia por la selección de parentesco como explicación del altruismo dentro del grupo.

No obstante, en el momento en que la selección individual emergía relativamente indemne de su batalla contra la selección de grupo, procedente de arriba, otros evolucionistas lanzaron un nuevo ataque desde abajo. Los genes, argüían, y no los individuos, son las unidades de selección. Empiezan por parafrasear el famoso aforismo de Butler de que una gallina no es más que el mecanismo que utiliza el huevo para hacer otro huevo. Un animal no es más, dicen ellos, que el mecanismo que utiliza el ADN para producir más ADN. Richard Dawkins ha planteado la cuestión con gran impacto en su reciente libro *El gen egoísta:* «Un cuerpo —escribe— es el mecanismo que utilizan los genes para preservar los genes inalterados».

Para Dawkins, la evolución es una batalla entre los genes, en la que cada uno de ellos intenta hacer más copias de sí mismo que los demás. Los cuerpos son tan sólo los lugares en que los genes se agregan durante algún tiempo. Los cuerpos son receptáculos temporales, máquinas de supervivencia manipuladas por los genes y abandonadas en el basurero geológico una vez replicados los genes y satisfecha su insaciable sed de reproducción en los cuerpos de la siguiente generación. Escribe:

> Somos máquinas de supervivencia: vehículos robot ciegamente programados para preservar las egoístas moléculas llamadas genes ... Se agrupan en enormes colonias, a salvo, dentro de gigantescos y pesados robots ... Están dentro de usted y de mí; ellos nos crearon, cuerpo y mente; y su preservación es la razón última de nuestra existencia.

Dawkins abandona explícitamente el concepto darwinista del individuo como unidad de selección: «Debatiré que la unidad fundamental de selección, y por lo tanto, de propio interés, no es la especie, ni el grupo, ni siquiera estrictamente el individuo. La unidad fundamental es el gen, la unidad de la herencia». Así pues, no deberíamos hablar de selección de parentesco y altruismo aparente. Los genes tan sólo intentan reconocer las copias de sí mismos allá donde se den. Actúan tan sólo para preservar sus copias y realizar más. No podría importarles menos qué cuerpo es su hogar temporal.

Comienzo mi crítica afirmando que no me preocupa lo que a la mayor parte de la gente le parece lo más escandaloso de estas afirmaciones: la imputación de acción consciente a los genes. Dawkins sabe tan bien como usted y como yo que los genes no planean ni conspiran; no actúan como agentes voluntarios de su propia preservación. Dawkins tan sólo está perpetuando, si bien de un modo más colorista que otros, una taquigrafía metafórica utilizada (tal vez imprudentemente) por todos los escritores populares al hablar de la evolución, incluido yo mismo (aunque espero haberla usado con parquedad). Cuando dice que los genes luchan por hacer más copias de sí mismos, quiere decir: «la selección ha actuado favoreciendo a los genes que, al azar, variaron de tal modo que sus copias sobrevivieron en mayor número en subsiguientes generaciones». Esto último es toda una frase; lo primero es directo y aceptable como metáfora, aunque sea, literalmente, inadecuado.

Aun así, encuentro un fallo fatal en el ataque desde abajo a Darwin. No importa el poder que Dawkins desee asignar a los genes; hay algo que no puede darles: una visibilidad directa para la selección natural. La selección es simplemente incapaz de ver los genes y seleccionar de entre ellos directamente. Debe utilizar cuerpos como intermediarios. Un gen es un fragmento de ADN escondido en las entrañas de una célula. La selección ve cuerpos. Favorece algunos cuerpos porque son más fuertes, están mejor aislados, maduran antes sexualmente, son más fieros en el combate, o más hermosos.

Si, al favorecer un cuerpo más fuerte, la selección actuara directamente sobre un gen de la fuerza, entonces Dawkins podría verse vindicado. Si los cuerpos fueran mapas inequívocos de sus genes, entonces las partículas de ADN en combate exhibirían sus colores exteriormente y la selección podría actuar directamente sobre ellas. Pero los cuerpos no son semejante cosa.

No existe gen alguno «para» piezas tan claras de la morfología como la rótula izquierda o la uña. Los cuerpos no pueden ser atomizados en partes, construida cada una por un gen individual. Ciertos genes colaboran en la construcción de la mayor parte de las piezas del organismo y su acción se ve canalizada a través de una caleidoscópica serie de influencias ambientales: embrionarias y posnatales, internas y externas. Las partes no son genes traducidos y la selección ni siquiera opera directamente sobre las partes. Acepta o rechaza organismos completos porque ciertos conjuntos de partes, al interaccionar de modos complejos, confieren ventajas. La imagen de los genes individuales, planeando el curso de su propia supervivencia, tiene poca relación con la genética del desarrollo tal y como la entendemos. Dawkins necesitará otra metáfora: los genes organizados, formando alianzas, mostrándose deferentes por una oportunidad de unirse en un pacto, calibrando posibles ambientes. Pero cuando se amalgaman tantos genes, enlazándose en cadenas jerárquicas de acción mediatizadas por los ambientes, denominamos al objeto resultante un *cuerpo*.

Más aún, la visión de Dawkins requiere que los genes tengan influencia sobre los cuerpos. La selección no puede verlos a menos que se traduzcan en fragmentos de morfología, fisiología o comportamiento que supongan alguna diferencia en el éxito de un organismo. No sólo necesitamos una cartografía biunívoca entre gen y cuerpo (criticada en el último párrafo), necesitamos también una cartografía biunívoca adaptativa. Irónicamente, la teoría de Dawkins llegó justamente en un momento en el que cada vez más evolucionistas van rechazando la afirmación del panseleccionismo de que todas las partes del cuerpo son conformadas en el crisol de la selección natural. Puede ser que muchos genes, si no la mayor parte de ellos, funcionen igualmente bien (o al menos lo suficientemente bien) en todas sus variantes y que la selección no escoja de entre ellos. Si la mayor parte de los genes no se presentan a revista, entonces no pueden ser la unidad de selección.

Creo, en resumen, que la fascinación generada por la teoría de Dawkins surge de algunos malos hábitos de pensamiento de la ciencia occidental; de las actitudes (perdonen la jerga) que llamamos atomismo, reduccionismo y determinismo. La idea de que las totalidades deben ser entendidas por medio de su descomposición en unidades «básicas»; que las propiedades de las unidades microscópicas pueden generar, y explicar, el comportamiento de resultados macroscópicos; que todos los hechos y objetos tienen causas definidas, predecibles y determinadas. Estas ideas han tenido éxito en nuestro estudio de objetos simples, de pocos componentes, y no influidos por una historia previa. Estoy razonablemente seguro de que mi estufa se encenderá cuando abra el gas (lo hizo). Las leyes de los gases parten de las moléculas hasta las propiedades predecibles de volúmenes mayores. Pero los organismos son mucho más que una amalgama de genes. Tienen una historia que es relevante; sus partes interaccionan de formas complejas. Los organismos son construidos por genes que actúan concertadamente, influidos por sus ambientes, traducidos en partes que son detectadas por la selección y en partes invisibles para ella. Las moléculas que determinan las propiedades del agua son pobres análogos de genes y cuerpos. Yo puedo no ser dueño de mi destino, pero mi intuición de totalidad probablemente refleje una verdad biológica.

TERCERA PARTE

La evolución humana

9
HOMENAJE BIOLÓGICO A MICKEY MOUSE

La edad, a menudo, transforma el fuego en placidez. Lytton Strachey, en su penetrante retrato de Florence Nightingale, escribe acerca de sus años de ocaso:

> El destino, tras esperar con gran paciencia, le jugó una extraña pasada a miss Nightingale. La benevolencia y el espíritu público de aquella su larga vida sólo se habían visto igualados por su acritud. Su virtud se había alojado en la dureza ... Y ahora los sarcásticos años traían su castigo a la orgullosa mujer. No había de morir como había vivido. Le fue retirado el aguijón: se volvió blanda, se vio reducida a la aceptación y la complacencia.

Por lo tanto, no me sentí sorprendido (aunque la analogía pueda parecerle sacrílega a algunos) al descubrir que una criatura, cuyo nombre es hoy sinónimo de insipidez, había tenido una juventud más bien agitada. Mickey Mouse cumplió una respetable cincuentena de años el año pasado. Para conmemorar la ocasión, muchos cines repusieron su debut en *Steamboat Willie* (1928). El Mickey original era un individuo revoltoso, incluso ligeramente sádico. En una notable secuencia en que se explotaba la innovación del sonoro, Mickey y Minnie aporrean, estrujan y retuercen a los animales que llevan a bordo para producir una emocionante interpretación a coro de «Turkey in the Straw». Hacen la bocina estrujando un pato, dan cuerda al rabo de una cabra, pellizcan los pezo-

6. La evolución de Mickey en el transcurso de cincuenta años (de izquierda a derecha). Al irse volviendo Mickey cada vez más educado, su aspecto se volvió cada vez más juvenil. Las medidas tomadas en

nes de una cerda, golpean los dientes de una vaca a modo de xilófono y tocan la gaita con sus ubres.

Christopher Finch, en su libro pictórico semioficial sobre la obra de Disney, comenta: «El Mickey Mouse que saltó a los cines a finales de los años veinte no era exactamente el personaje bien educado con el que la mayor parte de nosotros estamos familiarizados. Era, cuando menos, malicioso, e incluso exhibía una veta de crueldad». Pero Mickey remozó rápidamente su actitud dejando a la especulación y el chismorreo tan sólo sus relaciones con Minnie y la condición de Morty y Ferdie. Finch continúa: «Mickey ... se había convertido prácticamente en un símbolo nacional, y como tal, se esperaba de él un correcto comportamiento en todo momento. Si, ocasionalmente, se salía del tiesto, llegaba un número indeterminado de cartas a los estudios, procedentes de ciudadanos y organizaciones que consideraban que el bienestar moral de la nación estaba en sus manos ... Finalmente, hubo de verse forzado a interpretar el papel de un hombre recto».

Al irse suavizando la personalidad de Mickey, cambió su aspecto. Muchos entusiastas de Disney son conscientes de esta transformación con el transcurso del tiempo, pero pocos

tres etapas de su desarrollo revelaron un mayor tamaño relativo de la cabeza, unos ojos más grandes y un cráneo agrandado, características todas ellas de juventud (© Walt Disney Productions).

(sospecho) han reconocido el elemento coordinador que hay detrás de todas las alteraciones; de hecho, no estoy seguro de que los propios artistas de Disney se dieran cuenta, explícitamente, de lo que estaban haciendo, ya que los cambios aparecieron de modo irregular y poco a poco.

En pocas palabras, el Mickey más blando e inofensivo fue adquiriendo progresivamente un aspecto más juvenil. (Dado que la edad cronológica de Mickey jamás variaba —al igual que la mayor parte de los personajes de dibujos animados, soporta imperturbable los embates del tiempo—, este cambio de aspecto a una edad constante constituye una auténtica transformación evolutiva. El rejuvenecimiento progresivo es un fenómeno evolutivo llamado *neotenia*. Ampliaremos esto más adelante.)

Los característicos cambios de forma en el transcurso del crecimiento humano han inspirado una sustancial bibliografía biológica. Dado que, en el embrión, primero evoluciona el extremo correspondiente a la cabeza, y crece más rápidamente en el útero que el extremo correspondiente a los pies (un gradiente anteroposterior, en lenguaje técnico), un niño recién nacido posee una cabeza relativamente grande sobre un cuerpo de tamaño medio con piernas y pies diminutos. Este gradiente se invierte durante el crecimiento al adelantar las piernas y los pies al extremo frontal. La cabeza continúa creciendo, pero mucho más lentamente que el resto del cuerpo, con lo que su tamaño relativo decrece.

Además, se produce toda una serie de cambios en la pro-pia cabeza durante el crecimiento humano. El cerebro crece muy lentamente después de los tres años de edad, y el cráneo bulboso del niño pequeño da paso a la configuración más sesgada, de cejas más bajas, del adulto. Los ojos no crecen prácticamente y el tamaño relativo de éstos decae estrepitosamente. Pero la mandíbula se va haciendo cada vez más grande. Los niños, en comparación con los adultos, tienen la cabeza y los ojos más grandes, la mandíbula más pequeña, un cráneo abultado, más prominente, y unas piernas y pies pequeños y regordetes. La cabeza de los adultos es bastante más simiesca. Lamento decirlo.

Mickey, no obstante, ha recorrido su sendero ontogénico a la inversa en el curso de los cincuenta años que lleva entre nosotros. Ha asumido un aspecto cada vez más infantil, al convertirse el ratonil personaje de *Steamboat Willie* en el gracioso e inofensivo huésped de un reino mágico. Ya en 1940, el que antes se dedicaba a pellizcar los pezones de una cerda recibe una patada en el trasero por su insubordinación (en el papel del *Aprendiz de brujo* en *Fantasía)*. En 1953, en su última película, va de pesca y ni siquiera es capaz de imponerse a una almeja escupidora.

Los artistas de Disney transformaron a Mickey en el más astuto silencio, utilizando a menudo sugestivos mecanismos que imitaban los cambios propios de la naturaleza por rutas diferentes. Para dotarlo de las piernas más cortas y rechonchas propias de la juventud, le alargaron los pantalones cubriendo sus piernas de palillo con una prenda abolsada. (Sus brazos y piernas también engordaron sustancialmente, y adquirieron articulaciones para tener un aspecto más desgarbado.) Su cabeza se volvió relativamente más grande y sus facciones más juveniles. La longitud del hocico de Mickey no se ha alterado, pero es más sutil sugerir una protrusión decreciente por medio de un engrosamiento pronunciado. Los ojos de Mickey han crecido de dos modos: en primer lugar, a través de un desplazamiento evolutivo de mayor cuantía, al convertirse la totalidad del ojo del original en la pupila del de su descendiente; y, en segundo lugar, por un ulterior crecimiento gradual.

La mejora de Mickey en cuanto a su abultamiento craneal siguió un camino interesante, ya que su evolución siempre se ha visto constreñida por la convención inamovible de representar su cabeza por medio de un círculo con orejas adosadas y un hocico oblongo. La forma del círculo no podía ser directamente alterada para producir un cráneo abultado. En lugar de ello, las orejas de Mickey se desplazaron hacia atrás, incrementando la distancia entre la nariz y las orejas dándole una frente redondeada, en vez de oblicua.

Para darle a estas observaciones el carácter de ciencia cuantitativa, apliqué mi mejor compás de calibres a tres etapas de la filogenia oficial: la figura de nariz estrecha y orejas hacia adelante de principios de los años treinta (etapa 1), el Jack de última moda que interpretó en *Mickey and the Beanstalk* (1947, etapa 2), y el ratón moderno (etapa 3). Medí tres signos de la incipiente juventud de Mickey: crecimiento del tamaño de los ojos (altura máxima) como porcentaje de la longitud de la cabeza (de la base de la nariz a la parte superior de la oreja trasera); el crecimiento de la longitud de la cabeza como porcentaje de la longitud del cuerpo; y el crecimiento del tamaño de la bóveda craneal medido por el desplazamiento hacia atrás de la oreja anterior (de la base de la nariz a la parte superior de la oreja anterior como porcentaje de la distancia de la base de la nariz a la parte superior de la oreja trasera).

Los tres porcentajes crecían regularmente: el tamaño de los ojos, de un 27 a un 42 por 100 de la longitud de la cabeza; la longitud de la cabeza, de un 42,7 a un 48,1 de la longitud del cuerpo; y la distancia de la nariz a la parte frontal de la oreja, de un 71,7 a un estridente 95,6 por 100 de la de la nariz a la oreja de detrás. Para comparar, tomé las medidas del joven «sobrino» de Mickey, Morty Mouse. En cada caso, Mickey ha venido evolucionando claramente hacia las etapas juveniles de su estirpe, aunque aún le queda camino por recorrer en cuanto a la longitud de la cabeza.

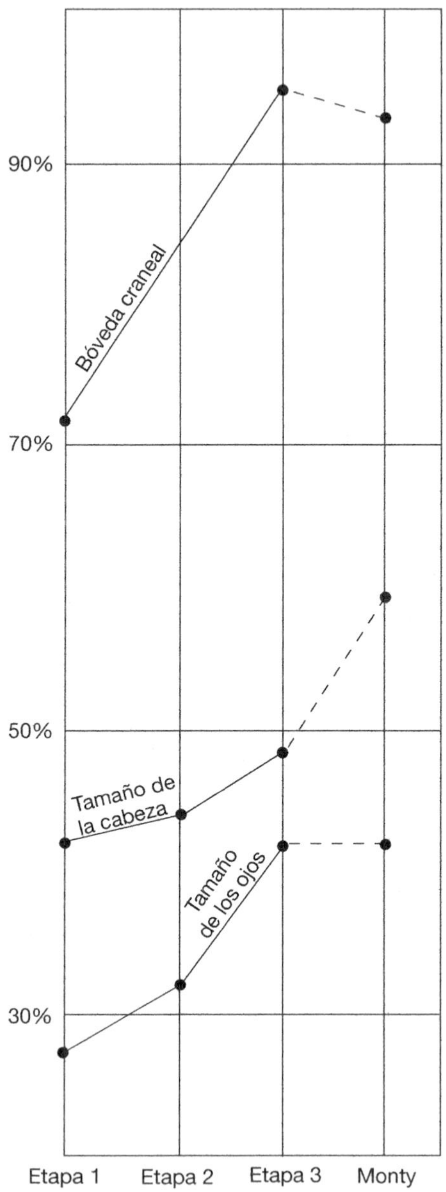

7. En una primera etapa de su evolución, Mickey tenía la cabeza, la bóveda craneal y los ojos más pequeños. Evolucionó hacia las características de su joven sobrino Morty (conectado a Mickey por una línea de puntos).

Ahora pueden ustedes preguntarse qué demonios hace un científico respetable, al menos marginalmente, metiéndose con un ratón como éste. En parte, por supuesto, juguetear y divertirme. (Sigo prefiriendo *Pinocho* a *Ciudadano Kane*.) Pero sí que tengo una cosa (dos, de hecho) que decir. En primer lugar, debemos preguntarnos: ¿por qué Disney decidió cambiar su personaje más famoso tan gradual y persistentemente en la misma dirección? Los símbolos nacionales no se alteran caprichosamente y los investigadores de mercado (en particular para la industria de los muñecos) han dedicado una gran cantidad de tiempo y esfuerzos prácticos a averiguar qué características atraen a la gente por considerarlas simpáticas y amistosas. Los biólogos han pasado también mucho tiempo estudiando una cuestión similar en un amplio abanico de animales.

En uno de sus artículos más famosos, Konrad Lorenz argumenta que los seres humanos utilizamos las diferencias características de forma entre los bebés y los adultos como importantes claves de comportamiento. Este autor cree que las características juveniles disparan «mecanismos de liberación innatos» para el afecto y la protección en los seres humanos adultos. Cuando vemos una criatura viva con caracteres de bebé, sentimos una respuesta automática de ternura que nos desarma. El valor adaptativo de esta respuesta es difícilmente cuestionable, ya que tenemos que criar a nuestros bebés. Lorenz, dicho sea de paso, incluye entre sus mecanismos liberadores precisamente las características de infantilismo que Disney le impuso progresivamente a Mickey: «una cabeza relativamente grande, predominio de la cápsula cerebral, ojos grandes y de disposición baja, región de las mejillas prominente, extremidades cortas y gruesas, una consistencia elástica y neumática, y movimientos torpes». (Me propongo dejar a un lado en este artículo la cuestión contenciosa de si nuestra afectuosa respuesta a las características infantiles es o no innata y heredada directamente de los primates primitivos —como plantea Lorenz—, o si no es más que una respuesta aprendida de nuestra experiencia inmediata con los bebés, que se ha visto trasplantada a una predisposición evolutiva a asignar lazos afectivos a determinadas señales aprendidas.

Mi argumentación funciona igual de bien en ambos casos, ya que tan sólo afirmo que los rasgos infantiles tienden a producir fuertes sentimientos de afecto en los seres humanos adultos, ya sea la base biológica de éstos una programación directa o la capacidad de aprendizaje y fijación sobre las señales. También trato como algo colateral a lo que yo deseo exponer la tesis fundamental del artículo de Lorenz: que respondemos no a la totalidad o *Gestalt,* sino a una serie de características fijas que actúan como liberadoras. Esta argumentación es importante para Lorenz, porque lo que pretende es plantear una identidad evolutiva en los modos de comportamiento de otros vertebrados y los seres humanos, y sabemos que muchas aves, por ejemplo, responden a menudo a características abstractas y no a las *Gestalten.* El artículo de Lorenz, publicado en 1950, lleva como título *Ganzheit und Teil in der Tie-*

8. Los seres humanos sienten afecto por los animales con rasgos infantiles: ojos grandes, frente abultada, barbilla huidiza (columna de la izquierda). Los animales de ojos pequeños y hocico largo (columna de la derecha) no producen la misma respuesta. De *Studies in Animal and Human Behavior*, II, de Konrad Lorenz, Methuen, 1971.

rischen und menschlichen Gemeinschaft («La parte y la totalidad en las sociedades animales y humanas»). El cambio progresivo de la apariencia de Mickey por parte de Walt Disney tiene sentido en este contexto: Disney actuó de modo secuencial sobre los liberadores primarios de Konrad Lorenz.)

Lorenz subraya el poder que las características infantiles tienen sobre nosotros, y la cualidad abstracta de su influencia, señalando que juzgamos a otros animales con el mismo criterio, aunque el juicio pueda resultar absolutamente inapropiado en un contexto evolutivo. En pocas palabras, nos engaña una respuesta desarrollada hacia nuestros propios bebés, y transferimos nuestra reacción al mismo conjunto de características en otros animales.

Muchos animales, por razones que nada tienen que ver con la inspiración de afecto en los seres humanos, poseen algunas características compartidas con los bebés humanos pero no con los adultos humanos: ojos grandes y una frente abultada con una barbilla huidiza, en particular. Nos sentimos atraídos por ellos, los criamos como mascotas, nos detenemos y los admiramos en la naturaleza... mientras rechazamos a sus parientes de ojos pequeños y hocico alargado que podrían resultar objeto de admiración o compañeros más afectuosos. Lorenz señala que los nombres en alemán de muchos animales con características que imitan a los bebés humanos, terminan en el sufijo diminutivo *chen,* aunque los animales sean a menudo mayores que sus parientes cercanos carentes de tales características: *Rotkehlchen* (petirrojo), *Eichhörnchen* (ardilla), y *Kaninchen* (conejo), por ejemplo.

En una sección fascinante, Lorenz entra en detalles acerca de nuestra capacidad de respuesta biológicamente inapropiada ante otros animales, o incluso ante objetos inanimados que imitan los rasgos humanos. «Los objetos más asombrosos pueden adquirir valores emocionales notables y altamente específicos por "adhesión experimental" de propiedades humanas ... Las pendientes acentuadas, un tanto colgantes, de los riscos, o las oscuras nubes de tormenta acumulándose tienen el mismo valor inmediato de exhibición que un ser humano erguido y ligera-

9. El engominado y repelente Mortimer (aquí robando las atenciones de Minnie) tiene rasgos notablemente adultos en relación con Mickey. Su cabeza es más pequeña en proporción a su cuerpo: su nariz constituye nada menos que el 80 por 100 de la longitud de la cabeza (© Walt Disney Productions).

mente inclinado hacia adelante»; es decir, son amenazadoras.

No podemos evitar ver al camello como algo despegado y poco amistoso, porque imita, involuntariamente y por otras razones, el «gesto de rechazo desdeñoso» común a tantas culturas humanas. En este gesto, alzamos la cabeza, situando la nariz por encima del nivel de los ojos. Seguidamente, entrecerramos éstos y resoplamos por la nariz (el «harrumf» del inglés estereotipado de clase alta o de su ayuda de cámara). «Todo esto —argumenta Lorenz bastante coherentemente— simboliza una resistencia contra todas las modalidades sensoriales que pudieran emanar de la parte desdeñada». Pero el pobre camello no puede evitar llevar la nariz por encima de sus ojos alargados ni tener las comisuras de la boca hacia abajo. Como nos recuerda Lorenz, si desea usted saber si un camello está dispuesto a comer de su mano o a escupirle, mírele las orejas, no el resto de la cara.

10. Los villanos de los dibujos animados no son los únicos personajes de Disney con características adultas exageradas. Goofy, como Mortimer, tiene la cabeza pequeña en relación con la longitud del cuerpo, y un hocico prominente (© Walt Disney Productions).

En su importante obra *The expression of the Emotions in Man and Animals,* publicada en 1872, Charles Darwin siguió la pista a la base evolutiva de muchos gestos comunes hasta llegar a actos originariamente adaptativos en los animales y posteriormente interiorizados como símbolos en los seres humanos. Así pues, argumentaba en favor de una continuidad evolutiva de la emoción, no sólo de la forma. Gruñimos y elevamos el labio superior al estar ferozmente irritados... para dejar al descubierto nuestro inexistente canino de combate. Nuestro gesto de repugnancia imita los gestos faciales asociados con el acto altamente adaptativo de vomitar en circunstancias de necesidad. Darwin concluyó, con gran desazón de muchos de sus coetáneos: «En la humanidad, algunas expresiones tales como el erizamiento del cabello bajo la influencia de un terror extremado, o el descubrir los dientes bajo la de una ira furiosa, difícilmente pueden ser entendidas excepto bajo la convicción de que el hombre existió antaño en una condición muy inferior y animalizada».

En cualquier caso, los rasgos abstractos de la infancia humana producen en nosotros poderosas respuestas emocionales, incluso cuando aparecen en otros animales. Yo propongo que la ruta evolutiva de Mickey Mouse, que recorre su crecimiento a la inversa, refleja el descubrimiento inconsciente de este principio biológico por Disney y sus artistas. De hecho, la condición emocional de la mayor parte de los personajes de Disney se apoya sobre la misma serie de distinciones. En esta medida, el reino mágico comercia con una ilusión biológica: nuestra capacidad para abstraer, así como nuestra propensión a transferir inapropiadamente a otros animales las respuestas de ajuste que sufrimos ante el cambio de forma producido por el crecimiento de nuestro propio cuerpo.

El Pato Donald también adopta rasgos más juveniles con el transcurso del tiempo. Su pico alargado se acorta y sus ojos se agrandan; converge sobre Jorgito, Juanito y Jaimito (Huey, Louie, Dewey) con la misma claridad con la que Mickey se aproxima a Morty. Pero Donald, habiendo heredado el mal comportamiento anterior de Mickey, mantiene una forma más adulta con su pico extendido y su frente más plana.

Los ratones villanos o fulleros, por contraste con Mickey, tienen siempre un aspecto más adulto, aunque a menudo compartan la edad cronológica de Mickey. En 1936, por ejemplo, Disney realizó un corto titulado *Mickey's Rival*. Mortimer, un dandi con un coche deportivo amarillo, se entromete en el tranquilo picnic campestre de Minnie y Mickey. El totalmente desacreditado Mortimer tiene una cabeza que sólo mide un 29 por 100 de la longitud de su cuerpo, frente al 45 por 100 de la de Mickey, y un hocico que mide aproximadamente el 80 por 100 de la longitud de la cabeza, frente al

49 por 100 del de Mickey. (No obstante, ¿y acaso podría ser de otra forma?, Minnie le transfiere sus afectos hasta que un oportuno toro de un prado adyacente se hace cargo del rival de Mickey.) Consideremos también los rasgos exageradamente adultos de otros de los personajes de Disney: el jactancioso fanfarrón Pete Patapalo o el simple pero adorable bobo de Goofy.

Como segundo comentario biológico serio a la odisea formal de Mickey, señalaría que su sendero hacia la eterna juventud repite, en epítome, nuestra propia historia evolutiva, porque los seres humanos son neoténicos. Hemos evolucionado reteniendo hasta la edad adulta los rasgos juveniles originales de nuestros antepasados. Nuestros antecesores australopitecinos, al igual que Mickey en *Steamboat Willie,* tenían mandíbulas prognatas y cráneos de bóveda baja.

Nuestro cráneo embrionario difiere escasamente del del chimpancé. Y seguimos el mismo sendero de cambio de forma a través del crecimiento: disminución relativa de la bóveda craneal, dado que el cerebro crece mucho más lentamente que el cuerpo tras el nacimiento, e incremento relativo continuo de la mandíbula. Pero mientras que los chimpancés acentúan estos cambios, produciendo un adulto de forma llamativamente diferente a la de un bebé, nosotros recorremos mucho más lentamente el mismo camino y nunca llegamos, ni mucho menos, tan lejos. Así, como adultos, conservamos rasgos juveniles. Desde luego, cambiamos lo suficiente como para que haya una notable diferencia entre bebé y adulto, pero nuestra alteración es infinitamente menor que la experimentada por los chimpancés y otros primates.

Un acentuado enlentecimiento de los ritmos de desarrollo ha disparado nuestra neotenia. Los primates tienen un desarrollo lento en comparación con otros mamíferos, pero nosotros hemos acentuado la tendencia hasta un grado no alcanzado por ningún otro mamífero. Tenemos un período de gestación muy largo, una infancia notablemente extensa, y una esperanza de vida superior a la de cualquier mamífero. Las características morfológicas de la eterna juventud nos han hecho un buen servicio. Nuestro cerebro agrandado obedece, al menos en parte, a la extensión de su rápido crecimiento prenatal a edades posteriores. (En todos los mamíferos, el cerebro crece rápidamente en el útero, pero, a menudo, muy poco después del nacimiento. Hemos extendido esta fase fetal hasta la vida posnatal.)

Pero los cambios de temporización han sido igualmente importantes. Somos fundamentalmente animales que aprenden, y nuestra larga infancia permite la transferencia de la cultura por medio de la educación. Muchos animales exhiben flexibilidad y juegan en la infancia, pero siguen esquemas rígidamente programados al llegar a adultos. Lorenz escribe, en el mismo artículo citado más arriba: «La característica que resulta tan vital para la peculiaridad humana del hombre verdadero (la de permanecer siempre en un estado de desarrollo) es con seguridad un don que debemos a la naturaleza neoténica de la humanidad».

En pocas palabras, nosotros, al igual que Mickey, jamás crecemos, aunque sí envejecemos. Mis mejores deseos para ti, Mickey, para tu segunda mitad de siglo. Que podamos conservarnos tan jóvenes como tú, pero que lleguemos a ser un poco más sabios.

10

DE NUEVO PILTDOWN

Nada resulta tan fascinante como un misterio añejo. Muchos *connoisseurs* consideran *The Daugther of Time*, de Josephine Tey, la mejor historia de detectives jamás escrita, porque su protagonista es Ricardo III, no el moderno e insignificante asesino de Roger Ackroyd. Las viejas historias son imperecederas fuentes de apasionado y estéril debate. ¿Quién era Jack el Destripador? ¿Shakespeare era Shakespeare?

Mi profesión, la paleontología, ofreció su aportación a las primeras filas de los acertijos históricos hace un cuarto de siglo. En 1953, el hombre de Piltdown fue desvelado como un fraude, perpetrado por un estafador muy incierto. Desde entonces, jamás ha decaído el interés. Personas incapaces de distinguir un *Tirannosaurus* de un *Allosaurus* tienen formada opinión acerca de la identidad del falsificador de Piltdown. En lugar de plantear simplemente quién lo hizo, este artículo aborda lo que considero un aspecto intelectualmente más interesante: ¿por qué, de entrada, llegó alguien a aceptar al hombre de Piltdown? Me vi forzado a hablar del tema a causa de unas recientes y destacadas informaciones de la prensa que añadían (con pruebas abismalmente pobres, en mi opinión) otro sospechoso más de relieve a la lista. Además, como inveterado lector de novelas de misterio, no puedo reprimir el deseo de expresar mis propios prejuicios; pero todo a su debido tiempo.

En 1912, Charles Dawson, un abogado y arqueólogo aficionado de Sussex, llevó varios fragmentos de cráneo a Arthur Smith Woodward, encargado del departamento de Geología del Museo Británico (Historia Natural). El primero, según él, había sido desenterrado por unos trabajadores de una cantera de grava en 1908. Desde entonces había estado buscando entre los montones de desperdicios y había encontrado unos cuantos fragmentos más. Los huesos, desgastados y profundamente coloreados, parecían procedentes de la antigua grava; no eran los restos de un enterramiento reciente. Y, no obstante, el cráneo parecía tener una forma notablemente moderna, aunque los huesos eran inusualmente gruesos.

Smith Woodward, tan excitado como podía llegar a estarlo un hombre tan mesurado, acompañó a Dawson a Piltdown y allí, junto con el padre Teilhard de Chardin, buscó más rastros en los montones de desperdicios. (Sí, lo crean o no, es el mismo Teilhard de Chardin que, como científico y teólogo moderno, se convirtió en una figura de culto hace unos quince años con su intento de conciliar la evolución, la naturaleza y a Dios en *El fenómeno humano*. Teilhard había ido a Inglaterra en 1908 para estudiar en el colegio jesuita de Hastings, cerca de Piltdown. Conoció a Dawson en una cantera el 31 de mayo de 1909; el maduro abogado y el joven jesuita francés se hicieron buenos amigos, colegas y coexploradores.)

En una de sus expediciones conjuntas, Dawson encontró la famosa mandíbula inferior. Al igual que los fragmentos del cráneo, la mandíbula estaba profundamente teñida, pero parecía tener una forma tan simiesca como humana era la del cráneo. No obstante, tenía dos molares desgastados de un modo similar al que se ve en los seres humanos, pero nunca en los monos. Desafortunadamente, la mandíbula estaba rota precisamente en los dos lugares que podrían haber dejado sentada definitivamente su pertenencia o no al cráneo: la región de la barbilla, con todas sus marcas distintivas entre el mono y el ser humano, y el área de la articulación con el cráneo.

Armados de fragmentos de cráneo, la mandíbula inferior y una colección asociada de pedernales y huesos tallados, además de una serie de fósiles de mamíferos, para determinar la edad como muy antigua, Smith Woodward y Dawson saltaron a la palestra ante la Sociedad Geológica de Londres el 18 de diciembre de 1912. Hubo división de opiniones, aunque en términos generales su acogida fuera favorable. Nadie sospechó un fraude, aunque la asociación de un cráneo tan humano con una mandíbula tan simiesca indicara, según algunos críticos, que tal vez se hubieran mezclado los restos de dos animales totalmente distintos en la cantera.

En el transcurso de los siguientes tres años, Dawson y Smith Woodward contraatacaron con una serie de nuevos descubrimientos que, en retrospectiva, no podían haber estado mejor programados para desarmar a la oposición. En 1913, el padre Teilhard encontró el todopoderoso diente canino. También éste era de forma simiesca, pero estaba marcadamente desgastado al modo humano. Entonces, en 1915, Dawson convenció a la mayor parte de sus detractores encontrando la misma asociación de dos gruesos fragmentos craneales humanos con un diente simiesco desgastado como los humanos en una segunda excavación a tres kilómetros de los descubrimientos originales.

Henry Fairfield Osborn, distinguido paleontólogo norteamericano y crítico converso, escribió:

> Si existe una Providencia pendiente de los asuntos de los hombres prehistóricos, no hay duda de que se puso de manifiesto en este caso, porque los tres fragmentos del segundo hombre de Piltdown encontrados por Dawson son exactamente aquellos que hubiéramos escogido para realizar una comparación con el espécimen original... Puestos uno al lado del otro, con los fósiles correspondientes al primer hombre de Piltdown, concuerdan con precisión; no hay ni sombra de diferencia.

La Providencia, aunque sin saberlo Osborn, caminaba en forma humana en Piltdown.

Durante los siguientes treinta años, Piltdown ocupó un lugar incómodo pero reconocido en la prehistoria humana. Entonces, en 1949, Kenneth P. Oakley aplicó su prueba del flúor a los restos de Piltdown. Los huesos absorben flúor en función del tiempo que hayan pasado en un depósito y del contenido en flúor de las rocas y tierra que les rodean. Tanto el cráneo como la mandíbula de Piltdown contenían cantidades difícilmente detectables de flúor; no podían haber pasado mucho tiempo en las gravas. Oakley no sospechó la existencia de una falsificación. Propuso que Piltdown, después de todo, había sido un enterramiento relativamente reciente en gravas muy antiguas.

Pero, pocos años más tarde, en colaboración con J. S. Weiner y W. E. le Gros Clark, Oakley tomó finalmente en consideración la alternativa obvia: que el «enterramiento» había sido realizado en el presente siglo con el propósito de engañar. Descubrió que el cráneo y la mandíbula habían sido artificialmente teñidos, que los pedernales y los huesos habían sido trabajados con herramientas modernas y que los mamíferos asociados, aun siendo fósiles genuinos, habían sido traídos de algún otro lugar. Mas aún, los dientes habían sido limados para simular un desgaste humano. La vieja anomalía (una mandíbula simiesca con un cráneo humano) fue resuelta del modo más prosaico imaginable. El cráneo sí pertenecía a un ser humano moderno; la mandíbula era de un orangután.

Pero ¿quién había promovido tan monstruoso engaño contra unos científicos tan ansiosos por un hallazgo así que permanecieron ciegos ante la resolución obvia de sus irregularidades? Del trío original, Teilhard fue exonerado como un joven incauto y sin malicia. Nadie ha sospechado jamás (y correctamente en mi opinión) de Smith Woodward, el hombre recto como una vara que entregó su vida a la realidad de Piltdown y que, con más de ochenta años de edad y ciego, dictó desde su retiro su último libro que llevaba el título chovinista de *The Earliest Englishman* («El primer inglés») (1948).

Las sospechas se han concentrado en Dawson. Dispuso, sin discusión posible, de oportunidades, aunque nadie haya establecido jamás un motivo satisfactorio. Dawson era un aficionado altamente respetado, con varios hallazgos importantes en su haber. Era entusiasta y poco crítico, tal vez incluso un poco desaprensivo en sus tratos con otros aficionados, pero no existe evidencia directa alguna acerca de su complicidad en el caso. No obstante, las pruebas circunstanciales son de mucho peso y fueron bien resumidas por J. S. Weiner en *The Pilt-*

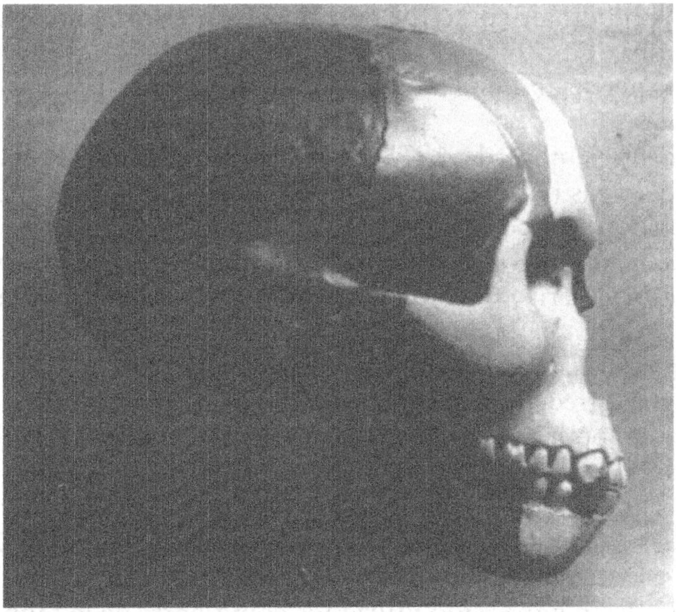

11. Cráneo del Hombre de Piltdown (cortesía del American Museum of Natural History).

down Forgery («El fraude de Piltdown») (Oxford University Press, Londres, 1955).

Los seguidores de Dawson han mantenido siempre que debía estar implicado algún científico más profesional, al menos como corresponsable, dado que los hallazgos estaban muy inteligentemente falsificados. Yo siempre he considerado éste un pobre razonamiento, planteado por los científicos en gran medida para aplacar su vergüenza ante el hecho de que un engaño de concepción no excesivamente brillante no hubiera sido detectado con anterioridad. La tinción, desde luego, había sido consumadamente bien realizada. Pero las «herramientas» habían sido malamente talladas y los dientes limados sin sutilezas: en el momento en que los científicos examinaron las piezas con la hipótesis adecuada en mente, se descubrieron marcas de arañazos. Le Gros Clark escribió: «La evidencia de una abrasión artificial saltaba inmediatamente a la vista. De hecho, parecía tan obvia que bien podría uno preguntarse cómo fue que escapó anteriormente a la inspección». La principal habilidad del falsificador consistió en saber qué dejar a un lado: prescindir de la barbilla y la articulación.

En noviembre de 1978, Piltdown reapareció destacadamente en las noticias de la prensa porque había sido implicado otro científico más como presunto corresponsable. Poco antes de su muerte a los noventa y tres años, J. A. Douglas, profesor emérito de geología en Oxford, realizó una grabación en cinta en la que sugería que su predecesor en el cargo, W. J. Sollas, era el culpable. Para apoyar esta aseveración, Douglas ofrecía tan sólo tres datos que, según mi libro, escasamente podrían catalogarse como evidencia: 1) Sollas y Smith Woodward eran enemigos acérrimos (¿Y qué? La Academia es un nido de víboras, pero las disputas verbales y los fraudes elaborados son respuestas de diferente magnitud; 2) En 1910, Douglas le dio a Sollas algunos huesos de mastodonte que podrían haber sido utilizados como parte de la fauna importada (pero este tipo de huesos y dientes no son escasos); y 3) Sollas recibió una vez un paquete de bicromato potásico y ni Douglas ni el fotógrafo de Sollas fueron capaces de imaginar para qué podía quererlo. El bicromato potásico fue utilizado en la tinción de los huesos de Piltdown. (También era un producto químico importante en fotografía, y la supuesta confusión del fotógrafo de Sollas no me parece un signo de que el profesor tuviera en mente utilizaciones nefandas.) En resumen, la evidencia en contra de Sollas me parece tan débil que me pregunto por qué las principales revistas científicas del Reino Unido y Estados Unidos le concedieron tanto espacio. Yo excluiría a Sollas por completo, si no fuera por la paradoja de que su famoso libro *Ancient Hunters* apoya los puntos de vista de Smith Woodward acerca de Piltdown en términos tan obsequiosos y brillantes que podrían interpretarse como un sutil sarcasmo.

Para mí, sólo tres hipótesis tienen sentido. En primer lugar, Dawson era visto con sospecha y desagrado generales por partg de algunos arqueólogos aficionados (e igualmente aclamado por otros). Algunos compatriotas lo consideraban un falsario. Otros estaban amargamente celosos de su posición entre los profesionales. Tal vez alguno de sus colegas concibiera esta compleja y peculiar forma de vengarse. La segunda hipótesis, y para mí la más probable, mantiene que Dawson actuó solo, ya fuera en pos de la fama o para demostrar al mundo de los profesionales todo lo que no sabemos.

La tercera hipótesis es mucho más interesante. Convertiría a Piltdown en una broma que llegó demasiado lejos en lugar de en una falsificación maliciosa. Representa la «teoría favorita» de muchos paleontólogos de vertebrados que conocían bien al hombre. Yo he tamizado toda la evidencia, intentando echarla abajo. He de admitir que la he encontrado consistente y plausible, aunque no sea la favorita. A. S. Romer, antiguo jefe del museo en el que trabajo en Harvard y el mejor paleontólogo de vertebrados de Norteamérica, a menudo me confiaba sus sospechas. Louis Leakey también creía lo mismo. Su autobiografía hace referencia a un anónimo «segundo hombre», pero la evidencia interna implica claramente a un cierto individuo para todo aquel que esté al corriente.

A menudo resulta difícil recordar a un hombre en su juventud, una vez que la edad ha impuesto una *persona* diferente. Teilhard de Chardin se convirtió en una figura austera y casi divina para muchos en sus años finales; fue ampliamente reconocido como un profeta destacado de nuestra era. Pero, una vez, fue un despreocupado joven estudiante. Conocía a Dawson hacía tres años cuando Woodward entró en escena. Pudo haber tenido acceso, en un trabajo anterior en Egipto, a los huesos de mamíferos (probablemente procedentes de Túnez y Malta) que formaban parte de la fauna «importada» de Piltdown. Me resulta fácil imaginar a Dawson y Teilhard, tras muchas horas de campo y de pub, concibiendo un plan con diferentes fines: Dawson para dejar al descubierto la credulidad de los pomposos profesionales; Teilhard para frotar por las narices a los ingleses una vez más el hecho de que su país carecía de fósiles humanos legítimos, mientras que Francia se regocijaba en una superabundancia de ellos que la convertía en la reina de la antropología. Tal vez trabajaran juntos, sin esperar en ningún momento que las lumbreras de la ciencia inglesa se aferraran a Piltdown con tanto entusiasmo. Pensaban dejar las cosas en claro y no pudieron.

Teilhard abandonó Inglaterra para convertirse en camillero durante la primera guerra mundial. Dawson, según esta versión, perseveró y completó el trabajo con un segundo hallazgo en Piltdown en 1915. Pero, a partir de ahí, la broma se le escapó de las manos convirtiéndose en una pesadilla. Dawson enfermó inesperadamente y murió en 1916. Teilhard no podía regresar antes del fin de la contienda. Por aquel entonces, las tres lumbreras de la antropología y la paleontología británicas (Arthur Smith Woodward, Grafton Elliot Smith y Arthur Keith) habían apostado sus carreras por la autenticidad de Piltdown. (De hecho, acabaron siendo dos sir Arthur y un sir Grafton, en gran parte por su participación en poner a Inglaterra sobre el mapa antropológico.) Si Teilhard se hubiera confesado en 1918, su prometedora carrera (que posteriormente incluyó un papel de importancia en la descripción del auténtico hombre de Pekín) hubiera terminado abruptamente. De modo que se atuvo a los salmos y al lema de la Universidad de Sussex, posteriormente establecida a unos pocos kilómetros de Piltdown («Mantente silencioso y sabe...») hasta el día de su muerte. Posible, tan sólo posible.

Todas estas especulaciones aportan diversión y controversia inacabables, pero ¿qué hay acerca de la anterior y más interesante cuestión?: ¿cómo había podido creer nadie, para empezar, en Piltdown? Ya desde el comienzo se trataba de una criatura improbable. ¿Por qué se había admitido en nuestro linaje un ancestro con un cráneo totalmente moderno y la mandíbula sin modificar de un mono?

De hecho, a Piltdown nunca le faltaron detractores. Su reino temporal nació del conflicto y fue alimentado hasta su fin por la controversia. Muchos científicos siguieron creyendo que Piltdown era un arquetipo compuesto por dos animales accidentalmente entremezclados en el mismo depósito. A principios de los años cuarenta, por ejemplo, Franz Weidenreich, tal vez el mejor anatomista humano del mundo, escribió (con devastadora precisión, visto *a posteriori*): «El *Eoanthropus* [«hombre del alba», la designación oficial del Piltdown] debería ser borrado de la lista de fósiles humanos. Es una combinación artificial de fragmentos de cráneo humano moderno con una mandíbula y dientes similares a los del orangután». A esta apostasía replicó sir Arthur Keith con amarga ironía: «Éste es uno de los métodos usados para librarse de hechos que no encajan en una teoría preconcebida; el método usado habitualmente por los hombres de ciencia no consiste en prescindir de hechos, sino en configurar teorías en las que encajen».

Más aún, si alguien se hubiera sentido tentado a llevar el asunto más allá existían motivos publicados para sospechar de un fraude desde el principio. Un anatomista dental, C. W. Lyne, afirmó que el canino encontrado por Teilhard era un diente joven, recién salido antes de la muerte de Piltdown, y que la intensidad de su desgaste no podía conciliarse con su edad. Otros manifestaron serias dudas acerca del origen primitivo de las herramientas de Piltdown. Entre los aficionados de Sussex, algunos colegas de Dawson llegaron a la conclusión de que Piltdown tenía que ser un engaño, pero no publicaron sus conclusiones.

Si queremos aprender algo acerca de la naturaleza de la investigación científica en el caso Piltdown (en lugar de limitarnos a disfrutar de los gozos del chismorreo) tendremos que resolver la paradoja de su inmediata aceptación. Creo que puedo identificar al menos cuatro categorías de motivos para explicar la bienvenida que recibió semejante incongruencia por parte de todos los más grandes paleontólogos ingleses. Las cuatro contravienen la mitología habitual acerca de la práctica científica: que los hechos son «duros» y primarios y que la comprensión científica aumenta por la paciente recolección y criba de estas porciones objetivas de información pura. Por el contrario, ponen al descubierto a la ciencia como actividad humana, motivada por la esperanza, los prejuicios culturales y la búsqueda de la gloria, que, no obstante, se va tambaleando en su camino errático hacia una mejor comprensión de la naturaleza.

Imposición de una fuerte esperanza sobre una evidencia dudosa. Antes de Piltdown, la paleoantropología británica estaba empantanada en un limbo que hoy ocupan los estudiosos de la vida extraterrestre: interminables terrenos de especulación y carencia absoluta de evidencia directa. Más allá de algunas «culturas» del sílex de manufactura dudosamente humana y algunos huesos de los que se sospechaba que eran producto de recientes enterramientos en gravas antiguas, Inglaterra no sabía nada de sus antepasados más antiguos. Francia, por otro lado, disfrutaba de una superabundancia de neandertales, cromañones y sus herramientas y arte asociados. Los antropólogos franceses gozaban pasándoles por las narices a los ingleses esta exagerada disparidad de evidencias. Piltdown no podría haber sido mejor diseñado para darle la vuelta a la tortilla. Parecía ser muy anterior al neandertal. Si los fósiles humanos tenían un cráneo enteramente humano cientos de miles de años antes de la aparición del cejijunto neandertal, entonces Piltdown debía ser nuestro antecesor y los neandertales franceses tan sólo una rama colateral. Smith Woodward proclamó: «La raza de Neanderthal era un brote degenerado del hombre primitivo del cual el cráneo de Piltdown aporta la primera evidencia descubierta». Esta rivalidad internacional ha sido a menudo mencionada por los comentaristas de Piltdown, pero también parecen haber pasado inadvertidos toda una serie de factores de igual importancia.

Reducción de las anomalías por ajuste a los prejuicios culturales. Un cráneo humano con una mandíbula de simio nos parece hoy en día algo lo suficientemente incongruente como para levantar graves sospechas. No era así en 1913. En aquel tiempo, un gran número de antropólogos de primera línea mantenían una preferencia apriorística, en gran medida de origen cultural, en favor de la «supremacía del cerebro» en la evolución humana. Por lo tanto, en nuestra evolución, un cerebro agrandado debía haber precedido e inspirado toda ulterior alteración de nuestro cuerpo. Deberíamos esperar encontrar antepasados de los seres humanos con el cerebro agrandado, tal vez casi humano, y un cuerpo distintivamente simiesco. (Irónicamente, la naturaleza siguió el camino opuesto. Nuestros antecesores más primitivos, los australopitecos, caminaban totalmente erguidos, pero tenían aún un cerebro pequeño.) Así, Piltdown casi encajaba en un resultado ampliamente esperado. Grafton Elliot Smith escribió en 1924:

> El interés fundamental del cráneo de Piltdown está en la confirmación que supone del punto de vista de que en la evolución del hombre, el cerebro fue el que abrió el camino. Es una perogrullada afirmar que el hombre emergió del estado simiesco en virtud del enriquecimiento de la estructura de su mente ... El cerebro alcanzó lo que podríamos llamar rango humano en un momento en que las mandíbulas y la cara, y sin duda también el cuerpo, retenían aún gran parte de la rusticidad de los ancestros simiescos del hombre. En otras palabras, el hombre, al principio ... no era más que un mono con un cerebro sobrecrecido. La importancia del cráneo de Piltdown radica en el hecho de que suministra una confirmación tangible a estas inferencias.

Piltdown también reforzó algunas perspectivas raciales desgraciadamente muy conocidas entre los europeos blancos. En los años treinta y cuarenta, tras el descubrimiento del hombre de Pekín en estratos de edad aproximadamente igual a las gravas de Piltdown, los árboles filéticos basados en Piltdown y que afirmaban la antigüedad de la supremacía de los blancos empezaron a aparecer en la literatura (aunque nunca fueron adoptados por las principales lumbreras de Piltdown, Smith Woodward, Smith y Keith). El hombre de Pekín (llamado originalmente *Sinanthropus,* pero situado actualmente en la posición de *Homo erectus*) vivió en China con un cerebro de dos tercios del tamaño del cerebro moderno, mientras el hombre de Piltdown, con su cerebro totalmente desarrollado, habitaba en Inglaterra. Si Piltdown, como primer inglés, era el progenitor de las razas blancas, mientras que los demás colores de piel debían rastrear sus antecesores hasta el *Homo erectus,* entonces los blancos habían traspasado el umbral de la humanidad total mucho antes que los demás pueblos. Como residentes más antiguos de este estado exaltado, los blancos debían ser excelsos en las artes de la civilización.

Reducción de las anomalías por asimilación de los hechos a las expectativas. Sabemos, en retrospectiva, que Piltdown tenía un cráneo humano y una mandíbula de mono. Como tal, suministra una oportunidad ideal para poner a prueba lo que hacen los científicos al enfrentarse a anomalías incómodas. G. E. Smith y otros tal vez advocaran una ventaja evolutiva para el cerebro, pero nadie había soñado con una independencia tan completa como para que el cerebro pudiera volverse totalmente humano antes de que las mandíbulas cambiaran en absoluto. Piltdown era demasiado bueno para ser cierto.

Si Keith estaba en lo cierto en su ataque a Weidenreich, entonces los adalides de Piltdown deberían haber ajustado sus teorías al hecho incómodo de la conjunción de un cráneo humano y una mandíbula de mono. De hecho, modelaron la «realidad», otra ilustración de que la información siempre nos llega atravesando los poderosos filtros de la cultura, la esperanza y las expectativas. ¡Como tema recurrente en la descripción «pura» de los restos de Piltdown, todos sus principales defensores comentan que el cráneo, aun siendo extremadamente moderno, contiene una serie de caracteres definitivamente simiescos! Smith Woodward, de hecho, estimó originalmente la capacidad craneal en tan sólo 1.070 cm^3 (en comparación con una media moderna de 1.400 a 1.500 cm^3), aunque Keith le convenció más adelante de que elevara la cifra para acercarla más al extremo inferior del espectro moderno. Grafton Elliot Smith, al describir el molde del cerebro en su trabajo original en 1913, encontró inequívocos signos de expansión incipiente en áreas que demarcan las facultades mentales superiores en los cerebros modernos. Concluyó: «Debemos considerar éste como el más primitivo y más simiesco de los cerebros humanos hasta ahora descubiertos; más aún, es un cerebro como el que razonablemente podríamos haber esperado encontrar asociado con el individuo cuya mandíbula tan definitivamente indica el rango zoológico de su poseedor original». Tan sólo un año antes de la revelación, sir Arthur Keith escribió en su última obra importante (1948): «Su frente era como la del orangután, aunque sin toro supraorbital; en su modelación, su hueso frontal presentaba muchos puntos de contacto con el del orangután de Borneo y Sumatra». El *Homo sapiens* moderno, me apresuro a añadir, carece también de toro supraorbital, o arco supraorbital.

Un cuidadoso examen de la mandíbula reveló también una serie de rasgos sorprendentemente humanos para una mandíbula tan simiesca (además del desgaste artificial de los dientes). Sir Arthur Keith, por ejemplo, subrayó repetidas veces que los dientes estaban insertados en la mandíbula de modo humano y no simiesco.

Evitar el descubrimiento en la práctica. En años anteriores, el Museo Británico no constituía la vanguardia en el mantenimiento de colecciones abiertas y accesibles, que es una tendencia feliz de los últimos años, y que ha ayudado a despejar el olor a cerrado (literal y figuradamente) de los principales museos de investigación. Como el bibliotecario estereotipado que protege los libros evitando que sean utilizados, los conservadores de Piltdown restringieron severamente el acceso a los huesos originales. A los investigadores se les permitía a menudo mirar, pero no tocar; tan sólo podía manipularse el juego de moldes en escayola. Todo el mundo alababa los moldes por su precisión en tamaño y detalles, pero la detección del fraude requería acceso a los originales: una tinción y un desgaste artificial de los dientes no son detectables en la escayola. Louis Leakey escribió en su biografía:

> Al escribir en 1972 este libro y preguntarme cómo pudo ocurrir que la falsificación permaneciera sin desenmascarar durante tantos años, volví la mirada al año 1933, cuando fui por primera vez a ver al doctor Bather, sucesor de Smith Woodward ... Le dije que deseaba realizar un minucioso examen de los fósiles de Piltdown, dado que estaba preparando un libro de texto acerca del hombre primitivo. Fui conducido al sótano para ver los ejemplares, que fueron extraídos de una caja fuerte y depositados sobre una mesa. Junto a cada fósil había una copia excelente. No se me permitió manipular los fósiles en modo alguno, tan sólo pude mirarlos y comprobar que los modelos eran réplicas verdaderamente buenas. Seguidamente, de modo abrupto, los originales fueron recogidos y devueltos a la caja fuerte y me quedé el resto de la mañana tan sólo con los moldes para estudiar.
>
> Creo ahora que eran éstas las condiciones bajo las cuales todos los científicos visitantes tenían acceso a los especímenes de Piltdown, y que la situación cambió tan sólo cuando quedaron a cargo de mi amigo y coetáneo Kenneth Oakley. Él no veía la ne-

cesidad de tratar los fragmentos como si fueran las joyas de la corona, sino que, por el contrario, los consideraba simplemente unos fósiles importantes, que había que cuidar atentamente, pero de los que había que extraer el máximo posible de información científica.

Henry Fairfield Osborn, aunque no conocido por su generosidad, rindió un homenaje casi obsequioso a Smith Woodward en su tratado acerca del sendero histórico del progreso humano, *Man Rises to Parnassus* («El hombre sube al Parnaso») (1927). Había sido un escéptico antes de su visita al Museo Británico en 1921. Después, el domingo 24 de julio por la mañana, «tras asistir a un oficio extremadamente memorable en la abadía de Westminster —dice Osborn—, me dirigí al Museo Británico para ver los restos fósiles del hoy totalmente vindicado Hombre del Alba del Reino Unido (él, al menos, como director del Museo Norteamericano de Historia Natural, llegó a ver los originales). Osborn se convirtió a toda velocidad y proclamó que Piltdown constituía «un descubrimiento de importancia trascendental para la prehistoria del hombre». Seguidamente añadía: «Nos vemos en la necesidad de que nos recuerden una y otra vez que la Naturaleza está repleta de paradojas y que el orden del universo no es el orden de los hombres». Y, no obstante, Osborn había visto poco más que el orden humano a dos niveles: la comedia del fraude y la más sutil, pero ineluctable, imposición de la teoría sobre la naturaleza. Por algún motivo, no me desasosiega que el orden humano tenga que empañar todas nuestras interacciones con el universo, porque su velo es traslúcido, por fuerte que sea su textura.

Post scriptum

Nuestra fascinación por Piltdown no parece disminuir. Este artículo, escrito originalmente en marzo de 1979, produjo una avalancha de correspondencia, en parte acerba, en parte laudatoria. Se centraba, por supuesto, en Teilhard. Yo no pretendía hacerme el gracioso al escribir largo y tendido acerca de Teilhard mientras afirmaba con toda brevedad que la teoría que mejor se ajusta a los hechos es la de que Dawson actuó solo. El caso contra Dawson había sido admirablemente expuesto por Weiner y yo no tenía nada que añadir. Seguía considerando la teoría más probable la de Weiner. Pero también creía que la única alternativa razonable (dado que la segunda localización de Piltdown establecía a mis ojos la complicidad de Dawson) era una conspiración conjunta: un cómplice de Dawson. Las otras propuestas existentes, que implicaban a Sollas e incluso al propio G. E. Smith, me parecían tan improbables o pilladas por los pelos que me preguntaba por qué se le había prestado tan poca atención al único científico reconocido que había estado con Dawson desde el principio; especialmente dado que varios de los destacados colegas de Teilhard en paleontología de vertebrados albergaban ideas personales (o habían realizado manifestaciones públicas con fraseología críptica) acerca de su posible participación.

Ashley Montagu me escribió el 3 de diciembre de 1979 y me contó que le había dado personalmente la noticia a Teilhard del descubrimiento del fraude por parte de Oakley, y qué la sorpresa de Teilhard le había parecido demasiado genuina para que fuese hipócrita: «Me parece que estás equivocado acerca de Teilhard. Yo le conocí bien, y de hecho fui el primero en hablarle, al día siguiente de su publicación en el *New York Times,* del engaño. Su reacción difícilmente podría haber sido fingida. No albergo la más mínima duda de que el falsificador fue Dawson». El pasado mes de septiembre hablé en París con varios coetáneos de Teilhard, incluyendo a Pierre P. Grassé y Jean Piveteau; todos ellos rechazaban toda idea de su complicidad como algo monstruoso. El padre François Russo, S. J., me mandó posteriormente una copia de la carta que Teilhard escribió a Kenneth P. Oakley una vez que éste hubo puesto al descubierto el fraude. Él esperaba que el documento aplacara mis dudas acerca de su correligionario. Por el contrario, mis dudas se intensificaron, porque en esta carta Teilhard cometió un desliz fatal. Intrigado por mi nuevo papel de detective, visité a Kenneth Oakley en Inglaterra el 16 de abril de 1980. Me enseñó documentos adicionales de Teilhard y compartió conmigo otras dudas. Creo ahora que la totalidad de la evidencia implica claramente a Teilhard como conspirador junto con Dawson en el caso de Piltdown. Presentaré el caso completo en la *Natural History Magazine* en el verano o el otoño de 1980,* pero, por el momento, permítanme mencionar tan sólo la prueba interna de la primera carta de Teilhard a Oakley.

Teilhard comienza la carta expresando su satisfacción. «Lo felicito con toda sinceridad por la solución del problema de Piltdown ... me siento fundamentalmente satisfecho por sus conclusiones, a pesar del hecho de que, sentimentalmente hablando, estropean uno de mis primeros y más brillantes recuerdos paleontológicos.» Continúa hablando de sus opiniones acerca del «enigma psicológico», o quién lo hizo; está de acuerdo con todos los demás en exonerar a Smith Woodward, pero se niega también a implicar a Dawson, aludiendo a su íntimo conocimiento del carácter de éste: «Era un personaje metódico y entusiasta ... Además, su profunda amistad con sir Arthur hace que resulte casi inconcebible que hubiera engañado a su colega durante varios años. Cuando hacíamos trabajos de campo, jamás percibí nada sospechoso en su comportamiento». Teilhard finaliza proponiendo, sin gran entusiasmo, por propia confesión, que todo el asunto podría haber sido producto de un accidente engendrado por algún coleccionista aficionado al arrojar unos cuantos huesos de cráneo humano (aunque Teilhard no cuenta cómo podría explicar semejante hipótesis la aparición de la misma asociación a tres kilómetros de distancia en la segunda excavación de Piltdown).

El desliz de Teilhard se produce en su descripción de la segunda localización de Piltdown. Teilhard escribe: «Simplemente, me llevó al lugar de la localización 2 y me explicó *(sic)* que había encontrado el molar aislado y los pequeños frag-

* El ensayo a que se refiere el autor es «La conspiración de Piltdown», y el lector puede consultarlo en *Dientes de gallina y dedos de caballo,* del mismo autor (Crítica, Barcelona, 1995). *(N. del r.)*

mentos de cráneo en los montones de desperdicios y piedrecillas rastrillados de la superficie del campo». Hoy en día sabemos (véase Weiner, p. 142) que Dawson sí llevó a Teilhard a la segunda localización en un viaje de prospección en 1913. También llevó allí a Smith Woodward en 1914. Pero ninguna de las dos visitas tuvieron como resultado ningún descubrimiento; no se encontró ningún fósil en la segunda localización hasta 1915. Dawson escribió a Smith Woodward el 20 de enero de 1915 para anunciar el descubrimiento de dos fragmentos de cráneo. En julio de 1915, le escribió de nuevo dándole la buena noticia del descubrimiento de un molar. Smith Woodward asumió (y manifestó en letra impresa) que Dawson había desenterrado los especímenes en 1915 (véase Weiner, p. 144). Dawson se puso gravemente enfermo poco más tarde, en 1915, y murió al año siguiente. Smith Woodward jamás obtuvo de él información más precisa acerca del segundo hallazgo. Ahora el dato condenatorio: Teilhard manifiesta explícitamente, en la carta citada más arriba, que Dawson le habló tanto del diente como de los fragmentos de cráneo de la segunda localización. Pero Claude Cuénot, el biógrafo de Teilhard, afirma que éste fue reclutado en diciembre de 1914; y sabemos que estaba en el frente el 22 de enero de 1915 (pp. 22-23). Pero si Dawson no descubrió «oficialmente» el molar hasta julio de 1915, ¿cómo pudo Teilhard estar al corriente de ello *a menos que estuviera implicado en el engaño*? Me parece improbable que Dawson mostrara el material a un Teilhard inocente en 1913 ocultándoselo después a Smith Woodward durante dos años (especialmente después de llevar a Smith Woodward a la segunda localización para buscar en ella durante dos días en 1914). Teilhard y Smith Woodward eran amigos y podían haber comparado notas en cualquier momento; semejante inconsistencia por parte de Dawson lo hubiera dejado totalmente al descubierto.

En segundo lugar, Teilhard afirma en su carta a Oakley que no conoció a Dawson hasta 1911: «Conocí muy bien a Dawson, ya que trabajé con él y con sir Arthur tres o cuatro veces en Piltdown (tras un encuentro fortuito en una cantera cerca de Hastings en 1911)». Y, no obstante, es seguro que Teilhard conoció a Dawson en el transcurso de la primavera o el verano de 1909 (véase Weiner, p. 90). Dawson presentó a Teilhard a Smith Woodward, y Teilhard le entregó a éste algunos fósiles que había encontrado, incluido un raro diente de un mamífero primitivo, a finales de 1909. Cuando Smith Woodward describió este material ante la Sociedad Geológica de Londres en 1911, Dawson, en la discusión posterior al discurso de Smith Woodward, rindió tributo a la «paciente y experta asistencia» que le habían venido prestando Teilhard y otro sacerdote desde 1909. No considero este dato como condenatorio. Un primer encuentro en 1911 aún dejaría margen de tiempo para la complicidad (Dawson «encontró» su primer fragmento del cráneo de Piltdown en otoño de 1911, aunque afirma que un trabajador le había entregado un fragmento «algunos años antes») y yo jamás utilizaría un error de dos años como arma contra una persona que intenta, recordar los hechos cuarenta años más tarde. No obstante, dar una fecha más tardía (e incorrecta), justo pisándole los talones al hallazgo de Dawson sirve sin duda para desviar las sospechas.

Alejándonos de la fascinación del «quién fue» y volviendo al tema de mi ensayo original (por qué, para empezar, creyó nadie en Piltdown), otro colega me envió un interesante artículo de *Nature* (la revista científica más importante de Inglaterra) del 13 de noviembre de 1913, en plena efervescencia de las discusiones iniciales. En él, David Waterson del King's College de la Universidad de Londres, afirmaba correcta (y definitivamente) que el cráneo era humano, y que la mandíbula era de un mono. Concluye: «En mi opinión es tan inconsecuente el atribuir el cráneo y la mandíbula al mismo individuo como lo sería articular el pie de un chimpancé con los huesos de un muslo y una pantorrilla esencialmente humanos». La explicación correcta había estado a la vista desde el principio, pero la esperanza, el deseo y los prejuicios evitaron que fuera aceptada.

11

NUESTRO MAYOR PASO EVOLUTIVO

En mi anterior libro, *Desde Darwin,* iniciaba un ensayo acerca de la evolución humana con estas palabras:

> Se están desenterrando nuevos y significativos fósiles prehumanos con tan impecable frecuencia en los últimos años que la suerte de cualesquiera apuntes para una conferencia tan sólo puede definirse con las palabras clave de una economía fundamentalmente irracional: obsolescencia planificada. Cada año, cuando aparece el tema en mis cursos, me limito a abrir mi vieja carpeta y vaciar su contenido en el archivo circular* más cercano. Y allá vamos de nuevo.

Y estoy francamente contento de haberlas escrito, porque ahora quiero invocar ese pasaje para desmentir una afirmación planteada más adelante en ese mismo artículo.

En aquel ensayo, yo informaba acerca del descubrimiento por parte de Mary Leakey (en Laetoli, a cincuenta kilómetros al sur de la Garganta de Olduvai en Tanzania) de los fósiles de homínidos más antiguos conocidos: dientes y mandíbulas de hace entre 3,35 y 3,75 millones de años. Mary Leakey sugería (y, por lo que yo sé, aún lo sigue haciendo) que estos restos debían ser clasificados dentro de nuestro género, *Homo.* Por consiguiente, yo argumentaba que la secuencia

* La papelera. *(N. del r.)*

evolutiva convencional que lleva del *Australopithecus* de pequeño cerebro, pero totalmente erguido, al *Homo* con su cerebro de mayor tamaño, podría tener que ser revisada, y que los australopitecinos podrían representar una rama colateral del árbol evolutivo humano.

A principios de 1979, los periódicos ardían con los informes acerca de una nueva especie (más antigua en el tiempo y más primitiva de aspecto que cualquier otro fósil de homínido), el *Australopithecus afarensis,* bautizado por Don Johanson y Tim White. ¿Acaso puede haber dos afirmaciones más diferentes, la de Mary Leakey de que los homínidos más antiguos pertenecen a nuestro propio género *Homo,* y la decisión de Johanson y White de nombrar una nueva especie porque los homínidos más antiguos poseen una serie de rasgos simiescos que no comparten con ningún otro fósil de homínido? Johanson y White debían haber descubierto unos huesos nuevos y fundamentalmente diferentes. En absoluto. Leakey y Johanson y White estaban discutiendo sobre los mismos huesos. Somos testigos de un debate acerca de la interpretación de los especímenes, no de un nuevo descubrimiento.

Johanson trabajó en la región de Afar de Etiopía de 1972 a 1977 y desenterró una notable serie de restos de homínidos. Los especímenes de Afar tienen entre 2,9 y 3,3 millones de años. Entre ellos, el fundamental es el esqueleto de una australopitecina llamada Lucy. Está completo casi en un 40 por 100, mucho más de lo que jamás hemos poseído de ningún individuo procedente de estos primeros días de nuestra historia. (La mayor parte de los fósiles de homínidos, aunque sirvan de base para interminables especulaciones y elaboradas historias, son fragmentos de mandíbulas y trozos de cráneo.)

Johanson y White argumentan que los especímenes de Afar y los fósiles de Laetoli de Mary Leakey son idénticos en su forma y pertenecen a la misma especie. También señalan que los huesos y dientes de Afar y Laetoli representan todo lo que sabemos acerca de los homínidos de más de 2,5 millones de años de antigüedad; todos los demás especímenes africanos son más jóvenes. Finalmente, afirman que las piezas dentales y craneales de estos antiguos restos comparten una serie de rasgos ausente en posteriores fósiles y que recuerdan a los monos. Por lo tanto, asignan los restos de Laetoli y Afar a una nueva especie, *A. afarensis*.

La disputa está empezando ahora a caldearse, pero se han puesto de manifiesto ya tres opiniones. Algunos antropólogos, señalando los rasgos diferentes, consideran los especímenes de Afar y Laetoli como pertenecientes a nuestro propio género *Homo*. Otros aceptan las conclusiones de Johanson y White de que estos fósiles más antiguos están más próximos a los posteriores *Australopithecus* del sur y el este de África que a *Homo*. Pero niegan que exista suficiente diferencia como para justificar una nueva especie y prefieren incluir los fósiles de Afar y Laetoli en la especie *A. africanus,* originalmente denominada así por los especímenes surafricanos hallados en los años de la década de 1920. Otros están de acuerdo con Johanson y White en que los fósiles de Afar y Laetoli merecen un nuevo nombre.

Como simple aficionado a la anatomía, mi opinión no tiene prácticamente valor. No obstante, debo decir que si una imagen vale más que todas las palabras de este ensayo (o sólo la mitad de ellas si nos atenemos a la vieja ecuación de 1 por 1.000), el paladar del homínido de Afar, a mí desde luego me sugiere «simio». (Debo también confesar que la denominación *A. afarensis* respalda varios de mis prejuicios favoritos. Johanson y White subrayan que los especímenes de Afar y Laetoli abarcan un millón de años pero son prácticamente idénticos. Yo soy de la opinión de que la mayor parte de las especies no cambian gran cosa en el transcurso del largo período de su éxito, y que la mayor parte del cambio evolutivo se acumula en sucesos muy rápidos en los que se producen desgajamientos del tronco ancestral —véanse los ensayos 17 y 18—. Aún más, dado que visualizo la evolución humana como un arbusto en lugar de como una escalera, cuantas más especies más diversión. Johanson y White, no obstante, aceptan un gradualismo mucho mayor que el que yo postularía para la posterior evolución humana.)

En medio de toda esta disputa acerca de cráneos, dientes y situación taxonómica, otra característica mucho más interesante

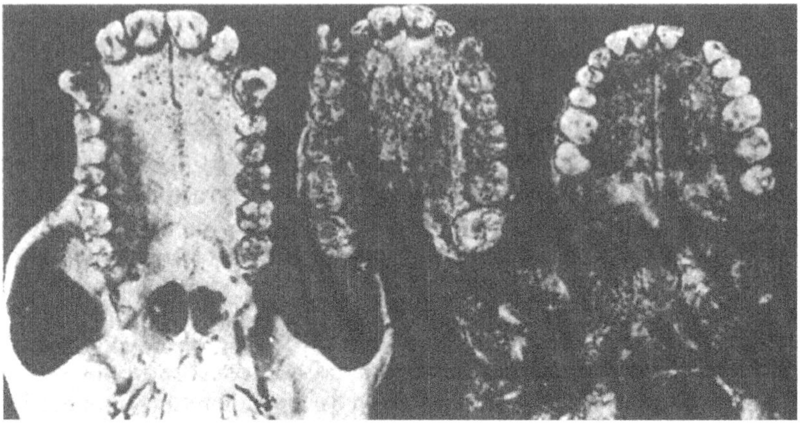

12. El paladar de *Australopithecus afarensis* (centro) comparado con el de un chimpancé (izquierda) y el de un ser humano (derecha) modernos (cortesía de Tim White y del Cleveland Museum of Natural History).

de los restos de Afar no ha entrado en discusión. La pelvis y los huesos de las piernas de Lucy muestran con toda claridad que el *A. afarensis* caminaba tan erguido como usted o como yo. Este hecho ha sido divulgado ampliamente por la prensa, pero de un modo muy equívoco. Los periódicos han reproducido, casi unánimemente, la idea de que la ortodoxia anterior había considerado la evolución de cerebros más grandes y la postura erguida como una transición gradual en tándem, una transición en la que tal vez el cerebro fuera abriendo brecha, desde cuadrúpedos con un cerebro del tamaño de un guisante al *Homo* totalmente erecto y de gran cerebro. El *New York Times* escribió (enero de 1979): «Se creía que la evolución del bipedismo había sido un proceso gradual que implicaba antecesores intermedios de los seres humanos modernos, que serían "hombres mono" inclinados, de andar arrastrado; criaturas más inteligentes que los monos pero no tan inteligentes como los seres humanos modernos». Absolutamente falso, al menos referido a los últimos cincuenta años de nuestros conocimientos.

Hemos sabido desde que fueron descubiertos los australopitecinos en los años de 1920, que estos homínidos tenían cerebros relativamente pequeños y una postura totalmente erguida. (El *A. africanus* tiene un cerebro de alrededor de un tercio del volumen del nuestro y una postura ambulatoria totalmente erguida. La compensación por el pequeño tamaño de su cuerpo no elimina la gran discrepancia entre su cerebro y el nuestro.) Esta «anomalía» de un cerebro pequeño junto con una postura erguida, ha constituido un gran tema de disensión en la literatura durante décadas y ocupa un lugar preferente en los textos importantes.

Así, la designación del *A. afarensis* no establece la primacía de la postura erguida sobre un cerebro grande. Pero lo que sí hace, en conjunción con otras dos ideas, es sugerir algo muy novedoso y excitante, algo que curiosamente no aparece en los informes de la prensa o queda enterrado en medio de la falsa información acerca de la primacía de la postura erguida. *A. afarensis* es importante porque nos enseña que el desplazamiento erguido es algo a lo que se había llegado hace casi cuatro millones de años. La estructura pélvica de Lucy indica una postura bípeda en los restos de Afar, mientras que las notables huellas de pies recién descubiertas en Laetoli aportan una evidencia aún más directa de ello. Los australopitecinos posteriores de África del sur y oriental no se remontan a mucho más de dos millones y medio de años. Hemos añadido, por lo tanto, casi un millón y medio de años a la historia de la posición completamente erguida.

Para explicar por qué es tan importante esta aportación, debo interrumpir aquí mi narración y desplazarme al extremo opuesto de la biología: de los fósiles de animales enteros a las moléculas. En el transcurso de los últimos quince años, los estudiosos de la evolución molecular han acumulado todo un almacén de datos acerca de las secuencias de aminoácidos de las enzimas y proteínas similares en una amplia variedad de organismos. Esta información ha generado un resultado sorprendente. Si tomamos pares de especies con fechas de divergencia a partir de un antecesor común presente en el registro fósil claramente establecidas, nos encontramos con que el número de diferencias en los aminoácidos está notablemente correlacionado con el tiempo transcurrido desde la separación:

cuanto más tiempo haya transcurrido desde la separación entre dos especies, mayor será la diferencia entre moléculas. Esta regularidad ha llevado al desarrollo de un reloj molecular que permite predecir los tiempos de divergencia entre pares de especies sin necesidad de una buena evidencia fósil de sus antecesores. Desde luego, el reloj en cuestión no mide con la regularidad de un buen reloj de pulsera (ha sido llamado el «reloj chapucero» por uno de sus principales promotores), pero rara vez se ha equivocado del todo.

Los darwinistas se sintieron en general sorprendidos por la regularidad del reloj, ya que la selección natural debería funcionar a ritmos acentuadamente variados en las diferentes especies y en diferentes momentos: muy rápidamente en las formas complejas al adaptarse éstas a ambientes rápidamente cambiantes, muy lentamente en poblaciones estables y bien adaptadas. Si la selección natural es la causa fundamental de la evolución en las poblaciones, entonces no deberíamos esperar que existiera una buena correlación entre el cambio genético y el tiempo a menos que los ritmos de selección permanezcan razonablemente constantes, cosa que no deberían hacer por los motivos anteriormente citados. Los darwinistas han soslayado esta irregularidad argumentando que las anomalías de ritmo de la selección se van compensando con el transcurso de largos periodos de tiempo. La selección podría ser intensa durante unas cuantas generaciones y estar prácticamente ausente después durante algún tiempo, pero el cambio neto medio en el transcurso de largos periodos de tiempo podría aún ser regular. Pero los darwinistas se han visto también forzados a enfrentarse a la posibilidad de que el reloj molecular refleje un proceso evolutivo no mediatizado por la selección natural: la fijación al azar de mutaciones genéticas neutrales (debo postergar este tema «caliente» para poder dedicarle más tiempo y otro espacio).

En cualquier caso, la medición de las diferencias de aminoácidos entre los seres humanos y los grandes simios africanos (gorilas y chimpancés) llevó al resultado más sorprendente de todos. Somos prácticamente idénticos en los genes que han sido estudiados, a pesar de nuestras pronunciadas divergencias morfológicas. La diferencia media en la secuencia de aminoácidos entre los seres humanos y los simios africanos es inferior a un 1 por 100 (0,8 por 100, para ser precisos), lo que corresponde a tan sólo cinco millones de años desde la divergencia de un antecesor común según el reloj molecular. Dejando margen para el error, Allan Wilson y Vincent Sarich, descubridores de esta anomalía, están dispuestos a aceptar que sean seis millones de años, pero no mucho más. En pocas palabras, si el reloj es válido, el *A. afarensis* está muy en el límite teórico de los antecesores homínidos.

Hasta hace poco, los antropólogos tendían a hacer caso omiso del reloj, argumentando que los homínidos suponían una excepción genuina a la regla admitida. Basaban su escepticismo acerca del reloj molecular en un animal llamado *Ramapithecus,* un fósil asiático y africano, conocido fundamentalmente por medio de fragmentos de mandíbula, y que se remonta a catorce millones de años atrás. Muchos antropólogos afirmaban que el *Ramapithecus* podía situarse a nuestro lado del desgajamiento simio-hombre; que, en otras palabras, la divergencia entre homínidos y simios se produjo hace más de catorce millones de años. Pero este criterio, basado en una serie de argumentos técnicos acerca de los dientes y sus proporciones, se ha venido debilitando recientemente. Algunos de los más empecinados defensores del *Ramapithecus* como homínido están hoy en día dispuestos a reconsiderarlo como un simio o como una criatura cercana a los antecesores comunes del hombre y del simio, pero, eso sí, anterior a la escisión. El reloj molecular ha acertado demasiado a menudo como para dejarlo a un lado a cambio de unas discusiones inciertas en torno a unos fragmentos de mandíbula. (Supongo que ahora perderé 10 dólares que aposté con Allan Wilson hace algunos años. Él me ofreció generosamente siete millones de años como edad máxima del antepasado común al hombre y al simio, pero yo aposté que serían más. Y, si bien es cierto que no tengo intención de pagar aún, en realidad no tengo esperanzas de cobrar.)*

* Enero de 1980. Acabo de pagar. Mejor será empezar la nueva década como es debido. *(N. del a.)*

Ahora podemos exponer tres puntos y sugerir una orientación importante de las ideas acerca de la evolución humana: la edad y la postura erguida del *A. afarensis,* la escisión simio-ser humano según el reloj molecular, y el destronamiento del *Ramapithecus* como homínido.

Jamás hemos sido capaces de apartarnos de una visión encefalocéntrica de la evolución humana, aunque ésta nunca ha representado más que un poderoso prejuicio cultural impuesto sobre la naturaleza. Los primeros evolucionistas argumentaban que el engrandecimiento del cerebro debió preceder a cualquier alteración importante de nuestra estructura corporal (véanse las opiniones de G. E. Smith en el ensayo 10; Smith basaba su convicción pro Piltdown en una fe casi fanática en la supremacía del cerebro). Pero el *A. africanus,* erecto y de cerebro pequeño, puso fin a semejante presunción en la década de 1920, como habían predicho una serie de astutos evolucionistas y filósofos, desde Ernst Haeckel a Friedrich Engels. No obstante, la «supremacía cerebral», como me gusta denominarla, siguió rampante, si bien bajo una forma diferente. Los evolucionistas concedieron la primacía histórica de la postura erguida, pero conjeturaron que surgió a un ritmo tranquilo y que la verdadera discontinuidad (el salto que nos transformó en totalmente humanos) se produjo mucho más tarde cuando, en una explosión sin precedentes de velocidad evolutiva, nuestro cerebro triplicó su tamaño en, más o menos, un período de un millón de años.

Consideremos lo que sigue, escrito hace diez años por un reputado experto: «El gran salto en la cefalización del género *Homo* se produjo dentro de los últimos dos millones de años, tras unos diez millones de años de evolución preparatoria hacia el bipedismo, la mano capaz de utilizar herramientas, etc.». Arthur Koestler ha llevado esta visión del salto cerebral hacia la humanidad hasta unas cotas no superadas de falsas especulaciones en su último libro, *Janus.* Nuestro cerebro creció tan deprisa, argumenta, que la corteza cerebral externa, asiento de la inteligencia y de la racionalidad, perdió el control de los centros emotivos, animales, profundamente hundidos en nuestro cerebro. Esta bestialidad primitiva emerge en las guerras, los asesinatos y otras formas de destrucción.

En mi opinión, debemos revisar fundamentalmente la importancia relativa que hemos asignado a la postura erguida y al tamaño del cerebro como determinantes de la evolución humana. Hemos considerado que la postura erguida es una tendencia fácil de lograr y gradual, y que el incremento del tamaño del cerebro es una discontinuidad sorprendentemente rápida, algo especial tanto en su aspecto evolutivo como en la magnitud de sus efectos. Me gustaría proponer un punto de vista diametralmente opuesto. La postura erguida es la sorpresa, el suceso difícil, la reconstrucción rápida y fundamental de nuestra anatomía. El subsiguiente agrandamiento de nuestro cerebro es, en términos anatómicos, un epifenómeno secundario, una sencilla transformación insertada en el esquema general de la evolución humana.

Hace seis millones de años como mucho, si el reloj molecular no está equivocado (y Wilson y Sarich preferirían que fueran cinco), compartimos nuestro último antecesor común con los gorilas y los chimpancés. Presumiblemente esta criatura andaría a cuatro patas, aunque podría también haberse movido sobre dos piernas, como los simios y muchos monos hacen hoy en día. Poco más de un millón de años más tarde, nuestros antecesores eran tan bípedos como usted y como yo. Esto, y no el posterior agrandamiento del cerebro, fue el gran punto de inflexión en la evolución humana.

El bipedismo no es un logro fácil. Requiere una reconstrucción fundamental de nuestra anatomía, particularmente del pie y de la pelvis. Más aún, representa una reconstrucción anatómica exterior al esquema normal de la evolución humana. Como planteaba en el ensayo 9 a través de Mickey Mouse, los seres humanos son neoténicos: hemos evolucionado reteniendo rasgos juveniles de nuestros antecesores. Nuestro gran cerebro, pequeñas mandíbulas y toda una hueste de otros rasgos, desde la distribución del pelo corporal hasta la dirección ventral del canal vaginal, son consecuencia de la eterna juventud. Pero la postura erguida es un fenómeno diferente. No puede lograrse por la ruta «fácil», reteniendo un rasgo ya presente en las etapas juveniles. Porque las piernas de un bebé son relativamente pequeñas y débiles, mientras que la postura bípeda exige un agrandamiento y un fortalecimiento de las piernas.

Cuando nos erguimos como el *A. afarensis*, la partida estaba en gran medida sentenciada, estaba lograda la más seria alteración de nuestra arquitectura, el gatillo de nuestro futuro cambio estaba ya montado. El posterior agrandamiento de nuestro cerebro fue anatómicamente fácil. Extraemos nuestro cerebro más grande del programa de nuestro propio crecimiento, prolongando el rápido ritmo de su crecimiento fetal hasta más adelante y preservando, como adultos, las proporciones características del cráneo de un primate juvenil. Y desarrollamos este cerebro concertadamente con toda una serie de rasgos neoténicos, todos ellos parte de un esquema general.

No obstante, debo terminar retirándome y evitando un falaz razonamiento: la falsa ecuación entre la magnitud del efecto y la intensidad de la causa. Como problema puro de reconstrucción arquitectónica, la postura erguida es de largo alcance y fundamental; un cerebro agrandado es superficial y secundario. Pero el efecto de nuestro cerebro agrandado ha desbordado con mucho la relativa facilidad de su construcción. Tal vez lo más sorprendente de todo sea una propiedad general de los sistemas complejos, entre los que destaca nuestro cerebro: su capacidad de traducir cambios meramente cuantitativos en su estructura a cualidades asombrosamente diferentes en su función.

Son ya las dos de la madrugada y yo no me tengo en pie. Creo que me daré un paseo hasta el frigorífico y tomaré una cerveza; después me iré a dormir. Miren si soy una criatura limitada por la cultura, que el sueño que tendré en una hora más o menos, cuando esté en posición supina, me asombrará infinitamente más que el paseo que ahora voy a darme en posición perpendicular al suelo.

12

EN LO MEJOR DE LA VIDA

Los grandes narradores a menudo insertan fragmentos de humor para aliviar un ritmo dramático intenso. Así, los sepultureros de *Hamlet* o los cortesanos Ping, Pong y Pang en *Turandot*, de Puccini, nos preparan para la tortura y la muerte que se avecinan. En ocasiones, no obstante, episodios que hoy en día evocan risas o sonrisas no tenían ese propósito; el paso del tiempo ha obliterado su contexto y ha investido a sus palabras de un humor no intencionado en nuestro alterado mundo. Uno de estos pasajes aparece en medio del más celebrado y serio documento de la geología: *Principios de geología,* de Charles Lyell, publicado en tres volúmenes entre 1830 y 1833. En él, Lyell argumenta que las grandes bestias de antaño retornarán de nuevo para adornar nuestra Tierra:

> Podrán entonces esos poderosos géneros de animales retornar, aquellos cuya memoria ha quedado preservada en las inmemoriales rocas de nuestros continentes. Podrá entonces reaparecer el enorme iguanodonte en los bosques, y el ictiosaurio en el mar, mientras que el pterodáctilo podrá aletear de nuevo a través de los umbríos bosques de helechos arbóreos.

La elección de imágenes de Lyell resulta chocante, pero el argumento resulta esencial para el tema básico de su gran obra. Lyell escribió los *Principios* para plantear su concepto de uniformidad, su creencia de que la Tierra, una vez «asentada» tras los efectos de su formación inicial, habría permanecido en gran medida inmutable, sin catástrofes globales ni progreso continuado, hacia estadios superiores. La extinción de los dinosaurios parecía plantear un desafío a la uniformidad de Lyell. ¿Acaso no habían sido, al fin y al cabo, reemplazados por sus superiores, los mamíferos? ¿Y acaso no indicaba esto que la historia de la vida tenía una dirección? Lyell respondió que la sustitución de los dinosaurios por los mamíferos formaba parte de un gran ciclo (el «gran año») y no constituía un ascenso de la escalera de la perfección. Los climas son cíclicos y la vida sigue esos ciclos. Así pues, cuando llegara de nuevo el verano del gran año, los reptiles de sangre fría reaparecerían para gobernar de nuevo el mundo.

Y, no obstante, a pesar del fervor de sus convicciones uniformistas, Lyell admitió una importante excepción en su visión de la Tierra, que apareció marcando resueltamente el paso: el origen de *Homo sapiens* en el último momento posible del tiempo geológico. Nuestra llegada, decía, debe ser considerada como una discontinuidad en la historia de nuestro planeta: «Pretender que semejante paso, o más bien, que semejante salto pueda formar parte de una serie regular de cambios en el mundo animal es llevar la analogía más allá de todo límite razonable». Por supuesto, Lyell intentó suavizar el golpe que había administrado a su propio sistema. Argumentó que la discontinuidad suponía un acontecimiento tan sólo en la esfera moral: una adición a otro orden de cosas, no una disrupción del continuo estado de reposo del mundo puramente material. El cuerpo humano, después de todo, no podía ser considerado como el Rolls Royce de los mamíferos.

> Cuando se dice que la raza humana tiene una dignidad infinitamente superior a la de cualesquiera seres que la precedieran sobre la Tierra, tan sólo se consideran los atributos intelectuales y morales de nuestra raza, no los de los animales; y no está claro, en absoluto, que la organización del hombre sea tal que le confiriera una preeminencia decisiva, si, en lugar de sus poderes de raciocinio, estuviera provisto meramente de los instintos que poseen los animales inferiores.

13. En una caricatura satírica dibujada por un colega de Lyell en respuesta al pasaje citado acerca del retorno de los ictiosaurios y los pterodáctilos, el futuro profesor Ichthyosaurus instruye a sus pupilos acerca del cráneo de una extraña criatura de la última creación.

Aun así, el argumento de Lyell es un destacado ejemplo de una tendencia desgraciadamente común entre los naturalistas: la construcción de una verja en torno a su propia especie. La verja tiene un cartel: «Hasta aquí, pero no más allá». Una y otra vez nos enfrentamos con visiones panorámicas que lo abarcan todo, desde la nube de polvo primordial hasta el chimpancé. Entonces, justo en el umbral de un sistema integral, el orgullo y los prejuicios tradicionales intervienen para asegurarle una categoría especial a un determinado primate. En el ensayo 4 ya discutía otro ejemplo del mismo fracaso: la argumentación de Alfred Russel Wallace en favor de la creación especial de la inteligencia humana, la única imposición del poder divino sobre un mundo orgánico construido en su integridad por la selección natural. La forma específica del planteamiento varía, pero su intención es siempre la misma: separar al hombre de la naturaleza. Bajo su cartel principal, la verja de Lyell proclama: «El orden moral comienza aquí»; el de Wallace reza: «La selección natural ya no opera aquí».

Darwin, por el contrario, extendió su revolución en las ideas, de una manera consistente, a la totalidad del reino animal. Más aún, la planteó explícitamente en las áreas más sensitivas de la vida humana. La evolución del cuerpo humano era ya bastante inquietante, pero dejaba al menos la mente potencialmente intacta. Pero Darwin siguió adelante. Escribió todo un libro para confirmar que las más refinadas expresiones de emoción del ser humano tenían un origen animal. Y, si los sentimientos habían experimentado una evolución, ¿acaso podían los pensamientos andar muy lejos?

La verja que rodea al *Homo sapiens* se apoya sobre varios soportes; los más importantes encarnan las exigencias de la *preparación* y la *trascendencia*. Los seres humanos no sólo han trascendido las fuerzas ordinarias de la naturaleza, sino que todo lo que ocurrió anteriormente constituía, en algún sentido importante, los preparativos para nuestra eventual aparición. De estas dos argumentaciones, considero que la de la preparación es la más dudosa y la que más claramente expresa unos prejuicios, aún persistentes, que deberíamos esforzarnos por abandonar.

La trascendencia, en su versión moderna, afirma que la historia de nuestra peculiar especie se ha visto dirigida por procesos que no habían operado anteriormente en la Tierra. Como he planteado en el ensayo 7, la evolución cultural es nuestra principal innovación. Funciona por medio de la transmisión de habilidades, conocimientos y modos de comportamiento a través del aprendizaje: una herencia cultural de caracteres adquiridos. Este proceso no biológico opera según el acelerado sistema «lamarckiano», mientras que el cambio biológico debe seguir su camino con pasos darwinianos que son, por comparación, lentos como glaciares. No considero que esta liberación de procesos lamarckianos sea una trascendencia en el sentido habitual de superación. La evolución biológica no se ve ni suprimida ni desbordada. Continúa como antes y constriñe los modelos de las culturas; pero es demasiado lenta como para que tenga excesivo impacto en el frenético ritmo de nuestras cambiantes civilizaciones.

La preparación, por otra parte, es una presunción de naturaleza mucho más profunda. La trascendencia no nos obliga a considerar cuatro mil millones de años de historia como preparativos para nuestras particulares habilidades. Podemos encontrarnos aquí por una impredecible buena suerte, y aun así encarnar algo nuevo y poderoso. Pero la idea de la preparación nos lleva a seguir la pista del germen de nuestra posterior llegada a lo largo de todas las eras precedentes de una historia inmensamente larga y complicada. Para una especie que lleva sobre el planeta aproximadamente 1/100.000 de su existencia (cincuenta mil de casi cinco mil millones de años), esto constituye una sobrevaloración gratuita del mayor calibre.

Lyell y Wallace predicaban ambos una forma de anticipación: prácticamente todos los constructores de verjas lo han hecho. Lyell pintaba un mundo en estado de reposo, esperando, o de hecho prácticamente añorando, la llegada de un ser consciente, capaz de apreciar y comprender su diseño sublime y uniforme. Wallace, que posteriormente se volvió espiritualista, planteaba la afirmación, de mayor alcance, de que la evolución física se había producido con el fin último de enlazar la mente preexistente a un cuerpo capaz de utilizarla:

> Nosotros, que aceptamos la existencia de un mundo espiritual, podemos contemplar el universo como un gran todo consistente, adaptado en todas y cada una de sus partes al desarrollo de seres espirituales capaces de una vida y una perfección ilimitadas. Para nosotros, todo el propósito, la única *raison d'être* del mundo (con todas las complejidades de su estructura física, con su grandioso progreso geológico, la lenta evolución de los reinos vegetal y animal, y la aparición final del hombre) era el desarrollo del espíritu humano en asociación con el cuerpo humano.

Creo que hoy en día todos los evolucionistas rechazarían la versión de Wallace de la tesis en favor de la preparación: la preordenación del hombre en sentido literal. Pero ¿acaso puede existir una versión legítima y actual de esta afirmación general? Creo que puede construirse y también creo que constituye el modo equivocado de contemplar la historia de la vida.

La versión moderna abandona la preordenación en favor de la predecibilidad. Abandona la idea de que el germen del *Homo sapiens* estuviera inmerso en la bacteria primordial o que alguna fuerza espiritual supervisara la evolución orgánica, esperando para infundir la mente en el primer cuerpo digno de recibirla. En su lugar, mantiene que el progreso totalmente normal de la evolución orgánica sigue determinados caminos porque su agente primero, la selección natural, construye diseños cada vez más acertados que prevalecen en la competencia contra modelos anteriores. Los senderos de la mejora están rígidamente limitados por la naturaleza de los materiales de construcción y el ambiente terrestre. Existen tan sólo unas pocas formas (tal vez tan sólo una) de construir un buen volador, nadador o corredor. Si pudiéramos retrotraernos a esa bacteria primigenia y empezar el proceso de nuevo, la evolución sería algo más parecido a darle vueltas a una cabria que a verter agua sobre una pendiente ancha y uniforme. Sigue su camino con una especie de paso marcado; cada etapa eleva un peldaño el proceso y cada uno de ellos es el necesario preludio del siguiente.

Dado que la vida empezó en la microquímica y ha alcanzado ya la conciencia, la cabria tiene una larga secuencia de pasos. Estos pueden no ser «preparatorios» en el antiguo sentido de la preordenación, pero son un tanto predecibles como etapas necesarias de una secuencia nada sorprendente. En un importante sentido, preparan el camino de la evolución humana. Después de todo, estamos aquí por un motivo, aunque ese motivo se encuentre en la mecánica de la ingeniería en lugar de en la voluntad de una deidad.

Pero si la evolución anduvo con paso marcado, el registro fósil debería mostrar un adelanto gradual y secuencial en el grado de la organización. No es así, y considero que este es el argumento más revelador en contra de la cabria evolutiva. Como planteo en el ensayo 21, la vida surgió rápidamente después de que se formara la propia Tierra; después alcanzó una meseta en su desarrollo que duró nada menos que unos tres mil millones de años, tal vez las cinco sextas partes de su historia total. A todo lo largo de este vasto período, la vida permaneció a nivel procariótico: células bacterianas y de algas verdiazules carentes de las estructuras internas (núcleo, mitocondrias y otras) que hacen posibles el sexo y un metabolismo complejo. Durante tal vez tres mil millones de años la forma más elevada de vida consistió en una estera algal: delgadas capas de algas procarióticas que atrapan y fijan sedimentos. Después, hace alrededor de seiscientos millones de años, aparecieron en el registro fósil prácticamente todos los principales diseños de vida animal en el transcurso de unos pocos millones de años. No sabemos por qué se produjo la «explosión del Cámbrico» cuando se produjo, pero carecemos de razones para pensar que tenía que producirse en ese momento ni que tenía que producirse en absoluto.

Algunos científicos han planteado que los bajos niveles de oxígeno evitaron una anterior evolución de la vida animal compleja. Si esto fuera cierto, la cabria evolutiva podría aún funcionar. El escenario estuvo dispuesto durante tres mil millones de años. El tornillo tenía que girar en un sentido determinado, pero necesitaba del oxígeno y tuvo que esperar a que los organismos procarióticos fotosintéticos suministraran el precioso gas del que la atmósfera original de nuestro planeta carecía. Efectivamente, el oxígeno era probablemente escaso o no existía en absoluto en la atmósfera original de la Tierra, pero parece ahora que habían sido generadas ya grandes cantidades de él, por medio de la fotosíntesis, más de mil millones de años antes de la explosión del Cámbrico.

Así pues, no tenemos motivo para pensar que la explosión del Cámbrico fuera nada más que un suceso fortuito que no tendría por qué haberse producido del modo en el que se produjo. Pudo ser consecuencia de la evolución de la célula eucariota (nucleada) a partir de una asociación simbiótica de organismos procariotas dentro de una única membrana celular. Pudo producirse porque la célula eucariota consiguiera desarrollar una reproducción sexual eficiente, y el sexo recombina y redistribuye la variabilidad genética requerida por los procesos darwinianos. Pero el punto crucial es este: si la explosión del Cámbrico pudo haberse producido en cualquier momento del transcurso de los dos mil millones de años anteriores al suceso en sí (esto es, durante alrededor del doble del tiempo que la vida ha invertido en evolucionar desde entonces), la cabria parece ser una metáfora especialmente pobre para aplicar a la historia de la vida.

Si hemos de dedicarnos a las metáforas, prefiero una pendiente muy ancha y uniforme. El agua gotea al azar en la parte superior y, habitualmente, se seca antes de llegar a ninguna parte. Ocasionalmente, consigue recorrer su camino y excavar un valle para canalizar flujos futuros. Esta miríada de valles podría haber surgido en cualquier lugar del paisaje. Sus posiciones concretas son totalmente accidentales. Si pudiéramos repetir el experimento, podríamos no obtener ningún valle, o bien obtener un sistema totalmente distinto. No obstante, ahora nos encontramos en la línea costera contemplando el magnífico espaciamiento de los valles y su regular contacto con el mar. ¡Cuán fácil es asumir que no podría haber surgido ningún otro paisaje!

Confieso que la metáfora del paisaje contiene un débil préstamo de su metáfora rival, la cabria. La pendiente inicial sí impone una dirección preferente al agua que cae en su parte superior, a pesar de que la mayor parte de las gotas se sequen antes de fluir, y fluyan, cuando lo hacen, a lo largo de millones de caminos. ¿Acaso no implica la pendiente inicial una leve predecibilidad? Tal vez el reino de la conciencia ocupe una extensión tan grande de la costa que, finalmente, algún valle tendría que alcanzarlo.

Pero aquí nos encontramos con otra restricción, la que sugirió este ensayo. (Aunque admito que me he tomado mi tiempo para llegar a ella.) Casi todas las gotas se secan. Costó tres mil millones de años que se formara cualquier valle de consideración sobre la pendiente inicial de la Tierra. Podría haber costado seis mil millones de años, o veinte mil, por lo que podemos saber. Si la Tierra fuese eterna, podríamos hablar de inevitabilidad. Pero no lo es.

El astrofísico William A. Fowler sostiene que el Sol agotará su hidrógeno combustible central al cabo de unos diez o doce mil millones de años de vida. Acto seguido explotará transformándose en una gigante bola roja tan grande que se extenderá hasta más allá de la órbita de Júpiter, absorbiendo por lo tanto la Tierra. Es un pensamiento sobrecogedor (el tipo de idea que le hace a uno detenerse y meditar, o que le hace a uno estremecerse) reconocer que los seres humanos han aparecido sobre la Tierra aproximadamente a la mitad de la vida de nuestro planeta. Si la metáfora del paisaje es válida, con todo su azar e impredecibilidad, entonces creo que debemos concluir que la Tierra no tuvo por qué desarrollar su vida compleja. Costó tres mil millones de años el ir más allá de la estera algal. Lo mismo podría haberse tardado cinco veces más, si la Tierra hubiera existido para entonces. En otras palabras: si pudiéramos realizar el experimento de nuevo, el evento más espectacular de la historia de nuestro sistema solar, el agotamiento explosivo de su padre, igual podría haber tenido como único y mudo testigo una estera algal.

Alfred Russel Wallace consideró también la eventual destrucción de la vida sobre la Tierra (aunque, en sus tiempos, los físicos argumentaban que el Sol simplemente se apagaría y que la Tierra se congelaría). Y no fue capaz de aceptarla. Escribió acerca de «la aplastante carga mental impuesta sobre aquellos que se ven obligados a suponer que todo el lento crecimiento de nuestra raza en su lucha por nuestra vida superior, todas las agonías de los mártires, todos los gemidos de las víctimas, todo el mal y la miseria y los inmerecidos sufrimientos padecidos era tras era, todas las luchas por la libertad, todos los esfuerzos en pro de la justicia, todas las aspiraciones de la virtud, y el bienestar de la humanidad, desaparecerán de manera absoluta». Wallace optó finalmente por una solución cristiana, la eternidad de la vida espiritual: «Seres ... poseedores de facultades latentes capaces de tan noble desarrollo, están sin duda destinados a una existencia más elevada y permanente».

Yo aventuraría un planteamiento diferente. La especie media de invertebrado fósil vive entre cinco y diez millones de años, según nos cuenta el registro fósil. La más vieja podría remontarse, aunque yo por mi parte pongo en duda esta historia, a más de 200 millones de años. Las especies de vertebrados tienden a vivir unos períodos de tiempo más breves. Si seguimos estando presentes para ser testigos de la destrucción de nuestro planeta dentro de unos cinco mil millones de años o más, entonces habremos logrado algo tan sin precedentes en la historia de la vida que deberíamos sentirnos dispuestos a entonar nuestro canto del cisne con regocijo: *sic transit gloria mundi*. Por supuesto, también es posible que emigremos en legiones de astronaves, sólo para ser condensados poco después para el próximo *big bang*. Pero después de todo, nunca he sido un apasionado estudioso de la ciencia ficción.

CUARTA PARTE

La ciencia y la política de las diferencias humanas

13

SOMBREROS ANCHOS Y MENTES ESTRECHAS

En 1861, de febrero a junio, el fantasma del barón Georges Cuvier visitó la Sociedad Antropológica de París. El gran Cuvier, el Aristóteles de la biología francesa (una inmodesta designación que él no rehuyó), murió en 1832, pero el alojamiento físico de su espíritu siguió existiendo, mientras Paul Broca y Louis Pierre Gratiolet se preparaban para debatir si el tamaño del cerebro tiene algo que ver con la inteligencia de su portador.

Desde el primer momento, Gratiolet tuvo la osadía de manifestar que los mejores y más brillantes hombres no podían ser reconocidos por el volumen de sus cabezas. (Gratiolet, un monárquico inveterado, no era un igualitario. Simplemente andaba en busca de nuevas medidas para reafirmar la superioridad de los varones europeos blancos.) Broca, fundador de la Sociedad Antropológica, uno de los mejores craneómetras, o medidores de cráneos, del mundo, replicó que «el estudio de los cerebros de las razas humanas perdería la mayor parte de su interés y utilidad» si la variación en tamaño no significara nada. Se preguntaba por qué los antropólogos habían pasado tanto tiempo midiendo cráneos si los resultados carecían de incidencia sobre la cuestión clave, el valor relativo de las diferentes razas:

> Entre las cuestiones hasta aquí discutidas en la Sociedad Antropológica, ninguna iguala en interés a aquella con la que nos en-

frentamos ahora ... La gran importancia de la craneología ha producido tal impacto sobre los antropólogos, que algunos de nosotros hemos abandonado los demás aspectos de nuestra ciencia para dedicarnos casi en exclusiva al estudio de los cráneos ... En tales datos, esperamos encontrar información relevante acerca del valor intelectual de las distintas razas humanas.

Broca y Gratiolet combatieron durante cinco meses y a través de cerca de doscientas páginas del boletín oficial. Los malos humores campaban por sus respetos. En pleno fragor de la batalla, uno de los lugartenientes de Broca propinó el golpe más bajo de la contienda: «Hace ya mucho tiempo, vengo notando que, en general, todos aquellos que niegan la importancia intelectual del volumen del cerebro tienen la cabeza pequeña». Al final, Broca ganó la partida sin paliativos. Durante todo el debate, ninguna partícula de información le había sido más favorable, ni había resultado tan ampliamente discutida o vigorosamente contestada como el cerebro de Georges Cuvier.

Cuvier, el más grande anatomista de su tiempo, el hombre que revisó nuestro conocimiento de los animales clasificándolos con arreglo a la función (a cómo funcionan) en lugar de con arreglo a su rango en una escala antropológica de inferior a superior. Cuvier, fundador de la paleontología, el hombre que por primera vez estableció el hecho de la extinción y que subrayó la importancia de las catástrofes en la comprensión de la historia, tanto de la vida como de la Tierra. Cuvier, el gran estadista que, al igual que Talleyrand, consiguió servir a todos los gobiernos, desde la Revolución hasta la monarquía, y morir en su cama. (De hecho, Cuvier pasó los años más tumultuosos de la Revolución como tutor privado en Normandía, aunque fingió simpatías revolucionarias en sus cartas. Llegó a París en 1795 y jamás lo abandonó.) F. Bourdier, un biógrafo reciente suyo, describe la ontogenia corpórea de Cuvier, pero sus palabras sirven también como buena metáfora del poder y la influencia del mismo. «Cuvier era de baja estatura y durante la Revolución estuvo muy delgado; engordó durante el Imperio; y se volvió enormemente gordo tras la Restauración.»

Los coetáneos de Cuvier se maravillaban de su «enorme cabeza». Un admirador afirmó que le «daba a su persona un innegable sello de majestad y a su rostro una expresión de profunda meditación». Así, cuando Cuvier murió, sus colegas, en interés de la ciencia y por curiosidad, decidieron abrir su gran cráneo. El martes 15 de mayo de 1832, a las siete de la mañana, un grupo de los más eminentes doctores y biólogos de Francia se reunió para realizar la disección del cuerpo de Georges Cuvier. Comenzaron con los órganos internos y «al no encontrar nada de especial» trasladaron su atención al cráneo de Cuvier. «Así pues —escribió el médico jefe—, estábamos a punto de contemplar el instrumento de aquella poderosa inteligencia.» Y sus esperanzas se vieron recompensadas. El cerebro de Georges Cuvier pesaba 1.830 gramos, estaba más de 400 gramos por encima de la media y pesaba 200 gramos más que cualquier cerebro *no* enfermo anteriormente pesado. Informes sin confirmar e inferencias inciertas situaban los cerebros de Oliver Cromwell, Jonathan Swift y lord Byron en la misma categoría, pero Cuvier había proporcionado la primera evidencia directa de que la brillantez y el tamaño del cerebro van unidos.

Broca sacó partido a su ventaja y apoyó buena parte de su argumentación en el cerebro de Cuvier. Pero Gratiolet indagó y halló un punto débil. En su asombro y entusiasmo, los doctores de Cuvier habían olvidado preservar tanto su cerebro como su cráneo. Más aún, no hicieron informe alguno sobre las medidas de este último. La cifra de 1.830 gramos de peso para el cerebro no podía ser comprobada. Tal vez, simplemente, estuviera equivocada. Gratiolet emprendió la búsqueda de algún sustitutivo existente y tuvo un rasgo de inspiración: «Los doctores no pesan todos los cerebros —afirmó—, pero todas las cabezas son medidas por los sombreros y he conseguido adquirir, de esta nueva fuente, información que, me atrevo a esperar, no les parecerá desprovista de interés». En pocas palabras, Gratiolet presentó algo que casi pasaba de lo sublime a lo ridículo en comparación con el cerebro del gran hombre: ¡había encontrado el sombrero de Cuvier! Y así, durante el transcurso de dos reuniones, algunas de las más preclaras mentes de Francia se dedicaron a ponderar seriamente el significado de un trozo de fieltro usado.

El sombrero de Cuvier, según el informe de Gratiolet, medía 21,8 cm de longitud por 18 cm de anchura. Seguidamente había consultado a un tal monsieur Puriau, «uno de los más inteligentes y conocidos sombrereros de París». Puriau le dijo que la talla más grande de sombreros medía 21,5 por 18,5 cm, aunque muy pocos hombres llevaban un sombrero tan grande. Cuvier no se salía de la norma. Más aún, informó Gratiolet con evidente placer, el sombrero era extremadamente flexible y estaba «dado de sí por un muy prolongado uso». Probablemente no habría sido tan grande al comprarlo Cuvier. Más aún, Cuvier tenía una mata de pelo extraordinariamente espesa, y la llevaba sin aplastar. «Esto parece demostrar a las claras —proclamó Gratiolet— que, si bien la cabeza de Cuvier era muy grande, su tamaño no era en absoluto excepcional o único.»

Los oponentes de Gratiolet prefirieron creer a los doctores y se negaron a conceder demasiado peso a un trozo de tela. Veinte años más tarde, en 1883, G. Hervé abordó de nuevo el tema del cerebro de Cuvier y descubrió un elemento que faltaba: la cabeza de Cuvier había sido medida después de todo, pero las medidas habían sido omitidas en el informe sobre la autopsia. El cráneo era realmente grande. Afeitado para la autopsia, sin su famosa mata de pelo, su circunferencia máxima sólo era igualada por un 6 por 100 de «científicos y hombres de letras» (medidos en vida y además con todo su pelo), y por un 0 por 100 de los sirvientes. En cuanto al escandaloso sombrero, Hervé alegó ignorancia, pero sí citó la siguiente anécdota: «Cuvier tenía el hábito de dejar su sombrero sobre una mesa de la sala de espera. A menudo algún profesor o estadista se lo probaba. El sombrero se le calaba hasta los ojos».

Y, no obstante, estando ya al borde del triunfo la teoría de cuanto-más-mejor, Hervé robó una derrota en potencia de las fauces de la victoria de Broca. Un exceso de algo bueno puede resultar tan inquietante como su ausencia, y Hervé empezó a preocuparse. ¿Por qué el cerebro de Cuvier superaba al de otros «hombres de genio» con tanta diferencia? Revisó tanto los detalles de la autopsia como los registros de la delicada salud infantil de Cuvier y elaboró un caso circunstancial en favor de una «hidrocefalia juvenil temporal», o sea, agua en el cerebro. Si el cráneo de Cuvier se había visto agrandado artificialmente por las presiones de los líquidos al principio de su crecimiento, entonces un cerebro de tamaño normal podía simplemente haberse expandido (disminuyendo su densidad, no creciendo) para ocupar el espacio disponible. ¿O acaso la mayor cantidad de espacio permitía al cerebro crecer hasta un tamaño desusado, después de todo? Hervé no pudo resolver esta cuestión cardinal porque el cerebro de Cuvier había sido pesado y después tirado. Lo único que quedaba de él era la cifra magistral: 1.830 gramos. «Con el cerebro de Cuvier —escribió Hervé—, la ciencia ha perdido uno de los más preciosos documentos que jamás poseyera.»

En principio, esta historia parece ridícula. La idea de ver a los principales antropólogos de Francia discutiendo apasionadamente acerca del significado del sombrero de un colega muerto podría fácilmente provocar la más equívoca y peligrosa inferencia posible acerca de la historia: una visión del pasado como un lugar poblado de oligofrénicos ingenuos, siendo el camino de la historia una narración del progreso, y el presente algo sofisticado e iluminado.

Pero si nos reímos despreciativamente, jamás comprenderemos nada. La capacidad intelectual humana no se ha alterado en miles de años, en la medida en que podemos apreciarla. Si unas personas inteligentes invertían gran cantidad de energía en cuestiones que hoy nos parecen estúpidas, entonces el fallo radica en nuestra comprensión de su mundo, no en la distorsión de sus percepciones. Incluso el ejemplo tópico de la estupidez de los antiguos (el debate de los ángeles y las cabezas de alfiler) tiene sentido una vez se da uno cuenta de que los teólogos no estaban discutiendo si cabrían cinco o dieciocho, sino si un alfiler podría alojar a un número finito o infinito de ellos. En ciertos sistemas teológicos, la corporeidad o incorporeidad de los ángeles es una cuestión de mucha importancia.

En este caso, una pista de la significación del cerebro de Cuvier para la antropología del siglo XIX se encuentra en la última línea de las afirmaciones de Broca citadas más arriba: «En tales datos esperamos encontrar información relevante acerca del valor intelectual de las distintas razas humanas». Broca y su escuela deseaban demostrar que el tamaño cerebral, por medio de su relación con la inteligencia, podía resolver la cuestión que consideraban clave para una «ciencia del hombre»: explicar por qué algunos individuos y grupos tienen mayor éxito que otros. Para hacerlo, separaban a las personas con arreglo a convicciones apriorísticas acerca de su valor (hombres frente a mujeres, blancos frente a negros, los «hombres de genio» frente a la gente normal) e intentaban demostrar la existencia de diferentes tamaños de cerebro. Los cerebros de los hombres eminentes (literalmente varones) formaban un eslabón esencial de su argumentación; y Cuvier era la *crème de crème*. Broca concluía:

> En general, el cerebro es más grande en el hombre que en la mujer, más en los hombres eminentes que en los hombres de talento mediocre, en las razas superiores que en las razas inferiores. Siendo todo lo demás igual, existe una marcada relación entre el desarrollo de la inteligencia y el volumen del cerebro.

Broca murió en 1880, pero sus discípulos continuaron con su catalogación de cerebros eminentes (de hecho, añadieron el de Broca a la lista... aunque pesó tan sólo 1.484 gramos). La disección de colegas famosos se convirtió en una especie de industria familiar entre los anatomistas y los antropólogos. E. A. Spitzka, el más destacado seguidor norteamericano de esta costumbre, incitaba a sus amigos eminentes: «Para mí la idea de una autopsia resulta desde luego menos repugnante de lo que supongo debe ser el proceso de descomposición en una tumba». Los dos principales etnólogos norteamericanos, John Wesley Powell y W. J. McGee, realizaron una apuesta sobre cuál de los dos tenía el cerebro más grande; y Spitzka se comprometió por contrato a resolver por ellos la cuestión a título póstumo. (Fue un empate. Los cerebros de Powell y McGee diferían en muy poco, no más de lo que podría requerir la diferencia de tamaño de sus cuerpos.)

Ya en 1907, Spitzka podía presentar una tabulación de 115 hombres eminentes. Al ir creciendo en longitud la lista, de igual modo fue creciendo la ambigüedad de los resultados. En el extremo superior, Cuvier se vio finalmente desplazado al romper Turgueniev la barrera de los 2.000 gramos en 1883. Pero en el otro extremo se agazapaban el embarazo y el insulto. Walt Whitman consiguió escuchar los variados cantos de Norteamérica con tan sólo 1.282 gramos. Franz Joseph Gall, un fundador de la frenología (la «ciencia» original de juzgar el valor de la mente por el tamaño de áreas localizadas del cerebro), no llegó más que a los 1.198 gramos. Más tarde, en 1924, Anatole France se quedó casi en la mitad de los 2.012 de Turgueniev, dando en la báscula tan sólo 1.017 gramos.

Spitzka, no obstante, siguió imperturbable. En un escandaloso ejemplo de selección de datos para su adecuación a un prejuicio apriorístico, dispuso en orden un cerebro grande de un eminente hombre blanco, el de una bosquimana de África y el de un gorila. (Podría perfectamente haber invertido los dos primeros escogiendo un cerebro de negro de mayor tamaño y uno más pequeño de blanco.) Spitzka concluía invocando una vez más la sombra de Georges Cuvier: «El salto que hay entre un Cuvier o un Tackeray y un zulú o un bosquimano no es mayor que el existente entre éstos y el gorila o el orangután.»

Semejante racismo ya no resulta habitual entre los científicos y espero que nadie hoy en día intente clasificar las razas o los sexos por el tamaño medio de sus cerebros. No obstante, nuestra fascinación por la base física de la inteligencia persiste (y así debe ser) y se mantiene aún la ingenua esperanza, en determinados ambientes, de que el tamaño, o alguna otra característica externa inequívoca, puedan reflejar la sutileza interior. De hecho, la forma más burda del cuanto-más-mejor (la utilización de una cantidad fácilmente mensurable para valorar impropiamente alguna cualidad mucho más sutil e inasible) está aún con nosotros. Y el método que utilizan algunos hombres para medir el valor de su pene o de su automóvil sigue aplicándose a los cerebros. Este ensayo fue inspirado por un informe reciente acerca de la localización del cerebro de Einstein. Sí, el cerebro de Einstein le fue extraído para su estudio después de su muerte, pero un cuarto de siglo más tarde los resultados no han sido aún publicados. Los fragmentos que quedan (otros fueron enviados a diversos especialistas) descansan hoy en un recipiente de vidrio embalado en una caja de cartón con la leyenda «Costa Cider» («Sidra Costa») que se encuentra en un despacho de Wichita, Kansas. No se ha publicado nada porque no se ha encontrado nada especial. «Hasta el momento, todo ha estado dentro de los límites normales para un hombre de su edad», comentó el propietario del recipiente de vidrio.

Me ha parecido oír las risas de Cuvier y Anatole France en las alturas. Acaso estén repitiendo un famoso lema de su tierra natal: *«Plus ça change, plus c'est la même chose»* («Cuanto más cambian las cosas, más siguen siendo las mismas»). La estructura física del cerebro debe indicar la inteligencia de algún modo, pero no es probable que el tamaño y la forma externa revelen ningún dato de valor. De algún modo, me interesan menos el peso y las circunvoluciones del cerebro de Einstein que la casi total seguridad de que personas de su mismo talento han vivido y muerto en los campos de algodón y explotados en las fábricas.

14

EL CEREBRO DE LAS MUJERES

En el preludio a *Middlemarch*, George Eliot lamentaba las vidas no realizadas de las mujeres con talento:

> Algunas han sentido que estas vidas torpes se deben a la inconveniente indefinición con que el Supremo Poder ha configurado la naturaleza de las mujeres; si existiera un nivel de incompetencia femenina tan estricto como la capacidad de contar hasta tres y nada más, el sino social de la mujer podría ser tratado con certidumbre científica.

Eliot continúa desautorizando la idea de la limitación innata, pero mientras ella escribía en 1872, los líderes de la antropometría europea intentaban medir con «certidumbre científica» la inferioridad de las mujeres. La antropometría o medición del cuerpo humano no está tan de moda como campo de estudios en nuestros días, pero dominó las ciencias humanas durante buena parte del siglo XIX y siguió siendo popular hasta que las pruebas de inteligencia reemplazaron a las mediciones del cráneo como mecanismo favorito para realizar odiosas comparaciones entre las razas, las clases y los sexos. La craneometría o medición del cráneo era la disciplina que gozaba de mayor atención y respeto. Su líder incuestionado, Paul Broca (1824-1880), profesor de cirugía clínica de la Facultad de Medicina de París, reunió en torno suyo toda una escuela de discípulos e imitadores. Su trabajo, tan meticuloso y tan aparentemente irrefutable, ejerció gran influencia y ganó gran estima como joya de la ciencia decimonónica.

El trabajo de Broca parecía ser particularmente invulnerable a toda refutación. ¿Acaso no había tomado sus medidas con el más escrupuloso cuidado y la máxima precisión? (Efectivamente así había sido. Tengo el más profundo respeto por la meticulosidad de los procedimientos de Broca. Sus cifras son justas. Pero la ciencia es un ejercicio de inferencias, no un catálogo de datos. Los números, por sí mismos, no especifican nada. Todo depende de lo que uno haga con ellos.) Broca se pintaba a sí mismo como un apóstol de la objetividad, un hombre que se inclinaba ante los hechos y dejaba a un lado las supersticiones y los sentimentalismos. Declaraba que «no existe fe alguna, por respetable que sea, ningún interés, por muy legítimo que sea, que no haya de acomodarse al progreso del conocimiento humano e inclinarse ante la verdad». Las mujeres, les gustara o no, tenían cerebros más pequeños que los de los hombres y, por lo tanto, no podían ser sus iguales en cuanto a la inteligencia. Este hecho, argumentaba Broca, puede que refuerce un prejuicio común existente en la sociedad de los hombres, pero es también una verdad científica. L. Manouvrier, una oveja negra del rebaño de Broca, rechazó la inferioridad de la mujer y escribió apasionadamente acerca de la carga que le imponían los números de Broca.

> Las mujeres exhibieron sus talentos y sus diplomas. Invocaron también autoridades filosóficas. Pero se les oponían *números* desconocidos para Condorcet o John Stuart Mill. Estos números caían sobre las pobres mujeres como un martillo pilón e iban acompañados de comentarios y sarcasmos más feroces que las más feroces imprecaciones misóginas de ciertos padres de la Iglesia. Los teólogos se habían preguntado si las mujeres tenían alma. Varios siglos más tarde, algunos científicos estaban dispuestos a negarles una inteligencia humana.

El argumento de Broca se apoyaba en dos series de datos: los cerebros, de mayor tamaño, de los varones en las sociedades modernas, y en un supuesto incremento de la superioridad del hombre con el transcurso del tiempo. Sus datos más extensivos procedían de autopsias realizadas personalmente en cuatro hospitales parisienses. Sobre 292 cerebros de varón, calculó un peso medio de 1.325 gramos; entre 140 cerebros de mujer, la media era de 1.144 gramos, lo que suponía una diferencia media de 181 gramos, o de un 14 por 100 en peso del de los varones. Broca era consciente, por supuesto, de que parte de esta diferencia podía atribuirse a la mayor estatura de los varones. No obstante, no realizó intento alguno de medir el efecto del tamaño por sí mismo y, de hecho, declaró que no puede explicar la totalidad de la diferencia porque sabemos, *a priori,* que las mujeres no son tan inteligentes como los hombres (una premisa que supuestamente tenían que verificar las pruebas, y no utilizarla como base):

> Podemos preguntarnos si el pequeño tamaño del cerebro femenino depende exclusivamente del pequeño tamaño de su cuerpo. Tiedemann ha propuesto esta explicación. Pero no debemos olvidar que las mujeres son, por regla general, un poco menos inteligentes que los hombres, una diferencia que no debemos exagerar pero que es, no obstante, real. Por lo tanto, nos está permitido suponer que el tamaño relativamente pequeño del cerebro de la mujer depende en parte de su inferioridad física y en parte de su inferioridad intelectual.

En 1873, al año siguiente de la publicación de *Middlemarch* de Eliot, Broca midió las capacidades de los cráneos prehistóricos de la cueva de L'Homme Mort. Allí encontró tan sólo una diferencia de 99,5 cm^3 entre los cráneos de varones y hembras, mientras que en las poblaciones modernas las diferencias van de 129,5 a 220,7 cm^3. Topinard, el principal discípulo de Broca, explicó la creciente discrepancia a través del tiempo como resultado de las diferentes presiones evolutivas sufridas por el hombre dominante y la mujer pasiva.

> El hombre que combate por dos o más en la lucha por la supervivencia, que carga con todas las responsabilidades y preocupaciones del día de mañana, que está continuamente en activo, comba-

tiendo contra su ambiente y contra sus rivales humanos, necesita más cerebro que la mujer a la que debe proteger y alimentar, la mujer sedentaria, carente de vida interior alguna, cuyo papel es criar hijos, amar y ser pasiva.

En 1879, Gustave Le Bon, misógino en jefe de la escuela de Broca, utilizó estos datos para publicar el más malicioso ataque realizado contra las mujeres en la literatura científica moderna (nadie puede superar a Aristóteles). No afirmo que sus ideas fueran representativas de la escuela de Broca, pero fueron publicadas en la revista antropológica más respetada de Francia. Le Bon concluía:

> En las razas más inteligentes, como entre los parisienses, existe un gran número de mujeres cuyos cerebros son de un tamaño más próximo al de los gorilas que al de los cerebros más desarrollados de los varones. Esta inferioridad es tan obvia que nadie puede discutirla siquiera por un momento; tan sólo su grado es digno de discusión. Todos los psicólogos que han estudiado la inteligencia de las mujeres, al igual que los poetas y los novelistas, reconocen que ellas representan las formas más inferiores de la evolución humana y que están más próximas a los niños y a los salvajes que al hombre adulto civilizado. Son insuperables en su veleidad, en su inconstancia, en su carencia de ideas y lógica y en su incapacidad para razonar. Sin duda, existen algunas mujeres distinguidas, muy superiores al hombre medio, pero resultan tan excepcionales como el nacimiento de cualquier monstruosidad, como, por ejemplo, el de un gorila con dos cabezas; por consiguiente, podemos olvidarlas por completo.

Tampoco rehuía Le Bon las implicaciones sociales de sus puntos de vista. Se sintió horrorizado ante la propuesta de algunos reformadores norteamericanos de conceder a la mujer una educación superior sobre la misma base que el hombre:

> El deseo de darles la misma educación y, como consecuencia, de proponer para ellas los mismos objetivos, es una peligrosa quimera ... El día en que, sin comprender las ocupaciones inferiores

que la naturaleza les ha asignado, las mujeres abandonen el hogar y tomen parte en nuestras batallas; ese día se pondrá en marcha una revolución social y todo lo que sustenta los sagrados lazos de la familia desaparecerá.

¿Les suena de algo?*

He reexaminado los datos de Broca, base de todos estos pronunciamientos derivativos, y sus cifras son correctas, pero sus interpretaciones carecen de fundamento, por decirlo suavemente. Los datos que apoyaban su tesis sobre el crecimiento diferencial con el transcurso del tiempo pueden ser fácilmente ignorados. Broca basaba su tesis exclusivamente en los resultados de *L'Homme Mort:* un total de siete cráneos de varón y seis de hembra. Jamás tan pocos datos llevaron a conclusiones de tan largo alcance.

En 1888, Topinard publicó los datos de Broca, más extensos, de los hospitales parisienses. Dado que Broca tomaba nota de la estatura y la edad además del tamaño del cerebro, podemos utilizar las estadísticas modernas para desmontar su efecto. El tamaño del cerebro disminuye con la edad, y las mujeres de Broca eran, por término medio, considerablemente más viejas que los hombres. El peso del cerebro aumenta con la estatura, y sus especímenes varones medios eran casi 16 centímetros más altos que los femeninos. Utilicé la regresión múltiple, una técnica que me permitía valorar simultáneamente la influencia de la estatura y la edad sobre el tamaño del cerebro. En un análisis de los datos sobre las mujeres averigüé que, con la estatura y edad media de los varones, el cerebro de una mujer pesaría 1.212 gramos. La corrección por edad y estatura reduce la diferencia medida por Broca de 181 gramos en casi un tercio, a 113 gramos.

* Cuando escribí este ensayo supuse que Le Bon era una figura marginal, si bien pintoresca. Posteriormente me enteré de que era un científico de renombre, uno de los fundadores de la psicología social, y especialmente conocido por un estudio seminal sobre el comportamiento de las masas, aún citado hoy en día (*La psychologie des foules*, 1895), y por sus trabajos sobre las motivaciones inconscientes. *(N. del a.)*

No sé qué conclusiones sacar de esta diferencia que queda porque no puedo valorar otros factores que se sabe que tienen una importante influencia sobre el tamaño del cerebro. La causa de la muerte tiene un efecto importante: las enfermedades degenerativas a menudo llevan consigo una disminución sustancial del tamaño del cerebro. (Este efecto es independiente del decrecimiento atribuido exclusivamente a la edad.) Eugene Schreider, trabajando también sobre los datos de Broca, averiguó que los hombres muertos en accidente tenían cerebros que pesaban por término medio 60 gramos más que los de los hombres muertos por enfermedades infecciosas. Los mejores datos modernos que he podido hallar (procedentes de hospitales norteamericanos) registran una diferencia en peso de nada menos que 100 gramos entre las muertes por arteriosclerosis degenerativa y la muerte violenta o por accidente. Dado que gran parte de los sujetos de Broca eran mujeres muy ancianas, podemos asumir que una larga enfermedad degenerativa sería más frecuente entre ellas que entre los hombres.

Más importante aún, los estudiosos modernos del tamaño del cerebro no han llegado todavía a un acuerdo acerca de la adopción de una medida apropiada que elimine el poderoso efecto del tamaño del cuerpo. La estatura es adecuada en parte, pero los hombres y las mujeres de la misma estatura no tienen la misma hechura corporal. El caso del peso es aún peor que el de la estatura porque la mayor parte de sus variaciones reflejan la nutrición más que el tamaño intrínseco; la gordura y la delgadez ejercen poca influencia sobre el cerebro. Manouvrier adoptó este tema en los años 1880 y planteó que debían utilizarse la fuerza y la masa musculares. Trató de medir esta huidiza propiedad de varias maneras y encontró una marcada diferencia en favor de los varones, incluso en el caso de hombres y mujeres de la misma estatura. Cuando efectuó las correcciones por lo que él denominaba «masa sexual», resultó que las mujeres sobresalían ligeramente en tamaño cerebral.

Así pues, la cifra corregida de 113 gramos es, con seguridad, excesiva; la cifra verdadera estará probablemente cerca del cero y puede también, perfectamente, resultar favorable a la mujer. Y 113 gramos, dicho sea de paso, constituye exactamente la diferencia media entre un varón de 1,62 m y uno de 1,92 m de altura según los datos de Broca. No quisiéramos (especialmente nosotros, la gente baja) adscribir una mayor inteligencia a los hombres altos. En pocas palabras, ¿quién sabe qué hacer con los datos de Broca? Desde luego, no permiten afirmar con seguridad que los hombres tienen el cerebro más grande que las mujeres.

Para apreciar el papel social de Broca y su escuela, hemos de reconocer que sus afirmaciones acerca del cerebro de las mujeres no reflejan un prejuicio aislado contra un único grupo desatendido. Deben ser valoradas en el contexto de una teoría general que apoyaba las distinciones sociales de su época, considerándolas biológicamente ordenadas. Las mujeres, los negros y los pobres sufrían el mismo desprecio, pero las mujeres recibieron la artillería pesada de Broca porque tenía fácil acceso a los datos sobre cerebros de mujer.

Las mujeres eran singularmente denigradas, pero también hacían el papel de sucedáneo de otros grupos marginados. Como escribió uno de los discípulos de Broca en 1881: «Los hombres de las razas negras tienen un cerebro escasamente más pesado que los de las mujeres blancas». Esta yuxtaposición se extendía a otros muchos terrenos de las argumentaciones antropológicas, particularmente a la aseveración de que, anatómica y emocionalmente, las mujeres eran como los niños blancos; y que los niños blancos, por la teoría de la recapitulación, representaban una etapa adulta ancestral (primitiva) de la evolución humana. No creo que sea mera retórica decir que las batallas de las mujeres son las de todos nosotros.

Maria Montessori no confinó sus actividades a la reforma educativa para los niños. Dio conferencias de antropología durante varios años en la Universidad de Roma y escribió un influyente libro titulado *Antropología pedagógica* (edición inglesa, 1913). Montessori no era ninguna igualitaria. Apoyó la mayor parte del trabajo de Broca y la teoría de la criminalidad innata propuesta por su compatriota Cesare Lombroso. Medía la circunferencia de las cabezas de los niños e infería que los más prometedores tenían cerebros más grandes. Pero no le interesaban para nada las conclusiones de Broca acerca de las mujeres. Discutió el trabajo de Manouvrier largamente y explotó mucho su afirmación tentativa de que, una vez corregidos adecuadamente los datos, las mujeres tenían un cerebro ligeramente más grande que los hombres. Las mujeres, concluyó, eran intelectualmente superiores, pero los hombres habían prevalecido hasta ese momento por mor de su fuerza física. Dado que la tecnología había abolido la fuerza como instrumento de poder, la era de la mujer podía llegar en cualquier momento: «En esa era existirán seres humanos verdaderamente superiores, habrá hombres realmente fuertes en su moralidad y sus sentimientos. Tal vez de este modo se esté aproximando el reinado de la mujer, en el que el enigma de su superioridad antropológica quedará descifrado. La mujer fue siempre custodio del sentimiento humano, de la moralidad y del honor».

Esto representa un posible antídoto a las aseveraciones «científicas» en favor de la inferioridad constitucional de determinados grupos. Uno puede sostener la validez de las distinciones biológicas, pero argumentar que los datos han sido mal interpretados por hombres con prejuicios que tenían algo que ganar o que perder con el resultado y que los grupos desfavorecidos son, en realidad, superiores. En años recientes, Elaine Morgan ha seguido esta estrategia en su *Descent of Woman,* una reconstrucción especulativa de la prehistoria humana desde el punto de vista de la mujer... y tan ridícula como otras exageradas obras escritas por y para los hombres.

Yo prefiero otra estrategia. Montessori y Morgan siguieron la filosofía de Broca y llegaron a una conclusión más tolerable. Yo preferiría catalogar toda la empresa de determinar el valor biológico de los grupos como lo que es: algo irrelevante y altamente injurioso. George Eliot apreciaba a la perfección la particular tragedia que el etiquetado biológico suponía para los miembros de los grupos más bajos, social y económicamente. Esta autora la expresó para mujeres como ella: mujeres de extraordinario talento. Yo la aplicaría más ampliamente (no sólo a aquellos cuyos sueños se ven frustrados, sino también a aquellos que jamás se dan cuenta de que pueden soñar), pero no puedo igualar su prosa. Como conclusión, por tanto, el resto del preludio de Eliot a *Middlemarch*:

> Los límites de variación son en realidad mucho más amplios de lo que nadie podría imaginarse a partir de la uniformidad de los peinados y las historias de amor en prosa y verso favoritas de las mujeres. Aquí y allá se cría incómodamente un pequeño cisne entre los patitos en el estanque marrón y jamás encuentra el compañerismo del arroyo abierto, con su propia especie de pie palmeado. Aquí y allá nace una santa Teresa, fundadora de nada, cuyos amorosos latidos y gemidos en pos de una bondad inalcanzable se desprenden temblando y se dispersan entre obstáculos en lugar de centrarse en algún acto reconocible durante mucho tiempo.

15

EL SÍNDROME DEL DOCTOR DOWN

La meiosis, o escisión de los pares de cromosomas en la formación de las células sexuales, representa uno de los grandes triunfos de la ingeniería biológica. La reproducción sexual no puede funcionar a menos que tanto los óvulos como los espermatozoides contengan precisamente la mitad de la información genética de las células corporales normales. La unión de las dos mitades mediante la fecundación repone la cantidad total de información genética, mientras que la mezcla de genes de los dos padres en cada descendiente suministra también la variabilidad que requieren los procesos darwinianos. Esta «división reductora», o división por la mitad, se produce durante la meiosis cuando los cromosomas se disponen por parejas y después se separan, yendo a parar un miembro de cada pareja a cada una de las células sexuales. Nuestra admiración por la precisión de la meiosis no puede por menos que aumentar cuando nos enteramos de que las células de algunos helechos contienen más de seiscientos pares de cromosomas y que, en la mayor parte de los casos, la meiosis escinde cada par sin error alguno.

Pero las máquinas orgánicas no son más infalibles que sus contrapartidas industriales. A menudo se producen errores en la separación. En contadas ocasiones, tales errores son precursores de nuevas direcciones evolutivas. En la mayor parte de los casos, tan sólo llevan a la desgracia de cualquier descendiente que pudiera engendrarse a partir del óvulo o espermatozoide defectuosos. En el más común de los errores meióticos, la no escisión, dos cromosomas no se separan. Los dos miembros de la pareja van a una de las células sexuales y la otra queda a falta de un cromosoma. Un hijo formado de la unión de una célula sexual normal con una que contenga un cromosoma extra por no escisión llevará tres copias de ese cromosoma en cada célula, en lugar de los dos normales. Esta anomalía recibe el nombre de *trisomía*.

En los seres humanos, el cromosoma número 21 sufre la no escisión con una frecuencia notablemente alta, y esto, por desgracia, tiene un efecto bastante trágico. Entre un 1 por 600 y un 1 por 1.000 de los niños recién nacidos llevan un cromosoma 21 de más, un estado conocido técnicamente como «trisomía 21». Estos niños desafortunados padecen un retraso mental que va de leve a grave, y tienen una esperanza de vida reducida. Además, exhiben, por añadidura, toda una serie de caracteres distintivos como son manos cortas y anchas, un paladar estrecho y alto, una cara redondeada y una cabeza ancha, una nariz pequeña con la base aplanada y una lengua gruesa y rugosa. La frecuencia de la trisomía 21 crece rápidamente con el aumento de la edad materna. Sabemos muy poco acerca de sus causas; de hecho, su base cromosómica no se descubrió hasta 1959. No tenemos idea de por qué se produce tan a menudo, ni de por qué otros cromosomas son mucho menos propensos a la no escisión. Carecemos de pistas acerca de por qué un cromosoma 21 de más da como resultado la serie tan altamente específica de anomalías que se asocia con la trisomía 21. Pero al menos puede ser identificada *in utero* haciendo un recuento de los cromosomas de las células fetales, lo que deja la opción del aborto.

Si esta discusión le resulta familiar al lector, pero le parece que falta algo, en efecto, me he dejado algo en el tintero. La denominación común de la trisomía 21 es *idiocia mongólica*, *mongolismo* o *síndrome de Down*. Todos hemos visto niños con el síndrome de Down y estoy seguro de que no he sido el único en preguntarse por qué el síndrome pudo recibir el nombre de idiocia *mongólica*. La mayor parte de los niños con el síndrome de Down son inmediatamente reconocibles, pero (como demuestra mi anterior lista), sus características definitorias no tienen nada de orientales. Algunos, es cierto, tienen un pequeño pero distinguible pliegue epicántico, la característica típica del ojo oriental, y algunos presentan una piel ligeramente amarillenta. Estos rasgos menores e inconstantes llevaron al doctor John Langdon Haydon Down a compararlos con orientales al describir el síndrome en 1866. Pero hay mucho más en la historia de la designación de Down que unas cuantas similitudes ocasionales, equívocas y superficiales; ya que representa una interesante narración dentro de la historia del racismo científico.

Pocas de las personas que utilizan el término se dan cuenta de que ambas palabras, *mongólico* e *idiota*, tenían para el doctor Down unos significados técnicos que estaban enraizados en el prejuicio cultural, entonces prevaleciente y aún no extinguido, de clasificar a las personas según escalas unilineales con el grupo del clasificador en primer lugar. El término *idiota* se refería en tiempos al grado más bajo de una clasificación en tres categorías de la deficiencia mental. Los idiotas jamás podían dominar el lenguaje hablado; los imbéciles, un grado por encima, podían aprender a hablar, pero no a escribir. El tercer grupo, el de los ligeramente «débiles mentales», engendró una considerable controversia terminológica. En Norteamérica, la mayor parte de los clínicos adoptaron el término «morón» *(moron)* de H. H. Goddard, que procede de una palabra griega que significa «tonto». *Morón* es una palabra técnica de este siglo, no una designación antigua, a pesar de la longitud de las barbas metafóricas de esos viejos y terribles chistes de tontos. Goddard, uno de los tres principales arquitectos de la interpretación rígidamente hereditaria de las pruebas de coeficiente intelectual, creía que su clasificación unilineal del valor mental podía extenderse simplemente por encima del nivel del morón hacia una clasificación natural de razas y nacionalidades humanas, con los inmigrantes del sur y el este de Europa en la parte inferior (aún, por término medio, al nivel del morón) y los viejos *wasp* (*white anglosaxon protestants*, «blancos, anglosajones y protestantes») norteamericanos en la cúspide. (Una vez que Goddard instituyó la aplicación de las pruebas del coeficiente intelectual para los inmigrantes a su llegada a Ellis Island, proclamó que más del 80 por 100 de ellos eran retrasados mentales y urgió que fueran devueltos a Europa.)

El doctor Down era superintendente médico del Manicomio de Earlswood para Idiotas, en Surrey, cuando publicó sus «Observations on an ethnic classification of idiots» («Observaciones para una clasificación étnica de los idiotas») en el *London Hospital Reports* de 1866. En tan sólo tres páginas consiguió describir «idiotas» caucásicos que le recordaban a pueblos africanos, malayos, indios norteamericanos y orientales. De estas imaginativas comparaciones, sólo «idiotas que se disponen en torno al tipo mongólico» sobrevivió en la literatura como designación técnica.

Cualquiera que lea el trabajo de Down sin conocer su contexto teórico subestimará grandemente su propósito, penetrante y serio. Desde nuestra perspectiva, representa una serie de escamosas analogías, casi caprichosas, realizadas por un hombre lleno de prejuicios. En sus tiempos, encarnaba un intento mortalmente serio de construir una clasificación general causal de las deficiencias mentales basadas en las mejores teorías biológicas (y el omnipresente racismo) de la época. El doctor Down estaba haciendo algo de bastante más alcance que identificar unas cuantas analogías no causales curiosas. Down se quejaba de los intentos previos de clasificar los trastornos mentales:

> Aquellos que hayan prestado alguna atención a las lesiones mentales congénitas se habrán sentido a menudo desconcertados en cuanto a cómo organizar, de algún modo satisfactorio, las diferentes clases de este trastorno que hayan podido observar. Tampoco disminuirá sus dificultades el apelar a lo que ya se ha escrito sobre el tema. Los sistemas de clasificación son normalmente tan vagos y artificiales que no sólo prestan una escasa ayuda sino que fracasan por completo a la hora de ejercer cualquier influencia práctica sobre el tema.

En tiempos de Darwin, la teoría de la recapitulación daba cuerpo a la mejor guía del biólogo para organizar la vida en secuencias de formas superiores o inferiores. (Tanto la teoría como el «enfoque de la escalera» de la clasificación que respaldaba están o deberían estar desacreditados hoy en día. Véase mi libro *Onthogeny and Phylogeny,* Harvard University Press, Cambridge, Massachusetts, 1977.) Esta teoría, a menudo expresada por la rimbombancia de que «la ontogenia recapitula la filogenia», sostenía que los animales superiores, en su desarrollo embrionario, pasan por una serie de fases que representan, en secuencia correcta, las formas adultas de criaturas ancestrales inferiores. Así, el embrión humano desarrolla en primer lugar hendiduras branquiales, como un pez, seguidamente un corazón de tres cavidades, como un reptil, y más tarde aún un rabo de mamífero. La recapitulación aportaba un punto focal conveniente para el generalizado racismo de los científicos blancos: observaban las actividades de sus propios hijos para compararlas con el comportamiento adulto normal de las razas inferiores.

Como método de trabajo, los recapitulacionistas intentaban identificar lo que Louis Agassiz había llamado el «triple paralelismo» de la paleontología, la anatomía comparada y la embriología: esto es, los antecesores reales en el registro fósil, los representantes vivientes de formas primitivas y los estadios embrionarios o juveniles en el crecimiento de los animales superiores. En la tradición racista del estudio de los seres humanos, el triple paralelismo significaba antecesores fósiles (aún no descubiertos), «salvajes» o miembros adultos de razas inferiores y niños blancos.

Pero muchos recapitulacionistas abogaban por la adición de un cuarto paralelismo: ciertos tipos de adultos anormales dentro de las razas superiores. Atribuían gran cantidad de anomalías de forma o comportamiento o bien a «saltos hacia atrás» o a «detenciones del desarrollo». Los saltos atrás, o atavismos, representan la reaparición espontánea, en adultos, de rasgos ancestrales que habían desaparecido en las estirpes avanzadas. Por ejemplo, Cesare Lombroso, el fundador de la «antropología criminal», creía que muchos transgresores de la ley actuaban por compulsión biológica, porque su pasado animal había revivido en ellos. Pretendía identificar «criminales natos» por medio de «estigmas» de morfología simiesca: frente hundida, barbilla prominente, brazos largos.

La interrupción del desarrollo representa la traslación anormal al estado adulto de rasgos que aparecen normalmente en el transcurso de la vida fetal, pero que deberían ser modificados o reemplazados por algo más avanzado o complejo. Bajo la teoría de la recapitulación, estos rasgos normales de la vida del feto son las etapas adultas de formas más primitivas. Si un caucásico sufre una detención del desarrollo, puede nacer en una etapa inferior de la vida humana; esto es, puede revertir a las formas características de las razas inferiores. Tenemos ahora un cuádruple paralelismo de fósil humano: adulto normal de las razas inferiores, niños blancos y adultos blancos desafortunados, afligidos por atavismos o detenciones del desarrollo. Es en este contexto donde el doctor Down tuvo su relámpago de falaz comprensión: algunos idiotas caucásicos debían representar detenciones del desarrollo y deberían su deficiencia mental a una retención de características y habilidades que serían consideradas normales en los adultos de las razas inferiores.

Por lo tanto, el doctor Down sometió a escrutinio a las personas bajo su cargo en busca de rasgos de razas inferiores, del mismo modo que, veinte años más tarde, Lombroso mediría los cuerpos de los criminales en busca de una morfología simiesca. Busca con suficiente convicción previa y encontrarás. Down describió su búsqueda con obvia excitación: había establecido, o eso creía él, una clasificación natural y causal de las deficiencias mentales. «He dedicado mi atención durante algún tiempo —escribió— a la posibilidad de realizar una clasificación de los deficientes mentales, disponiéndolos en torno a una serie de patrones étnicos; en otras palabras, a encuadrar un sistema natural.» Cuanto más seria fuera la deficiencia, tanto más profunda sería la detención del desarrollo y tanto más inferior la raza representada.

Encontró «varios ejemplos bien marcados de la variedad etíope» y describió sus «ojos prominentes», sus «labios gruesos» y su «pelo lanudo ... aunque no siempre negro». Ellos son, escribía, «especímenes de negros blancos, aunque de ascendencia europea». Seguidamente describía otros idiotas «que, con frentes reducidas, pómulos salientes, ojos huidizos y nariz ligeramente simiesca», representan a aquellos pueblos que «habitaban originalmente el continente americano».

Finalmente, ascendiendo la escala de las razas humanas, llegó al escalón inmediatamente inferior al de la caucásica, «la gran familia mongola». «Un muy gran número de idiotas congénitos —continuaba— son mongoles típicos. Tan marcado es esto que, al ponerlos juntos, resulta difícil creer que los especímenes comparados no sean hijos de los mismos padres.» Down pasaba seguidamente a describir, con razonable precisión y pocas indicaciones de rasgos orientales (aparte de «un ligero tinte amarillento sucio» de la piel), a un muchacho afectado por lo que hoy en día reconocemos como una trisomía 21 o el síndrome de Down.

Down no confinó su descripción a supuestas similitudes anatómicas entre los pueblos orientales y los «idiotas mongólicos». También señaló el comportamiento de los niños afectados: «Tienen un considerable poder de imitación, bordeando incluso el mimetismo». Es necesario estar familiarizado con la literatura del racismo del siglo XIX para poder leer entre estas líneas. La sofisticación y la complejidad de las culturas orientales resultaron incómodas para los racistas caucásicos, dado, especialmente, que los mayores refinamientos de la sociedad china estaban en su apogeo cuando la cultura europea aún se revolcaba en la barbarie (como dijo Benjamin Disraeli respondiendo a una provocación antisemita: «Sí, soy judío, y cuando los antecesores del honorable caballero eran salvajes brutales ... los míos eran sacerdotes del templo de Salomón»). Los caucásicos resolvieron este dilema admitiendo la capacidad intelectual de los orientales, pero atribuyéndosela a su facilidad para la copia imitativa, en lugar de al genio innovador. Down concluía su descripción de un niño con trisomía 21 atribuyendo su estado a una detención del desarrollo (debida, pensó Down, al estado tuberculoso de sus padres): «El aspecto del muchacho es tal que resulta difícil darse cuenta de que es hijo de europeos, pero estos caracteres se presentan con tanta frecuencia que no puede haber dudas acerca de que estos rasgos étnicos son el resultado de una degeneración».

Para los patrones de su época, Down era una especie de «liberal» racial. Argumentaba que todos los pueblos descendían del mismo tronco y podían unirse en una sola familia, claro está que con una clasificación por categorías. Utilizaba su clasificación étnica de los idiotas para rebatir las afirmaciones de algunos científicos de que las razas inferiores representaban actos de creación separados y que no podían «mejorar» hacia la raza blanca. Escribió:

> Si estas grandes divisiones raciales son fijas y disjuntas, ¿cómo es posible que la enfermedad sea capaz de romper las barreras y simular tan de cerca los rasgos de los miembros de otra división? No puedo dejar de pensar que las observaciones que he realizado son indicaciones de que las diferencias entre las razas no son específicas, sino variables. Estos ejemplos del resultado de la degeneración en la humanidad aportan, en mi opinión, algunos argumentos en favor de la unidad de la especie humana.

La teoría general de la deficiencia mental de Down disfrutó de cierta popularidad, pero nunca llegó a convencer. No obstante, el nombre por él asignado a una anomalía específica, la idiocia mongólica (a veces suavizado a *mongolismo*), arraigó hasta mucho después de que los médicos olvidaran por qué Down había acuñado el término. El propio hijo de Down rechazó la comparación hecha por su padre entre los orientales y los niños con trisomía 21, aunque defendía tanto la baja condición de los orientales como la teoría general que enlazaba la deficiencia mental con la regresión evolutiva.

> Podría parecer que las características que, a primera vista, sugieren notablemente unos rasgos y una constitución mongoloide son accidentales y superficiales, estando como están constantemente asociadas a otros rasgos que no son en forma alguna característicos de esa raza; y si este es un caso de regresión debe ser de regresión a un tipo aún más primitivo que el tronco mongol, del que algunos etnólogos opinan que han surgido todas las razas.

La teoría de Down para la trisomía 21 perdió todo su contenido (incluso en el seno del propio e inválido sistema racista del doctor) cuando los médicos lo detectaron tanto en los orientales como en razas inferiores a la oriental según la clasificación de éste. (Un médico hizo referencia a los mongoles mongólicos, pero tan torpe perseverancia jamás llegó a arraigar.) La enfermedad difícilmente podría atribuirse a la degeneración si representaba el estado normal de una raza superior. Sabemos hoy que en algunos chimpancés se presenta una serie similar de rasgos cuando llevan un cromosoma de más, probablemente homólogo al 21 de los seres humanos.

Una vez rebatida la teoría de Down, ¿qué debería ocurrir con sus términos? Hace algunos años, sir Peter Medawar y un grupo de científicos orientales persuadieron a varias publicaciones británicas de que sustituyeran *mongolismo* e *idiocia mongólica* por *síndrome de Down*. Yo he detectado una tendencia similar en este país, aunque sigue utilizándose de modo común el término *mongolismo*. Alguna gente puede protestar aduciendo que los esfuerzos por cambiar este nombre representan otro intento más de los liberales de cerebro de algodón de hurgar en los usos ya aceptados, introduciendo preocupaciones sociales donde no corresponden. De hecho, yo no creo en la alteración caprichosa de los nombres establecidos. Sufro una gran incomodidad cada vez que canto en *La Pasión según San Mateo* de Bach y me veo obligado, como miembro iracundo de la muchedumbre judía, a gritar el pasaje que ha servido durante siglos como justificación «oficial» del antisemitismo: *Sein Blut Kaume über uns und unser Kinder* («Caiga su sangre sobre nosotros y sobre nuestros hijos»). Y, no obstante, como dijo aquel al que se refiere el pasaje, en otro contexto, yo no cambiaría «ni un punto ni un título» del texto de Bach.

Pero los nombres científicos no son monumentos literarios. La idiocia mongólica no es sólo difamatoria. Es un error en todos los aspectos. Ya no clasificamos la deficiencia mental como una secuencia unilineal. Los niños que padecen el síndrome de Down no parecen muy orientales, si es que lo parecen algo. Y, lo más importante, el nombre sólo tiene significado en el contexto de la desacreditada teoría de Down de la regresión racial como causa de la deficiencia mental. Si hemos de honrar al bueno del doctor, entonces dejemos que su nombre honre a la trisomía 21: el síndrome de Down.

16

DEFECTOS DE UN VELO VICTORIANO

Los victorianos nos legaron algunas novelas magníficas, aunque bastante largas. Pero también lanzaron sobre un mundo, al parecer receptivo, un género literario probablemente inigualado en su capacidad para el tedio y el retrato impreciso: las «vidas y correspondencia», en multitud de volúmenes, de hombres eminentes. Estos extensos encomios, escritos habitualmente por viudas desoladas o hijos e hijas leales, se disfrazaban de narración humildemente objetiva, de documentación pura y simple acerca de la palabra y la obra del personaje retratado. Si aceptáramos estos trabajos tal como son, tendríamos que creer que los victorianos eminentes vivían de hecho con arreglo a los valores éticos que decían prohijar; una idea descabellada que *Eminent Victorians,* de Lytton Strachey, enterró bien enterrada hace más de cincuenta años.

Elizabeth Cary Agassiz (bostoniana eminente, fundadora y primera presidenta del Radcliffe College, y esposa devota del eminente naturalista norteamericano) disponía de todas las credenciales necesarias para ser autora (incluido un marido muerto y muy llorado). Su *Life and Correspondence of Louis Agassiz* convirtió a un hombre fascinante, pendenciero y no excesivamente fiel en un modelo de hombre moderado, estadista modélico, sabio y recto.

Escribo este ensayo en el edificio que Louis Agassiz construyó en 1859: el ala original del Museo de Zoología Comparada de Harvard. Agassiz, el principal estudioso de fósiles de peces del mundo, protegido del gran Cuvier (véase el ensayo 13), abandonó su Suiza natal por una carrera en Norteamérica a finales de la década de 1840. Como europeo célebre y hombre encantador, Agassiz fue prácticamente devorado por los círculos sociales e intelectuales desde Boston hasta Charleston. Encabezó los estudios sobre historia natural en Norteamérica hasta su muerte en 1873.

Las manifestaciones públicas de Louis eran siempre modelos de propiedad, pero yo esperaba que su correspondencia privada casara más con su bulliciosa personalidad. Y, no obstante, el libro de Elizabeth, supuestamente una reproducción literal de las cartas de Louis, consigue convertir a ese foco de controversia y fuente de energía incansable en un mesurado y digno caballero.

Recientemente, al estudiar los puntos de vista de Agassiz acerca de las razas, y movido por ciertas insinuaciones de la biografía de E. Lurie *(Louis Agassiz: A Life in Science)*, encontré algunas interesantes discrepancias entre la versión de Elizabeth y las cartas originales de Louis. Descubrí entonces que Elizabeth se había limitado a censurar sus textos y que ni siquiera había insertado elipsis (esos tres puntos tan irritantes) para indicar las supresiones. Harvard posee las cartas originales, y una cierta actividad detectivesca por mi parte dejó al descubierto un material bastante sabroso.

En el período anterior a la Guerra Civil norteamericana, Agassiz expresó claras opiniones acerca de la condición de los negros y los indios. Como hijo adoptivo del norte rechazaba la esclavitud, pero como caucásico de la clase alta, desde luego no unía a su rechazo criterio alguno de igualdad racial.

Agassiz presentaba sus actitudes raciales como deducciones sobrias e ineluctables sobre postulados básicos. Mantenía que las especies son entidades estáticas y creadas (cuando murió en 1873, Agassiz se encontraba prácticamente solo entre los biólogos en su oposición a la marea darwiniana). No son puestas sobre la Tierra en un único lugar, sino que son creadas simultáneamente por doquiera. A menudo se crean especies relacionadas entre sí en regiones geográficas separadas, cada una de ellas adaptada al entorno de su propia área. Dado que las razas humanas se ajustaban a estos criterios antes de que el comercio y la emigración nos entremezclaran, cada raza es una especie biológica separada.

Así, el principal biólogo de Norteamérica cayó firmemente en el lado equivocado de un debate que llevaba arrasando la nación una década cuando él llegó: ¿fue Adán el progenitor de todos los hombres, o sólo el de los hombres blancos? ¿Son los negros y los indios nuestros hermanos, o simplemente se nos parecen? Los poligenistas, Agassiz entre ellos, sostenían que cada raza principal había sido creada como una especie separada; los monogenistas defendían un origen único y clasificaban las razas por su degeneración desigual a partir de la perfección primigenia del Edén; el debate no incluía a ningún igualitario. En buena lógica, *separado* no significa *desigual*, como argumentaban en 1896 los triunfadores del caso Plessy contra Ferguson. Pero como mantuvieron en 1954 los triunfadores del juicio de Browns contra el Consejo de Educación de Topeka, un grupo en el poder siempre identifica la separación con la superioridad. No existía ningún poligenista norteamericano que no asumiera que los blancos eran una especie separada y superior.

Agassiz insistía en que su defensa de la poligenia no tenía nada que ver con la advocación política del prejuicio social. Él era, según decía, un estudioso humilde y desinteresado que intentaba establecer un hecho intrigante de la historia natural.

> Se ha acusado a los criterios aquí presentados de que tienden a apoyar la esclavitud ... ¿Es esa una objeción válida a una investigación filosófica? Aquí tan sólo nos preocupamos de la cuestión del origen del hombre; que los políticos, aquellos que se sienten llamados a organizar la sociedad humana, decidan qué hacer con los resultados ... Rechazamos toda conexión con cualquier cuestión que implique criterios políticos ... Los naturalistas tienen derecho a considerar las cuestiones que surgen de las relaciones físicas entre los hombres como cuestiones meramente científicas y a

investigar sobre ellas sin referencia alguna ni a la política ni a la religión.

A pesar de estas valerosas palabras, Agassiz finaliza su principal declaración acerca de las razas (publicada en el *Christian Examiner*, 1850) con ciertas recomendaciones sociales perfectamente concretas. Comienza apoyando la doctrina de la separación y la desigualdad: «Hay sobre la Tierra diferentes razas de hombres, que habitan diferentes partes de su superficie ... y este hecho nos impone la obligación de aclarar definitivamente el rango relativo de estas razas». La jerarquía resultante es perfectamente obvia: «El indómito, valeroso y orgulloso indio... cuán diferente es la luz que le ilumina si lo observamos junto al sumiso, obsequioso e imitativo negro, o junto al traicionero, astuto y cobarde mongol. ¿Acaso no son estos hechos indicaciones de que las diferentes razas no tienen el mismo rango en la naturaleza?». Finalmente, por si no había quedado claro su mensaje político con esta generalización, Agassiz finaliza abogando por una política social específica (y contraviniendo así su juramento original de abjurar de la política a cambio de la vida pura de la mente). La educación, plantea, debe ser ajustada a las capacidades innatas; prepárese a los negros para los trabajos manuales y a los blancos para los intelectuales.

> ¿Cuál sería la mejor educación que podría impartirse a las diferentes razas como consecuencia de su primitiva diferenciación? ... No albergamos la más mínima duda de que los asuntos humanos referidos a las razas de color estarían mucho más juiciosamente llevados si, en nuestra relación con los miembros de éstas, nos guiara una clara conciencia de la diferencia real existente entre nosotros y ellos y un deseo de fomentar aquellas disposiciones que se encuentran más acentuadas en ellos, en lugar de tratarles en términos de igualdad.

Dado que estas disposiciones «eminentemente acentuadas» son la sumisión, la obsequiosidad y la imitación, es fácil imaginar lo que tenía en mente Agassiz.

Agassiz tenía presencia política, en gran medida porque hablaba como científico, supuestamente motivado tan sólo por los datos de sus investigaciones y la teoría abstracta a la que daban cuerpo. En este contexto, el origen de las ideas de Agassiz acerca de las razas se convierte en algo de cierta importancia. ¿Sería cierto que él no tenía sardina a la que arrimar el ascua, ninguna predisposición, ningún ímpetu más allá de su amor a la historia natural? Los pasajes expurgados en *Life and Correspondence* arrojan bastante luz sobre el asunto. Muestran a un hombre de fuertes prejuicios basados fundamentalmente en reacciones viscerales inmediatas y profundos miedos sexuales.

El primer pasaje, de una fuerza casi escandalosa, incluso transcurridos 130 años, recuerda la primera experiencia de Agassiz con personas negras (jamás había conocido negros en Europa). Visitó Norteamérica por vez primera en 1846 y le escribió a su madre una larga carta detallándole sus experiencias. En la sección dedicada a Filadelfia, Elizabeth Agassiz registra tan sólo sus visitas a museos y a domicilios particulares de científicos. Suprime, sin indicarlo, su primera impresión acerca de los negros, una reacción visceral ante los camareros del restaurante de un hotel. En 1846, Agassiz creía aún en la unicidad humana, pero este pasaje deja al descubierto una base explícita, asombrosamente acientífica, para su conversión a la poligenia. Por vez primera, por lo tanto, y sin omisiones:

> Fue en Filadelfia donde me encontré por vez primera en prolongado contacto con negros; todos los criados de mi hotel eran hombres de color. Casi no puedo expresarte la dolorosa impresión recibida, especialmente dado que el sentimiento que inspiraban en mí es contrario a todas nuestras ideas acerca de la confraternidad del tipo humano y del origen único de nuestra especie. Pero la verdad ante todo. No obstante, experimenté piedad ante la visión de esta raza degradada y degenerada, y su suerte me inspiró compasión al pensar que son realmente hombres. No obstante, me resulta imposible reprimir el sentimiento de que no pertenecen a nuestra misma sangre. Al ver sus negros rostros con sus gruesos labios y sus repulsivos dientes, la lana de sus cabezas,

sus dobladas rodillas, sus manos alargadas, sus largas y curvadas uñas, y especialmente el lívido color de las palmas de sus manos, me sentía incapaz de arrancar mis ojos de sus caras para ordenarles que se mantuvieran alejados de mí. Y cuando adelantaban aquella repugnante mano hacia mi plato para servirme, deseaba ser capaz de salir para comer un trozo de pan en cualquier lugar, con tal de no tener que cenar con semejante servicio. ¡Qué desgracia para la raza blanca, el haber ligado su existencia tan íntimamente a la de los negros en ciertos países! ¡Que Dios nos preserve de semejante contacto!

La segunda serie de documentos procede de mediados de la guerra civil norteamericana. Samuel Howe, marido de Julia Ward Howe (autora de *The Battle Hymn of the Republic*)* y miembro de la comisión investigadora del presidente Lincoln, escribió a Agassiz para preguntarle su opinión acerca del papel de los negros en una nación reunificada. En el transcurso de agosto de 1863, Agassiz le respondió en cuatro extensas y apasionadas cartas. Elizabeth Agassiz las expurgó para convertir las afirmaciones de Louis en una opinión sobriamente expuesta (a pesar de su contenido peculiar), derivada de postulados básicos y motivada tan sólo por el amor a la verdad.

Louis argumentaba, en pocas palabras, que las razas debían mantenerse separadas ya que si no la superioridad de la blanca se vería diluida. Esta separación debería producirse de forma natural, ya que los mulatos, como cepa débil, finalmente se extinguirían. Los negros abandonarían los climas norteños tan inapropiados para ellos (ya que fueron creados como especie separada para África); se desplazarían al sur en manadas y eventualmente prevalecerían en algunos estados de las tierras bajas, aunque los blancos mantendrían su dominio sobre las costas y las tierras altas. Tendremos que reconocer a estos estados, incluso admitirlos en la Unión, como la mejor solución para una mala situación; después de todo, reconocemos a «Haití y Liberia».

* Himno oficial de la Unión. *(N. del r.)*

Las sustanciosas supresiones de Elizabeth exhiben las motivaciones de Louis con un prisma muy diferente. Irradian un miedo cerval y unos prejuicios ciegos. En primer lugar, ella omite las referencias más denigrantes a los negros: «Diferentes en todo a las demás razas —escribe Louis— pueden compararse a niños, crecidos hasta la estatura de adultos, pero que conservan una mente infantil». En segundo lugar, suprime todas las afirmaciones elitistas acerca de la correlación entre la sabiduría, la riqueza y la posición social en el seno de las razas. En estos pasajes, comenzamos a percibir los verdaderos miedos de Louis acerca del entrecruzamiento de razas.

> Me estremece pensar en las consecuencias. Tenemos ya que luchar, en nuestro progreso, contra la influencia de la igualdad universal, y, como consecuencia, contra la dificultad de preservar las adquisiciones de la eminencia individual, el tesoro de refinamiento y cultura que surge de asociaciones selectas. ¿Cuál sería nuestra situación si a estas dificultades se vieran añadidas las influencias mucho más tenaces de la incapacidad física? Las mejoras en nuestro sistema educativo ... pueden más pronto o más tarde contrarrestar los efectos de la apatía de los incultos y de la grosería de las clases inferiores elevándolas a un nivel superior. Pero ¿cómo podremos erradicar el estigma de una raza inferior una vez que se haya permitido que su sangre fluya libremente en la de nuestros hijos?

En tercer lugar, y de máxima significación, ella omite varios pasajes extensos acerca de la hibridación que sitúan toda esta correspondencia en un escenario radicalmente diferente al que ella había creado. En ellos captamos la revulsión intensa y visceral de Louis ante la idea del contacto sexual entre razas. Este profundo e irracional miedo era una fuerza motriz tan fuerte para él como cualquier idea abstracta acerca de la creación diferenciada: «La producción de mestizos —escribe— es tanto un pecado contra la naturaleza como pueda serlo contra la pureza del carácter el incesto en una comunidad civilizada ... yo lo considero una perversión de todo sentimiento natural».

Esta aversión natural es tan fuerte que el sentimiento abolicionista no puede reflejar simpatía innata alguna por los negros, sino que debe surgir porque muchos «negros» tienen cantidades sustanciales de sangre blanca y los blancos sienten instintivamente esa parte de sí mismos: «No existe duda en mi mente de que el sentimiento de aborrecimiento contra la esclavitud, que ha llevado a la agitación que ahora culmina con nuestra guerra civil, ha sido fundamentalmente, si bien inconscientemente, apadrinado por el reconocimiento de nuestro propio tipo en la descendencia de caballeros sureños que se mueven entre nosotros como negros *[sic]*, cosa que no son».

Pero si las razas se repelen mutuamente de modo natural, ¿cómo entonces sacan los «caballeros sureños» tanto partido a sus mujeres esclavas? Agassiz culpa a las esclavas mulatas. Su color blanco las hace atractivas; su negritud, lascivas. Los jóvenes e inocentes muchachos se ven provocados y atrapados.

> En cuanto empiezan a despertar los deseos sexuales en los jóvenes del sur, encuentran fácil satisfacerlos por la presteza con que son atendidos por sus sirvientes de color [mulatas]. [Este contacto] embrutece sus mejores instintos en esa dirección y los lleva gradualmente a buscar compañía más picante, como he oído llamar a las negras puras por parte de disipados hombres jóvenes. Una cosa es segura: que no existe elemento alguno de elevación concebible en la conexión de individuos de diferentes razas; no existe ni amor, ni deseo de mejora alguno. Es, en todo sentido, un contacto físico.

Cómo se sobrepuso una generación anterior de caballeros a su aversión a producir los primeros mulatos es algo que nonos explica.

No podemos saber con detalle con qué motivos eligió Elizabeth sus omisiones. Dudo que todas sus acciones se vieran motivadas por el deseo consciente de transformar los motivos de Louis de puros prejuicios en implicaciones lógicas. Probablemente fuera un simple pacatismo victoriano lo que la llevó a rechazar toda publicación de afirmaciones referentes al sexo. En cualquier caso, sus eliminaciones distorsionaron los pensamientos de Louis Agassiz e hicieron que sus intenciones fueran acordes con el falaz y útil modelo favorecido por los científicos: que las opiniones surgen del examen desapasionado de una información sin elaborar.

Estas restauraciones muestran cómo Louis Agassiz se vio impulsado a considerar la teoría poligénica de las razas como especies separadas por su reacción visceral inicial ante el contacto con los negros. Demuestran también que sus criterios extremos acerca de la mezcla de razas estaban más intensamente dictados por una intensa revulsión sexual que por cualquier teoría abstracta acerca de la hibridación.

El racismo se ha visto a menudo respaldado por científicos que presentan una imagen pública de objetividad para enmascarar sus prejuicios, que son lo que les guía. El caso de Agassiz puede ser lejano, pero su mensaje resuena también en nuestro siglo.

QUINTA PARTE

El ritmo del cambio

17

LA NATURALEZA EPISÓDICA DEL CAMBIO EVOLUTIVO

El 23 de noviembre de 1859, el día antes de que su revolucionario libro inundara las librerías, Charles Darwin recibió una carta extraordinaria de su amigo Thomas Henry Huxley. En ella le ofrecía su cálido apoyo en el inminente conflicto, incluso el supremo sacrificio: «Estoy dispuesto a ir a la pira, si es necesario ... Estoy afilándome las garras y el pico como preparativo». Pero contenía también un aviso: «Se ha echado sobre los hombros una dificultad innecesaria al adoptar *Natura non facit saltum* tan sin reservas».

La frase latina, habitualmente atribuida a Linneo, afirma que «la naturaleza no da saltos». Darwin era un estricto seguidor de este antiguo lema. Como discípulo de Charles Lyell, el apóstol del gradualismo en la geología, Darwin retrataba la evolución como un proceso ordenado y majestuoso, que opera a una velocidad tan lenta que ninguna persona podía tener esperanza de observar su efecto en el transcurso de una vida. Los antecesores y los descendientes, decía Darwin, deben estar conectados por «eslabones transicionales infinitamente numerosos» que forman los «más delicados pasos graduales». Tan sólo un período inmenso de tiempo había permitido que un proceso tan lento lograra tanto.

Huxley sentía que Darwin estaba cavando una fosa para su propia teoría. La selección natural no requería postulado alguno acerca de los ritmos de la evolución; podía operar igual de bien si la evolución se producía a un ritmo rápido. El camino por recorrer era ya suficientemente arduo; ¿por qué lastrar la teoría de la selección natural con una presunción a la vez innecesaria y probablemente falsa? El registro fósil no ofrecía apoyo alguno al cambio gradual: faunas enteras habían sido eliminadas en el transcurso de intervalos alarmantemente cortos. Las especies nuevas aparecían casi siempre de modo repentino en el registro fósil, sin eslabones intermedios con sus antecesores en las rocas más antiguas de la misma región. La evolución, en opinión de Huxley, podía producirse con tanta rapidez que el lento y esporádico proceso de la sedimentación rara vez la capturara en el acto.

El conflicto entre los defensores del cambio rápido y del gradual había sido particularmente intenso en los círculos geológicos durante los años del aprendizaje científico de Darwin. No sé por qué Darwin decidió seguir a Lyell y a los gradualistas de modo tan estricto, pero de algo estoy seguro: la preferencia por uno u otro criterio no tuvo que ver con una percepción superior de la información empírica. Sobre esto, la naturaleza hablaba (y habla) con voces apagadas y múltiples. Las preferencias culturales y metodológicas tuvieron tanta influencia sobre sus decisiones como lo limitado de los datos.

En temas tan fundamentales como una filosofía general del cambio, la ciencia y la sociedad suelen ir de la mano. Los sistemas estáticos de las monarquías europeas obtenían el apoyo de legiones de académicos como encarnación de la ley natural. Alexander Pope escribió: «El Orden es la primera ley de los Cielos; y reconocido esto, algunos son, y han de ser, más grandes que los demás».

Al ir cayendo las monarquías y finalizar el siglo XVIII con una era de revolución, los científicos empezaron a considerar el cambio como una parte normal del orden universal, y no como algo aberrante y excepcional. Los estudiosos transfirieron a la naturaleza el programa liberal de cambio lento y ordenado que postulaban para la transformación social en la sociedad humana. Para muchos científicos, un cataclismo natural resultaba tan amenazador como el reino del terror que se había llevado a su gran colega Lavoisier.

No obstante, el registro geológico parecía suministrar tanta evidencia en favor del cambio cataclísmico como del gradual. Por lo tanto, al defender el gradualismo como ritmo casi universal, Darwin tuvo que utilizar el método de razonamiento más característico de Lyell: tuvo que rechazar las apariencias inmediatas y el sentido común en favor de una «realidad» subyacente. (Contrariamente a los mitos populares, Darwin y Lyell no fueron héroes de la verdadera ciencia, defensores de la objetividad contra las fantasías teológicas de los «catastrofistas» como Cuvier y Buckland. Los catastrofistas estaban tan entregados a la ciencia como cualquier gradualista; de hecho, adoptaron la visión más «objetiva» de que uno debe creer en lo que ve y no interpolar los fragmentos ausentes de un supuesto registro gradual en una narración literal de cambio rápido.) En resumen, Darwin argumentaba que el registro geológico era marcadamente imperfecto: un libro al que le quedaban pocas páginas, pocas líneas por página y pocas palabras por línea. No vemos el cambio evolutivo en el registro fósil porque estudiamos tan sólo un paso entre miles. El cambio parece abrupto porque faltan los pasos intermedios.

La extrema rareza de las formas de transición en el registro fósil sigue siendo el secreto del negocio de la paleontología. Los árboles evolutivos que adornan nuestros libros de texto sólo poseen datos en las puntas y en los nudos de sus ramas; el resto es inferencia, aunque razonable, y no evidencia de fósiles. Sin embargo, Darwin estaba tan aferrado al gradualismo que apostó toda su teoría a desmentir este registro material.

> El registro geológico es extremadamente imperfecto, y este hecho explicará en gran medida por qué no encontramos interminables variedades conectando entre sí todas las formas extintas y existentes de vida por medio de pasos graduales extremadamente finos. Aquel que rechace estos puntos de vista acerca de la naturaleza del registro geológico rechazará, con toda corrección, la totalidad de mi teoría.

La argumentación de Darwin sigue siendo aún el escape favorito de la mayor parte de los paleontólogos ante el embarazo que produce un registro que parece mostrar bien poco sobre la evolución de un modo directo. Al exponer sus raíces culturales y metodológicas no pretendo, ni mucho menos, impugnar la validez potencial del gradualismo (ya que todas las actitudes generales tienen raíces similares). Tan sólo deseo subrayar que jamás fue «visto» en las rocas.

A los paleontólogos les ha costado un precio exorbitante la argumentación de Darwin. Nos vemos a nosotros mismos como los únicos auténticos estudiosos de la historia de la vida y, no obstante, con el fin de preservar nuestra visión favorita de la evolución, consideramos nuestros datos tan incompletos como para que casi nunca veamos el proceso que profesamos estudiar.

Durante varios años, Niles Eldredge, del Museo Norteamericano de Historia Natural, y yo hemos venido defendiendo una resolución de esta incómoda paradoja. Creemos que Huxley tenía razón en su advertencia. La teoría moderna de la evolución no tiene necesidad de cambios graduales. De hecho, el funcionamiento de los procesos darwinianos debería dar como resultado exactamente lo que vemos en el registro fósil. Es el gradualismo lo que debemos abandonar, no el darwinismo.

La historia de la mayor parte de las especies fósiles incluye dos características particularmente incongruentes con el gradualismo:

1. *Estasis.* La mayor parte de las especies no exhiben cambio direccional alguno en el transcurso de su estancia sobre la Tierra. Aparecen en el registro fósil con un aspecto muy similar al que tienen cuando desaparecen; el cambio morfológico es normalmente limitado y carente de orientación.
2. *Aparición repentina.* En cualquier área local, una especie no surge gradualmente por una continua transformación de sus antecesores; aparece de golpe y «totalmente formada».

La evolución procede de dos modos fundamentales. En el primero, la transformación filética, toda una población cambia de un estado a otro. Si todos los cambios evolutivos se produjeran de este modo, la vida no perduraría mucho tiempo. La evolución filética no produce ningún incremento de diversidad, tan sólo la transformación de una cosa en otra. Dado que la extinción (por extirpación, no por evolución a otra cosa) es tan común, una biota sin ningún mecanismo para incrementar la diversidad se vería rápidamente aniquilada. El segundo modo, la especiación, vuelve a llenar la Tierra. Las nuevas especies se diversifican a partir de un tronco parental que pervive.

Darwin, desde luego, reconoció y discutió el proceso de la especiación. Pero dio forma a su discusión del cambio evolutivo casi exclusivamente en el molde de la transformación filética. En este contexto, los fenómenos de la estasis y la aparición repentina difícilmente podían atribuirse a nada que no fueran las imperfecciones del registro: porque si una nueva especie surge por la transformación de toda una población ancestral, y si casi nunca apreciamos la transformación (dado que las especies son esencialmente estáticas en su área de distribución), entonces nuestro registro debe ser desesperadamente incompleto.

Eldredge y yo creemos que la especiación es la responsable de prácticamente la totalidad de los cambios evolutivos. Más aún, el modo en que se produce garantiza prácticamente que la aparición repentina y la estasis dominen el registro fósil.

Todas las principales teorías de la especiación mantienen que la disyunción se produce rápidamente en poblaciones muy pequeñas. La teoría de la especiación geográfica, o alopátrica, es la preferida por la mayor parte de los evolucionistas para la mayor parte de las situaciones (*alopátrico* significa «en otro lugar»).* Una nueva especie puede surgir cuando

* Escribí este ensayo en 1977. Desde entonces se ha venido produciendo un cambio de opinión en todo el campo de la biología evolutiva. La ortodoxia alopátrica se está viniendo abajo y varios mecanismos de especiación simpátrica han ido ganando tanto legitimidad como ejemplos. (En la especiación simpátrica, las formas nuevas aparecen en el seno del territorio geográfico de sus antecesores.) Estos mecanismos simpátricos tienen en común su insistencia en que se den las

una pequeña fracción de la población antigua se ve aislada en la periferia del territorio de ésta. Las poblaciones centrales, grandes y estables, ejercen una fuerte influencia homogeneizadora. Las mutaciones favorables se ven diluidas por el enorme peso de la población a través de la cual deben esparcirse. Pueden aumentar lentamente de frecuencia, pero los cambios en el ambiente suelen cancelar su valor selectivo mucho antes de que lleguen a fijarse. Así pues, la transformación filética en las grandes poblaciones debería ser muy escasa, como proclama el registro fósil.

Pero los grupos pequeños, periféricamente aislados, se ven separados de su tronco parental. Viven como pequeñas poblaciones en rincones geográficos del territorio original. Las presiones selectivas suelen ser intensas porque las periferias delimitan las fronteras de la tolerancia ecológica hacia las formas ancestrales. Las variaciones favorables se extienden rápidamente. Los aislamientos periféricos pequeños constituyen un laboratorio del cambio evolutivo.

¿Qué debería mostrar el registro fósil si la mayor parte de la evolución se produce por medio de la especiación en grupos periféricos aislados? Las especies deberían resultar estáticas en su territorio porque nuestros fósiles son los restos de grandes poblaciones centrales. En cualquier área local habitada por antecesores, una especie descendiente debería aparecer súbitamente por migración de la región periférica en la que evolucionó. En la propia zona periférica podríamos encontrar evidencias de la especiación, pero tan buena fortuna resultaría marcadamente infrecuente dada la velocidad a la

---

dos condiciones que Eldredge y yo consideramos necesarias para nuestro modelo de registro fósil: origen rápido en poblaciones pequeñas. De hecho, generalmente abogan por grupos más pequeños y un cambio más rápido que el que visualiza la alopatría convencional (fundamentalmente porque los grupos en contacto potencial con sus antepasados deben avanzar con rapidez hacia el aislamiento reproductivo, o sus variantes favorables se verían diluidas por la hibridación con las más numerosas formas parentales). Véase White (1978) para una meticulosa discusión de estos modelos simpátricos. *(N. del a.)*

que se produce el acontecimiento en una población tan pequeña. Así pues, el registro fósil es una fidedigna representación de lo que predice la teoría evolutiva, no un patético vestigio de una narración en otro tiempo abundante.

Eldredge y yo denominamos a esto el *modelo de equilibrios puntuados o intermitentes.* Las estirpes cambian poco durante la mayor parte de su historia, pero ocasionalmente esta tranquilidad se ve puntuada por rápidos sucesos de especiación. La evolución es la supervivencia y despliegue diferencial de estas puntuaciones. (Al describir la especiación de grupos periféricos aislados como algo muy rápido, hablo como geólogo. El proceso puede suponer cientos, incluso miles de años; podríamos no ver nada aunque nos quedáramos mirando unas abejas en proceso de especiación durante toda una vida. Pero un millar de años es una diminuta fracción de un 1 por 100 de la duración media de la mayor parte de los fósiles de la mayor parte de las especies de invertebrados: de cinco a diez millones de años. Los geólogos rara vez pueden resolver en absoluto un intervalo tan breve y tendemos a considerarlo como un instante.)

Si el gradualismo es más un producto del pensamiento occidental que un hecho de la naturaleza, entonces deberíamos tomar en consideración filosofías alternativas del cambio para ampliar nuestro espacio de prejuicios limitativos. En la Unión Soviética, por ejemplo, los científicos se forman en una filosofía del cambio muy diferente: las llamadas *leyes de la dialéctica*, reformuladas por Engels a partir de la filosofía de Hegel. Las leyes dialécticas son explícitamente puntuacionales. Hablan, por ejemplo, de «la transformación de la cantidad en cualidad». Esto puede sonar a bobadas esotéricas, pero sugiere que el cambio se produce a grandes saltos tras una lenta acumulación de tensiones que un sistema resiste hasta llegar a su punto de fractura. Calentemos agua y finalmente hervirá. Opriman a los trabajadores cada vez más y se producirá la revolución. Eldredge y yo nos sentimos fascinados al enterarnos de que muchos paleontólogos rusos apoyan un modelo similar a nuestro equilibrio puntuado.

Quiero resaltar enfáticamente que yo no mantengo la «verdad» general de esta filosofía del cambio intermitente. Cualquier intento de apoyar la validez exclusiva de una idea tan grandiosa rozaría la irracionalidad. El gradualismo funciona bien en ocasiones. (A menudo vuelo sobre los plegados Apalaches y me maravillo ante los fascinantes riscos paralelos que han quedado en pie por la erosión gradual de las rocas más blandas que los rodean.) Me limito a romper una lanza en favor del pluralismo en las filosofías directrices y en favor del reconocimiento de que tales filosofías, por ocultas e inarticuladas que estén, constriñen todo nuestro pensamiento. Las leyes dialécticas expresan abiertamente una ideología; nuestra preferencia occidental por el gradualismo hace lo mismo más sutilmente.

No obstante, confesaré mi convicción personal de que el criterio puntuacional puede llegar a reflejar los tiempos del cambio biológico y geológico con mayor precisión y mayor frecuencia que cualquiera de sus competidores, aunque sólo sea porque los sistemas complejos en estado de equilibrio son a la vez habituales y altamente resistentes al cambio. Como mi colega el geólogo británico Derek V. Ager escribe en apoyo de una visión puntuacional del cambio geológico: «La historia de cualquier parte aislada de la Tierra, como la vida de un soldado, consiste en largos períodos de aburrimiento y breves períodos de terror».

17

EL REGRESO DEL MONSTRUO PROMETEDOR

El Gran Hermano, el tirano de *1984,* de George Orwell, dedicaba sus Dos Minutos de Odio diarios a Emmanuel Goldstein, enemigo del pueblo. Cuando yo estudiaba biología evolutiva en la escuela superior para graduados, a mediados de la década de 1960, el rechazo y la mofa oficial se centraban en Richard Goldschmidt, un famoso genetista que, nos decían, se había alejado del buen camino. Aunque *1984* se nos viene encima sigilosamente, espero que el mundo no esté en manos del Gran Hermano para entonces. Sí predigo, no obstante, que en el transcurso de esta década, Goldschmidt se verá ampliamente vindicado en el mundo de la biología evolutiva.

Goldschmidt, un refugiado judío de la masacre que Hitler hizo en la ciencia alemana, pasó el resto de su carrera en Berkeley, donde murió en 1958. Sus ideas acerca de la evolución chocaron contra la gran síntesis neodarwinista forjada durante las décadas de 1930 y 1940, que continúa reinando hoy en día como criterio ortodoxo, si bien un tanto inestable. El neodarwinismo contemporáneo es a menudo denominado «teoría sintética de la evolución» porque une las teorías de la genética de poblaciones con las observaciones clásicas de la morfología, la sistemática, la embriología, la biogeografía y la paleontología.

El núcleo de esta teoría sintética replantea las dos aseveraciones más características del propio Darwin: en primer lugar, que la evolución es un proceso de dos fases (la variación al azar como materia prima y la selección natural como fuerza directriz); en segundo lugar, que el cambio evolutivo es, generalmente, lento, regular, gradual y continuo.

Los genetistas pueden estudiar el incremento gradual de genes favorecidos en el seno de poblaciones de moscas del vinagre, contenidas en recipientes de laboratorio. Los naturalistas pueden tomar nota de la continua sustitución de las polillas blancas por polillas oscuras al ennegrecer el hollín industrial los árboles del Reino Unido. Los neodarwinistas ortodoxos extrapolan estos cambios regulares y continuos a las más profundas transiciones estructurales de la historia de la vida: por una serie de pasos intermedios de una gradación imperceptible, las aves están relacionadas con los reptiles, los peces con mandíbulas con sus antecesores carentes de ellas. La macroevolución (transición estructural de primera magnitud) no es más que una microevolución (moscas en botellas) extendida. Si las polillas negras pueden desplazar a las blancas en el transcurso de un siglo, entonces los reptiles pueden convertirse en aves en unos pocos millones de años por la suave y secuencial adición de incontables cambios. La variación de frecuencias genéticas en las poblaciones locales constituye un modelo adecuado para todos los procesos evolutivos... o eso afirma la ortodoxia del momento.

El más sofisticado de los libros de texto modernos norteamericanos de introducción a la biología, expresa su adhesión a la visión convencional del siguiente modo:

> ¿[Puede] un cambio evolutivo más extensivo, la macroevolución, explicarse como resultado de estos desplazamientos microevolutivos? ¿Surgieron realmente las aves de los reptiles por una acumulación de sustituciones genéticas del tipo que viene ilustrado por el gen del color frambuesa de los ojos?
>
> La respuesta es que ello es totalmente plausible, y nadie ha dado con una explicación mejor ... El registro fósil sugiere que la macroevolución es, en efecto, gradual, con un ritmo establecido que nos lleva a la conclusión de que se basa en cientos de miles de sustituciones de genes, no diferentes cualitativamente de aquellas examinadas en nuestra casuística.

Muchos evolucionistas consideran la estricta continuidad entre la micro y la macroevolución un ingrediente esencial del darwinismo, y un necesario corolario de la selección natural. No obstante, como planteaba yo en el ensayo 17, Thomas Henry Huxley separaba las dos cuestiones de la selección natural y el gradualismo y prevenía a Darwin de que su estricta e injustificada adhesión al gradualismo podía minar la totalidad de su sistema. El registro fósil, con sus transiciones abruptas, no ofrece respaldo alguno al cambio gradual, y el principio de la selección natural no lo necesita: la selección puede operar con rapidez. No obstante, la innecesaria ligazón forzada por Darwin se convirtió en elemento central de la teoría sintética.

Goldschmidt no planteaba ninguna objeción a los ejemplos clásicos de la microevolución; dedicó la primera mitad de su principal obra, *The Material Basis of Evolution* (Yale University Press, 1940), al cambio gradual continuo en el seno de las especies. No obstante, rompía bruscamente con la teoría sintética al argumentar que las nuevas especies surgen abruptamente por variación discontinua o macromutación. Admitía que la inmensa mayoría de las macromutaciones no podían ser consideradas más que como desastrosas (las denominó «monstruos»). Pero, continuaba Goldschmidt, de tanto en tanto, una macromutación puede, por simple buena fortuna, adaptar a un organismo a un nuevo modo de vida, «un monstruo prometedor», en sus propias palabras. La macroevolución sigue su camino por medio de los escasos éxitos de estos monstruos prometedores, no por una acumulación de pequeños cambios en el seno de las poblaciones.

Me gustaría plantear que, en mi opinión, los defensores de la teoría sintética caricaturizaron las ideas de Goldschmidt al convertirlo en su chivo expiatorio. Yo no pretendo defender todo lo que dijo Goldschmidt; de hecho, estoy fundamentalmente en desacuerdo con su afirmación de que la macroevolución abrupta desacredita al darwinismo. Goldschmidt tampoco prestó oídos a la advertencia de Huxley de que la esencia del darwinismo (el control de la evolución por la selección natural) no hace necesaria la creencia en un cambio gradual.

Como darwinista, quiero defender el postulado de Goldschmidt de que la macroevolución no es simplemente la extrapolación de la microevolución, y que pueden producirse transiciones estructurales básicas rápidamente sin una homogénea sucesión de etapas intermedias. Me propongo hacerlo discutiendo tres cuestiones: 1) ¿Puede construirse una historia razonable de cambio continuo para todos los sucesos macroevolutivos? (mi respuesta será no); 2) ¿Son las teorías del cambio abrupto inherentemente antidarwinistas? (discutiré que algunas lo son y otras no); 3) ¿Representan los monstruos prometedores de Goldschmidt el arquetipo de una apostasía contra el darwinismo, como mantienen sus críticos desde hace ya mucho tiempo? (mi respuesta, una vez más, será no).

Todos los paleontólogos saben que el registro fósil contiene bien poco en cuanto a formas de transición; las transiciones entre los grandes grupos son característicamente abruptas. Los gradualistas eluden habitualmente este dilema invocando la extremada imperfección del registro fósil: si tan sólo un paso de cada mil sobrevive en forma de fósil, la geología no registrará un cambio continuo.

Aunque rechazo este razonamiento (por razones discutidas en el ensayo 17), concedamos la vía de escape tradicional y hagamos una pregunta diferente. Aunque carezcamos de evidencia directa en favor de una transición suave, ¿podríamos tal vez inventar una secuencia razonable de formas intermedias (esto es, organismos viables y funcionales) entre antecesores y sucesores en las principales transiciones estructurales? ¿Qué posible interés tienen los estadios incipientes e imperfectos de unas estructuras útiles? ¿Para qué sirven media mandíbula o media ala? El concepto de *preadaptación* nos suministra la respuesta convencional a esta pregunta arguyendo que las etapas incipientes realizaban diferentes funciones. La media mandíbula servía a la perfección como una serie de huesos soporte de las branquias; la media ala podría haber servido para atrapar presas o controlar la temperatura corporal. Considero la preadaptación un concepto importante, incluso indispensable. Pero una historia plausible no es necesariamente cierta. Yo no pongo en duda que en algunos casos la preadaptación pueda sacar las castañas del fuego al gradualismo, pero ¿nos permite imaginar una historia de continuidades en todos los casos? Yo propongo, aunque tal vez sólo ponga al descubierto mi falta de imaginación, que la respuesta es no, e invoco dos casos recientemente respaldados de cambio discontinuo en propia defensa.

En la solitaria isla Mauricio, antiguo hogar del dodo, dos géneros de serpientes boidas (un gran grupo que incluye las pitones y las boas constrictoras) comparten una característica que no está presente en ningún otro vertebrado terrestre: el hueso maxilar de la mandíbula superior está dividido en dos mitades, frontal y trasera, conectadas entre sí por una articulación móvil. En 1970, mi amigo Tom Frazzetta publicó un trabajo titulado «From hopeful monsters to bolyerine snakes?» («¿De los monstruos prometedores a las serpientes bolierinas?»). Consideró todas las posibles preadaptaciones que se le vinieron a la cabeza y las rechazó en beneficio de una transición discontinua. ¿Cómo puede estar una mandíbula medio rota?

Muchos roedores disponen de bolsas en los carrillos para almacenar alimentos. Estos abazones conectan con la faringe y podrían haber evolucionado gradualmente bajo una presión selectiva en favor de almacenar más alimentos en la boca. Pero los geómidos (ratas de abazones) y los heterómidos (ratones canguro y ratones de abazones) han invaginado sus carrillos para formar bolsas forradas de piel que carecen de conexión alguna con la boca o la faringe. ¿Para que puede valer un surco o pliegue incipiente en el exterior? ¿Acaso tales hipotéticos antecesores corrían a tres patas sujetándose contra la imperfecta grieta unos cuantos trozos de comida con la cuarta pata? Charles A. Long ha considerado recientemente toda una serie de posibilidades preadaptativas (surcos exteriores en animales cavadores para transportar tierra, por ejemplo), pero las ha rechazado todas en beneficio de una transición discontinua. Estas historias, en la tradición de las «historias tal cual» de la historia natural evolutiva, no demuestran nada. Pero el peso de estos y otros muchos casos similares desgastaron mi fe en el gradualismo hace ya tiempo. Puede que aún logren salvarlo mentes más imaginativas que la mía, pero los conceptos rescatados sólo por medio de fáciles especulaciones no me atraen en absoluto.

Si nos vemos obligados a aceptar muchos casos de transición discontinua en la macroevolución, ¿acaso se viene abajo el darwinismo, sobreviviendo tan sólo como una teoría de los cambios adaptativos menores en el seno de las especies? La esencia del darwinismo se encierra en una sola frase: la selección natural es la principal fuerza creadora del cambio evolutivo. Nadie duda que la selección natural desempeñará un papel negativo en la eliminación de los no adaptados. Las teorías darwinistas requieren que cree también a los no adaptados. La selección debe hacerlo elaborando adaptaciones por medio de una serie de pasos, preservando en cada uno la parte ventajosa del espectro fortuito de la variabilidad genética. La selección debe hacer de superintendente del proceso de la creación, no limitarse a eliminar a los no adaptados una vez que alguna otra fuerza haya producido súbitamente una nueva especie totalmente compuesta y de prístina perfección.

Resulta fácil imaginarse una tal teoría no darwinista del cambio discontinuo: unas profundas y abruptas alteraciones genéticas producen, por fortuna (de cuando en cuando), una nueva especie de golpe. Hugo de Vries, el famoso botánico holandés, apoyó una teoría así a principios de siglo. Pero estas ideas parecen presentar dificultades insuperables. ¿Con quién se apareará Atenea, nacida de la frente de Zeus? Todos sus parientes son miembros de otra especie. ¿Cuál es la posibilidad de producir a Atenea, y no a un monstruo deforme? Las disrupciones importantes de sistemas genéticos completos no producen criaturas favorecidas, ni siquiera viables.

Pero no todas las teorías del cambio discontinuo son antidarwinistas, como señaló Huxley hace casi ciento veinte años. Supongamos que una pequeña alteración genética produce un cambio discontinuo en la forma adulta. No surgen problemas de discordancia con otros miembros de la especie, y la variante favorable y grande puede distribuirse a lo largo de la población al modo darwinista. Supongamos también que este gran cambio no produce una forma perfecta de una vez, sino que sirve como adaptación «clave» para desplazar a su poseedor hacia un nuevo modo de vida. El éxito continuado en este nuevo modo de vida puede hacer necesaria toda una larga serie de alteraciones colaterales, morfológicas y de comportamiento; éstas pueden surgir por una ruta más tradicional (gradual) una vez que la adaptación clave impone un desplazamiento profundo de las presiones selectivas.

Los defensores de la síntesis moderna han transformado a Goldschmidt en Goldstein,* ligando su pegadiza frase (monstruo prometedor) a ideas no darwinistas de perfección inmediata a través de un profundo cambio genético. Pero esto no es del todo lo que Goldschmidt mantenía. De hecho, uno de los mecanismos de discontinuidad por él propuesto para las formas adultas se basaba en la idea de un cambio genético subyacente pequeño. Goldschmidt era un estudioso del desarrollo embrionario. Se pasó la mayor parte del comienzo de su carrera estudiando las variaciones geográficas en la polilla lagarta, la *Lymantria dispar*. Descubrió que pequeños cambios en la temporización del desarrollo tenían como resultado grandes diferencias en los modelos de color de sus orugas: los efectos de un ligero retraso o de una acentuación en la pigmentación en una fase temprana del crecimiento aumentaban a través de la ontogenia y llevaban a profundas diferencias entre las orugas adultas.

Goldschmidt identificó los genes responsables de estos pequeños cambios en la temporización y demostró que las grandes diferencias finales reflejaban la acción de uno a unos pocos «genes de la tasa de crecimiento» que actuaban al principio de éste.

Codificó la idea de un gen de la tasa de crecimiento en 1918, y veinte años más tarde escribió:

> El gen mutante produce su efecto ... alterando las tasas de procesos parciales del desarrollo. Éstas pueden ser tasas de crecimiento o diferenciación, tasas de producción de materiales necesarios para la diferenciación, tasas de reacciones que llevan a situaciones físicas o químicas definidas en momentos concretos del desarro-

* El autor juega con el significado de estos apellidos judíos: *Goldstein* es «mineral aurífero», y *Goldschmidt*, «orfebre». *(N. del r.)*

llo, tasas de aquellos procesos que son responsables de la segregación de las potencias embrionarias en momentos concretos.

En su denigrado libro, publicado en 1940, Goldschmidt invoca específicamente los genes de la tasa de crecimiento como hacedores parciales y potenciales de monstruos prometedores: «Esta base nos la suministra la existencia de mutantes que producen monstruosidades del tipo requerido y el conocimiento de la determinación embrionaria, que permite que un pequeño cambio en la tasa de los primeros procesos embrionarios produzca un gran efecto que incluye partes considerables del organismo».

Según mi propia opinión, muy sesgada, el problema de conciliar una evidente discontinuidad en la macroevolución con el darwinismo se ve resuelto en gran medida por la observación de que pequeños cambios embriológicos tempranos se acumulan a lo largo del crecimiento, y producen profundas diferencias entre los adultos. Prolonguemos la rápida tasa de crecimiento cerebral prenatal hasta la primera infancia, y el cerebro del mono tiende hacia el del hombre en su tamaño. Retrasemos el comienzo de la metamorfosis y el axolote del lago Xochimilco se reproduce como un renacuajo con branquias sin llegar a transformarse jamás en una salamandra. (Véase mi libro *Onthogeny and Phylogeny* [Harvard University Press, Cambridge, Massachusetts, 1977] para un compendio de ejemplos, y perdónenme tan desvergonzada autopropaganda.) Como argumenta Long acerca de las bolsas exteriores en los carrillos: «Podría haberse dado una inversión controlada genéticamente en el desarrollo de la bolsa del carrillo, podría haberse producido recurrentemente y podría haber persistido en algunas poblaciones. Semejante transformación morfológica hubiera sido un efecto drástico al "volver del revés" las bolsas (la parte peluda hacia adentro) pero, no obstante, resultaría un cambio bastante simple a nivel embrionario».

De hecho, si no invocamos el cambio discontinuo por pequeñas alteraciones en los ritmos de desarrollo, no veo cómo pueden haberse producido la mayor parte de las principales transiciones evolutivas. Pocos sistemas resultan más resistentes a un cambio básico que los adultos complejos, fuertemente diferenciados y altamente específicos, de los grupos de animales «superiores». ¿Cómo podríamos convertir jamás un rinoceronte adulto o un mosquito en algo fundamentalmente distinto? No obstante, se han producido transiciones entre grupos importantes en la historia de la vida.

D'Arcy Wentworth Thompson, académico clásico, estilista victoriano de la prosa y glorioso anacronismo de la biología del siglo xx, hacía frente a este dilema en su tratado *On Growth and Form:*

> Una curva algebraica tiene su fórmula fundamental que define la familia a la que pertenece ... Jamás se nos ocurre «transformar» un helicoide en un elipsoide, o un círculo en una curva de frecuencias. Lo mismo ocurre con las formas de los animales. No podemos transformar un invertebrado en un vertebrado, ni un celentéreo en una lombriz, por medio de una deformación simple y legítima ... La naturaleza va de un tipo a otro ... El buscar pasos intermedios que cubran las distancias es buscar en vano, eternamente.

La solución de D'Arcy Thompson era la misma que la de Goldschmidt: la transición puede producirse en los embriones, más simples y más similares que esos adultos tan acentuadamente divergentes. A nadie se le ocurriría pensar en transformar una estrella de mar en un ratón, pero los embriones de algunos equinodermos y protovertebrados son casi idénticos.

1984 será el año del 125 aniversario de *El origen de las especies*, de Darwin; la primera excusa de importancia para hacer una celebración desde su centenario en 1959. Espero que nuestra «novalingua»* de aquí a esos pocos años no sea ni dogma ni vaciedad. Si nuestra atrincherada y apriorística preferencia por el gradualismo empieza a desvanecerse para entonces, tal vez podamos finalmente dar la bienvenida a la pluralidad de resultados que la complejidad de la naturaleza nos suministra.

* Estilo de escribir que, pretendiendo ser objetivo, dice lo contrario de lo que realmente es; el término lo introdujo George Orwell en *1984. (N. del r.)*

19

EL GRAN DEBATE DEL MALPAÍS

Los párrafos de introducción de las guías populares habitualmente dispensan la ortodoxia del momento en su forma más pura: dogma puro y sin adulterar por los «sin embargo» de los trabajos de los profesionales. Vean el siguiente párrafo extractado de la ruta automovilística del Parque Nacional de Arches del Servicio de Parques Nacionales:

> El mundo y todo lo que contiene está en continuo proceso de cambio. La mayor parte de los cambios en nuestro mundo son minúsculos y escapan, por lo tanto, a nuestra percepción. Son, no obstante, reales, y a lo largo de un período de tiempo inmenso su efecto combinado es el de producir un gran cambio. Si se coloca usted junto a la base de la pared de un cañón y frota su mano contra la arenisca, hará que se desprendan cientos de granos de arena. Parece un cambio insignificante, pero fue así como se formó el cañón. Diversas fuerzas han ido desprendiendo y arrastrando granos de arena. En ocasiones el proceso es «muy rápido» (como cuando usted frota la arenisca), pero la mayor parte del tiempo es mucho más lento. Si cuenta usted con el tiempo suficiente, puede derribar una montaña o crear un cañón, de pocos en pocos granos de arena.

Como lección primaria de geología, este panfleto proclama que los grandes resultados surgen del efecto acumulado de cambios diminutos. Mi mano al rozar la pared del cañón es una ilustración adecuada (en todo caso exagerada) de los ritmos que excavaron éste. El tiempo, el recurso inagotable de la geología, realiza todos los milagros.

No obstante, cuando el folleto entra en detalles, nos encontramos con un escenario muy diferente para la erosión en Arches. Nos enteramos de que una roca en equilibrio conocida como *Chip of the Old Block** se vino abajo durante el invierno de 1975-1976. Las fotografías de antes y después del magnífico Skyline Arch («Arco del Horizonte») ostentan el siguiente comentario: «Permaneció así desde que el hombre lo recuerda, hasta que, a finales de 1940, cayó el bloque de piedra, y Skyline tuvo de repente el doble de tamaño que antes». Los arcos se forman por caídas súbitas e intermitentes, no por la imperceptible extracción de granos de arena. No obstante, la ortodoxia gradualista está tan firmemente arraigada que los autores de este panfleto no se dieron cuenta de la inconsistencia entre su propia narración de los hechos y la teoría expuesta en la introducción. En otros ensayos de esta sección, planteo que el gradualismo es un prejuicio culturalmente condicionado, no un hecho de la naturaleza, y hago votos en favor del pluralismo en los conceptos sobre tasas de cambio. El cambio puntuacional es al menos tan importante como la acumulación imperceptible. En este ensayo narro una historia geológica local. Pero ofrece el mismo mensaje: que los dogmas ejercen su peor papel cuando llevan a los científicos a rechazar de antemano lo que podría ser verificado en la naturaleza.

La mayor parte del este del estado de Washington está cubierta por mantos de lavas basálticas de origen volcánico. Estos basaltos están a menudo cubiertos por una gruesa capa de loes, un sedimento de grano fino y poco apelmazado depositado por el viento durante las eras glaciales. En el área que se encuentra entre Spokane y los ríos Snake y Columbia al sur y al oeste, hay multitud de canalizaciones alargadas y paralelas excavadas a través del loes que penetran profundamente en el

* Algo así como «de tal palo, tal astilla». Literalmente, esquirla del viejo bloque. *(N. del t.)*

propio basalto. Estas *coulees* («quebradas»), por utilizar su denominación local, deben haber sido conducciones de las aguas glaciales de deshielo, ya que corren gradiente abajo desde un área cercana al límite sur del último glaciar, hasta los dos principales ríos del este de Washington. El malpaís acanalado (como denominan los geólogos a toda la zona) resulta desconcertante, además de sobrecogedor, y por varias razones:

1. Los canales se conectan a través de altas divisorias que, antiguamente, los separaron. Dado que los canales tienen una profundidad de decenas de metros, esta anastomosis generalizada indica que en algún momento debe de haber fluido una cantidad prodigiosa de agua sobre las divisorias.
2. Como un dato en favor de la opinión de que los canales debieron estar una vez llenos de agua hasta el borde, los flancos de las quebradas contienen muchos valles suspendidos donde los afluentes penetran en los canales principales. (Un valle suspendido es un canal afluente que penetra en un canal principal muy por encima del lecho actual del canal principal.)
3. El duro basalto de las quebradas está profundamente surcado y lavado. Este modelo de erosión no parece obra de suaves ríos, de carácter gradualista.
4. Las quebradas a menudo contienen una serie de elevadas colinas, compuestas de loes que no ha sido arrastrado. Están dispuestas como si antaño hubieran sido islas en una gigantesca corriente entrelazada.
5. Las quebradas contienen depósitos discontinuos de grava basáltica de arrastre, a menudo compuesta de roca ajena a la zona.

Inmediatamente después de la primera guerra mundial, el geólogo de Chicago J Harlen Bretz (sí, la J va sin punto, y jamás se les ocurra ponerlo, porque su ira puede ser terrible) sugirió una hipótesis nada ortodoxa para dar cuenta de esta desusada topografía. Argumentaba este investigador que el malpaís acanalado se había formado de una vez por una única y gigantesca inundación de agua glacial de deshielo. Esta catástrofe local llenó las quebradas, atravesó decenas de metros de loes y basalto y después se retiró en cuestión de días. Bretz puso fin a su obra fundamental de 1923 con estas palabras:

> Una totalidad de ocho mil kilómetros cuadrados de la meseta de Columbia se vieron arrasados por la inundación glacial, y la cubierta de loes y légamo fue arrastrada. Más de cinco mil kilómetros cuadrados de esta área quedaron como lechos de canales desnudos, erosionados, excavados en la roca; hoy en día el malpaís y casi dos mil kilómetros cuadrados más presentan depósitos de grava derivada de la erosión del basalto. Fue una debacle lo que arrasó la meseta de Columbia.

La hipótesis de Bretz se convirtió en una *cause célèbre* de pequeño alcance en los círculos de geólogos. La firme y solitaria defensa del geólogo de su hipótesis catastrófica le valió cierta reticente admiración, pero prácticamente ningún apoyo al principio. El *establishment,* representado por la Inspección Geológica de Estados Unidos, cerró filas frente a él. No tenían nada mejor que ofrecer, y admitían el carácter peculiar de la topografía del malpaís. Pero se mantuvieron firmes en defensa del dogma de que jamás deben invocarse causas catastróficas en tanto exista alguna alternativa gradualista. En lugar de poner a prueba la inundación de Bretz por sus méritos propios, la rechazaron por cuestión de principio.

El 12 de enero de 1927, Bretz se enfrentó al león en su cubil y expuso sus opiniones en el Cosmos Club de Washington D. C. ante un variado grupo de científicos, muchos de ellos miembros de la Inspección Geológica. La discusión, publicada, indica claramente que la causa de la glacial recepción dispensada a Bretz fue un gradualismo apriorístico. Incluyo comentarios típicos de todos sus detractores.

W. C. Alden admitió que «no resulta fácil para alguien, como yo mismo, que nunca ha examinado esta meseta, ofrecer al pronto una explicación alternativa al fenómeno». No obstante, sin cohibirse lo más mínimo, continuó: «Las princi-

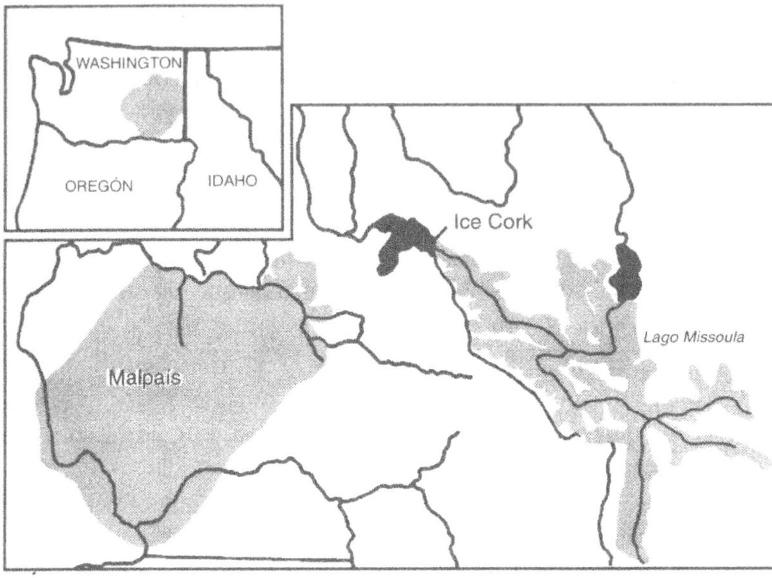

14. El malpaís acanalado del este de Washington.

pales dificultades parecen ser: 1) La idea de que todos los canales deben haberse formado simultáneamente en un periodo muy breve de tiempo; 2) La tremenda cantidad de agua que postula ... El problema resultaría más sencillo si fuera necesaria menos agua y si se pudiera asignar al trabajo un tiempo mayor y repetidas inundaciones».

James Gilluly, el principal apóstol en este siglo del gradualismo geológico, finalizó un largo comentario señalando «el hecho de que las inundaciones implicadas en el proceso en cualquier momento dado, fueran del orden de magnitud del Columbia de nuestros días o, como mucho, algunas veces mayor, no parece quedar excluido en absoluto por las evidencias aquí presentadas».

E. T. McKnight ofreció una alternativa gradualista a las gravas: «Este escritor opina que son los depósitos normales del canal del Columbia durante su desplazamiento hacia el este sobre el área en tiempos preglaciales, glaciales y posglaciales».

G. R. Mansfield dudaba de que «pudiera realizarse tanto trabajo sobre el basalto en un tiempo tan breve». Proponía también una explicación más comedida: «Me parece que el malpaís queda mejor explicado como efecto de un persistente embalsamiento y desbordamiento de aguas glaciales marginales, que cambiaron sus posiciones y sus zonas de desagüe de tanto en tanto, a lo largo de un período más bien largo».

Finalmente, O. E. Meinzer admitía que «los rasgos producidos por la erosión en la región son tan grandes y extremos que desafían toda descripción». Lo que no hacían, sin embargo, era desafiar una descripción gradualista: «En mi opinión, las características existentes pueden ser explicadas asumiendo el trabajo normal de la corriente del antiguo río Columbia». Después, de una manera más descarnada que sus otros colegas, proclamó su fe: «Antes de aceptar por completo una teoría que requiere una cantidad de agua aparentemente imposible, deben hacerse todos los esfuerzos posibles por explicar las características existentes sin emplear un supuesto tan violento».

La historia tiene un final feliz, al menos desde mi punto de vista, ya que Bretz fue salvado de la guarida de los leones por posteriores evidencias. La hipótesis de Bretz ha prevalecido, y prácticamente todos los geólogos creen hoy en día que fueron inundaciones catastróficas las que excavaron el malpaís acanalado. Bretz no había encontrado una fuente adecuada para el agua de su inundación. Sabía que los glaciares habían avanzado hasta Spokane, pero ni él ni nadie pudo imaginar un modo de deshelar tanta agua tan rápidamente. De hecho, carecemos aún de mecanismos que expliquen semejante deshielo episódico.

La solución vino de otra dirección. Los geólogos encontraron evidencias de la antigua existencia de un enorme lago glacial, represado por el hielo, en el oeste de Montana. Este lago se vació catastróficamente al retirarse el glaciar y romperse la represa. El canal de vertido de sus aguas lleva directamente al malpaís acanalado.

Bretz no había presentado ninguna evidencia realmente directa de la presencia de aguas torrenciales profundas. El excavado podía haberse producido secuencialmente, y no de una vez; la anastomosis y los valles suspendidos podían reflejar quebradas llenas con un flujo suave y no rugiente. Pero cuando se tomaron las primeras buenas fotografías aéreas del malpaís, los geólogos se dieron cuenta de que varias zonas de los suelos de las quebradas están cubiertas de ondas gigantes de cauce de arroyo, de hasta 7 metros de alto y 125 de largo. Bretz, como una hormiga sobre un balón de rugby, había estado trabajando a una escala equivocada. Se había pasado décadas caminando sobre las ondas, pero había estado demasiado cerca de ellas para verlas. Son, como escribió correctamente, «difíciles de identificar al nivel del suelo bajo su cubierta de artemisas». Las observaciones sólo pueden realizarse a las escalas adecuadas.

Los ingenieros hidráulicos pueden inferir el carácter del flujo por la forma y tamaño de las ondas del lecho de un arroyo. V. R. Baker estima una descarga mínima de seis mil litros por segundo de flujo en los canales del malpaís. Un flujo semejante podría haber movido peñascos de once metros de alto.

Podría terminar aquí con una versión acartonada de la historia muy de mi gusto: el héroe perceptivo, acallado por los dogmáticos ciegos, permanece firme, expresa su adhesión a los hechos por encima de las opiniones y finalmente prevalece, por medio de una paciente persuasión y una desbordante documentación. El bosquejo de este relato es seguramente válido: el prejuicio gradualista llevó *efectivamente* a un rechazo de la hipótesis catastrófica de Bretz, y éste, aparentemente, tenía razón. Pero, al leer los trabajos originales, me di cuenta de que este estupendo escenario de buenos y malos debía ceder el paso a una versión más compleja. Los oponentes de Bretz no eran dogmáticos recalcitrantes. Tenían preferencias *a priori*, pero tenían también buenas razones para poner en duda una inundación catastrófica sobre la base de los argumentos originales de Bretz. Más aún, el estilo de investigación científica de Bretz garantizaba prácticamente que no triunfaría con sus datos originales.

Bretz actuaba según la tradición clásica del empirismo más estricto. Opinaba que las hipótesis aventuradas tan sólo podían plantearse tras un largo y paciente acopio de información sobre el propio terreno. Despreciaba las discusiones teóricas y se preocupaba más bien poco acerca del problema conceptual, perfectamente válido, que tanto preocupaba a sus adversarios: ¿de dónde podía haber salido tanta agua de repente?

Bretz intentó establecer su hipótesis acumulando pacientemente evidencias de la erosión en el terreno, pieza por pieza. Parecía singularmente poco interesado por descubrir el elemento ausente que haría coherente su historia: el origen del agua. Sólo porque intentar descubrirlo podía suponer especulaciones carentes de pruebas directas, y Bretz sólo confiaba en los datos. Cuando Gilluly lo interrogó acerca de la ausencia de un origen para el agua, Bretz se limitó a responder: «En mi opinión, mi interpretación del malpaís acanalado debe mantenerse, o no, sobre la base de los fenómenos propios del malpaís».

Pero ¿cómo iba a quedar convencido un oponente con una teoría tan incompleta? Bretz creía que el extremo sur del glaciar se había fundido precipitadamente, pero ningún científico podía imaginar un modo de fundir el hielo a tal velocidad. (Bretz sugirió tentativamente la actividad volcánica bajo el hielo, pero abandonó a toda prisa la teoría ante el ataque de Gilluly.) Bretz permaneció en el malpaís, mientras que la respuesta se encontraba en el oeste de Montana. El lago glacial Missoula figuraba en la literatura desde los años 1880, pero Bretz no estableció la conexión: estaba trabajando de otro modo. Sus oponentes estaban en lo cierto. Seguimos sin conocer un modo de fundir el hielo tan deprisa. Pero la premisa compartida por todos los participantes era falsa: la fuente del agua fue el agua.

Los sucesos que «no pueden suceder», según la sabiduría establecida, rara vez ganan respetabilidad por mera acumulación de evidencias en su favor; requieren un mecanismo que explique *cómo* pueden suceder. Los primeros abanderados de la deriva continental se encontraron ante las mismas dificultades que Bretz. Sus evidencias sobre las similitudes litológicas y de fauna entre los continentes, hoy en día tan separados, nos parecen ahora abrumadoras, pero en sus tiempos fracasaron porque no se había propuesto ninguna fuerza razonable capaz de mover los continentes. La teoría de la tectónica de placas nos ha suministrado ya un mecanismo y ha consolidado la idea de la deriva continental.

Más aún, los oponentes de Bretz no basaban su caso solamente en el carácter no ortodoxo de su hipótesis. También reunieron algunos datos específicos por su parte, y parcialmente estaban en lo cierto. Bretz insistía inicialmente en que había habido una única inundación, mientras que sus oponentes citaban abundantes evidencias que demostraban que el malpaís no se había formado de golpe. Sabemos ahora que el lago Missoula se formó y volvió a formar varias veces, al fluctuar el límite glacial. En su obra más reciente, Bretz planteaba ocho episodios diferentes de inundaciones catastróficas. Los oponentes de Bretz estaban equivocados al inferir un cambio gradual de la evidencia de una extensión en el tiempo: los episodios catastróficos pueden estar separados entre sí por largos períodos de quiescencia. Pero Bretz también estaba equivocado al atribuir la formación del malpaís a una única inundación.

Yo prefiero héroes de carne, hueso y falibilidad, antes que de cartón y papel de plata. Bretz está incluido en mi carpeta porque se enfrentó a un dogma firme y fuertemente restrictivo que jamás había tenido sentido: el emperador llevaba un siglo desnudo. Charles Lyell, el padrino del gradualismo geológico, nos había hecho una buena jugada al establecer la doctrina del cambio imperceptible. Había argumentado, con toda corrección, que los geólogos debían invocar la invariancia (uniformidad) de las leyes naturales a lo largo de los tiempos para poder estudiar el pasado de un modo científico. Después aplicó el mismo término (uniformidad) a una afirmación empírica acerca de los ritmos de los procesos, argumentando que el cambio debe ser lento, constante y gradual, y que los grandes resultados tan sólo pueden surgir como acumulación de pequeños cambios.

Pero la uniformidad de las leyes no excluye las catástrofes naturales, particularmente a escala local. Tal vez operen algunas leyes invariantes para producir episodios infrecuentes de cambios profundos y repentinos. A Bretz tal vez no le gustara este tipo de peloteo filosófico. Probablemente lo catalogaría como un montón de vacuidades predicadas por un escribiente urbano. Pero él tuvo el valor y la independencia de vivir con arreglo a una gran sentencia antigua de Horacio, a menudo adoptada por la ciencia, pero pocas veces seguida: *Nullius addictus jurare in verba magistri* («No estoy obligado a jurar acatamiento a las palabras de ningún maestro»).

Mi historia finaliza con dos felices posdatas. En primer lugar, la hipótesis de Bretz de que el malpaís acanalado refleja la acción de inundaciones catastróficas ha resultado fructífera más allá del área local de Bretz. Se han encontrado malpaíses asociados con otros lagos del oeste, muy en particular con el lago Bonneville, el gran antecesor de lo que hoy es un pequeño estanque en comparación: el Gran Lago Salado de Utah. Otras implicaciones han llegado prácticamente todo lo lejos que podían llegar. Bretz se ha convertido en el niño bonito de los geólogos planetarios que ven en los canales de Marte una serie de características que encuentran su mejor interpretación en el tipo de inundaciones catastróficas de Bretz.

En segundo lugar, Bretz no compartió la suerte de Alfred Wegener, muerto en los hielos de Groenlandia mientras su teoría de la deriva continental yacía en el limbo. J Harlen Bretz presentó su hipótesis hace sesenta años y ha vivido para disfrutar de su vindicación.

Pasa ya de los noventa años de edad, es más obstinado que nunca y está muy justamente satisfecho consigo mismo. En 1969, publicó un trabajo de noventa páginas resumiendo medio siglo de controversias acerca del malpaís acanalado del este de Washington. Lo concluía con esta afirmación:

> La Asociación Internacional de Investigación del Cuaternario convocó su reunión de 1965 en Estados Unidos. Entre las muchas salidas que organizó había una expedición a las Rocosas del Norte y a la Meseta de Columbia en Washington ... El grupo recorrió toda la extensión de la Grand Coulee, parte de la cuenca de Quincy y gran parte de la divisoria Palouse-Snake y los grandes

depósitos de grava de arrastre de Snake Canyon. El que escribe, imposibilitado para asistir, recibió al día siguiente un telegrama de «felicitación y salutaciones» que concluía con la frase «ahora somos todos catastrofistas».

Post scriptum

Envié una copia de este artículo a Bretz tras su publicación en *Natural History*. Me respondió el 14 de octubre de 1978:

> *Querido Mr. Gould:*
>
> *Su reciente carta resulta altamente gratificante. Gracias por su comprensión.*
>
> *Me ha sorprendido el modo en que mi trabajo pionero en el malpaís ha sido aplaudido y ulteriormente desarrollado. Yo siempre estuve convencido de que estaba en lo cierto, pero las décadas de duda y objeciones creo que habían producido en mí un cierto letargo emocional. Después, la sorpresa tras la salida de campo de Victor Baker en junio me despertó de nuevo. ¡Cómo! ¿Acaso me había convertido en una autoridad en procesos y sucesos extraterrestres?*
>
> *Ya físicamente incapacitado (tengo 96 años), tan sólo puedo ovacionar el trabajo de otros en un campo en el que yo abrí camino. Una vez más le doy las gracias.*
>
> J HARLEN BRETZ

En noviembre de 1979, en la reunión anual de la Sociedad Geológica de Norteamérica, se concedió la medalla Penrose (la más alta distinción de la profesión) a J Harlen Bretz.

20

UNA ALMEJA ES UNA ALMEJA

Thomas Henry Huxley definió en una ocasión la ciencia como el «sentido común organizado». Otros coetáneos suyos, incluido el gran geólogo Charles Lyell, proponían con vehemencia un punto de vista diametralmente opuesto. La ciencia, decían, debe sondear detrás de las apariencias, a menudo con el fin de combatir la interpretación «obvia» de los fenómenos.

Yo no puedo ofrecer unas normas generales para la resolución de los conflictos entre el sentido común y los dictados de una teoría favorita. Cada campo ha ganado sus batallas y ha sufrido sus derrotas. Pero sí quiero narrar la historia de un triunfo del sentido común; una historia interesante porque la teoría que parecía oponerse a la observación ordinaria es también correcta, ya que es la propia teoría de la evolución. El error que hizo que la evolución entrara en conflicto con el sentido común yace en una falsa implicación que frecuentemente se extrae de la teoría evolutiva, no en la teoría en sí.

El sentido común dicta que el mundo familiar de organismos macroscópicos se nos presenta en «paquetes» denominados *especies*. Todos los observadores de aves y cazadores de mariposas saben que pueden dividir los especímenes de cualquier zona local en unidades discretas bendecidas por esos binomios latinos que tanto confunden a los no iniciados. Ocasionalmente, qué duda cabe, un paquete puede deshacerse e incluso puede parecer que se funde con otro. Pero tales casos son notables por su rareza. Las aves de Massachusetts y los insectos de mi patio son miembros inequívocos de especies reconocidas, de igual modo, por todos los observadores experimentados.

Esta idea de las especies como «tipos naturales» encaja magníficamente con los criterios básicos creacionistas de una era predarwiniana. Louis Agassiz llegó incluso a afirmar que las especies son los pensamientos individuales de Dios, encarnados para que podamos apreciar tanto su majestad como su mensaje. Las especies, escribía Agassiz, están «instituidas por la Divina Inteligencia como categoría de su modo de pensar».

Pero ¿cómo podría justificarse una división del mundo orgánico en entidades discretas por una teoría evolutiva que proclama el cambio continuo como hecho fundamental de la naturaleza? Tanto Lamarck como Darwin se debatieron con este interrogante sin resolverlo a su entera satisfacción. Ambos negaban a las especies toda condición como tipo natural.

Darwin se lamentaba: «Tendremos que tratar a las especies como combinaciones meramente artificiales creadas por conveniencia. Esto puede no ser una perspectiva halagüeña, pero al menos, nos veremos libres de la vana búsqueda de la no descubierta e inasible esencia del término especie». Lamarck se quejaba: «En vano consumen los naturalistas su tiempo en describir nuevas especies, en aferrarse a cada matiz y ligera peculiaridad para incrementar la inmensa lista de especies descritas».

Y aun así (y ésta es la ironía), tanto Darwin como Lamarck eran sistemáticos respetados que dieron nombre a varias especies. Darwin escribió un tratado taxonómico de cuatro volúmenes acerca de las bellotas de mar, mientras que Lamarck produjo más del triple de volúmenes acerca de los fósiles de invertebrados. Enfrentados a la práctica de su trabajo cotidiano, ambos reconocían entidades donde la teoría negaba su realidad.

Existe una vía tradicional de escape a este dilema: uno puede argumentar que nuestro mundo en constante flujo se altera tan lentamente que las configuraciones del momento pueden considerarse estáticas. La coherencia de las especies modernas desaparece a través del tiempo al irse éstas transformando en sus descendientes. Uno tan sólo puede hacerse eco del lamento de Job sobre «el hombre nacido de mujer»: «Surge como una flor ... desaparece también como una sombra y no perdura». Pero Lamarck y Darwin ni siquiera podían disfrutar de esta resolución, ya que ambos trabajaban estrictamente con fósiles y tenían tanto éxito dividiendo secuencias en evolución en especies como el que tenían al analizar el mundo moderno.

Otros biólogos han llegado incluso a abjurar de este tradicional escape negando la realidad de las especies en cualquier contexto. J. B. S. Haldane, tal vez uno de los más brillantes evolucionistas de nuestro siglo, escribió: «El concepto de especie es una concesión a nuestros hábitos lingüísticos y a nuestros mecanismos neurológicos». Un colega paleontólogo proclamó en 1949 que «la especie ... es una ficción, un artefacto mental carente de existencia objetiva».

No obstante, el sentido común sigue proclamando que, con escasas excepciones, pueden identificarse claramente especies en áreas locales de nuestro mundo de hoy. La mayor parte de los biólogos, aunque puede que niegue la realidad de la especie en el transcurso del tiempo geológico, reivindica su condición para el momento presente. Como escribe Ernst Mayr, nuestro principal estudioso de las especies y la especiación: «Las especies son producto de la evolución, y no de la mente humana». Mayr argumenta que las especies son unidades «reales» en la naturaleza como resultado tanto de su historia como de las interacciones actuales entre sus miembros.

Las especies se ramifican a partir de troncos ancestrales comunes, habitualmente en forma de poblaciones pequeñas y discretas que ocupan su área geográfica restringida. Establecen su unicidad desarrollando un programa genético lo suficientemente distinto como para que los miembros de su especie puedan reproducirse entre sí, pero no con los miembros de otra especie. Sus miembros comparten un nicho ecológico común y siguen interaccionando a través del entrecruzamiento.

Las unidades superiores de las jerarquías linneanas no pueden ser definidas objetivamente, ya que son colecciones de especies y no tienen una existencia propia en la naturaleza, ni se mezclan y ni siquiera interaccionan necesariamente. Estas unidades superiores (géneros, familias, órdenes y así sucesivamente y hacia arriba) no son arbitrarias. No pueden ser inconsistentes con la genealogía evolutiva (no se puede poner a las personas y a los delfines en un orden y a los chimpancés en otro). Pero la jerarquización es, en parte, una cuestión de costumbre sin solución «correcta». Los chimpancés son nuestros parientes más próximos por genealogía, pero ¿pertenecemos al mismo género o pertenecemos a géneros diferentes dentro de la misma familia? Las especies son las únicas unidades taxonómicas objetivas de la naturaleza.

¿Debemos entonces seguir a Mayr o a Haldane? Yo soy partidario del criterio de Mayr y deseo defenderlo con una línea de evidencia un tanto fuera de lo corriente, pero, en mi opinión, persuasiva. El experimento repetido constituye una piedra angular de los métodos científicos, aunque los evolucionistas, al enfrentarse a la unicidad de la naturaleza, no suelen tener a menudo la oportunidad de ponerlo en práctica. Pero, en este caso, disponemos de un mecanismo para obtener información valiosa acerca de si las especies son abstracciones mentales insertadas en la práctica cultural o paquetes reales en la naturaleza. Podemos estudiar cómo distintos pueblos, con total independencia, dividen los organismos de sus áreas locales en unidades. Podemos contrastar las clasificaciones occidentales en especies linneanas con las «taxonomías populares» de pueblos no occidentales.

La bibliografía acerca de taxonomías no occidentales no es extensa; pero es convincente. Normalmente, encontramos una notable correspondencia entre las especies linneanas y los nombres no occidentales de plantas y animales. En pocas palabras, son reconocidos los mismos paquetes por culturas independientes. No pretendo decir que las taxonomías populares incluyan invariablemente la totalidad del catálogo linneano. Los pueblos no suelen clasificar extensivamente, a menos que los organismos resulten importantes o conspicuos. Los fore de Nueva Guinea tienen una única palabra para designar a todas las mariposas, aunque las especies de éstas sean tan diferentes como las aves, a las que sí clasifican con detalle linneano. De forma similar, la mayor parte de los insectos de mi patio carece de nombre vulgar en nuestra taxonomía popular, pero sí lo tienen todas las aves de Massachusetts. Las correspondencias linneanas sólo aparecen cuando los taxonomistas populares pretenden realizar una división exhaustiva.

Varios biólogos han señalado estas notables correspondencias en el transcurso de sus trabajos de campo. El propio Ernst Mayr describe su experiencia en Nueva Guinea:

> Hace cuarenta años viví solo con una tribu de papúes en las montañas de Nueva Guinea. Estos soberbios habitantes de los bosques tenían 136 nombres para las 137 especies de aves que yo pude distinguir (confundiendo tan sólo dos indistinguibles especies de currucas). Que ... el hombre de la Edad de Piedra reconozca las mismas entidades que los científicos occidentales formados en universidades refuta de modo bastante decisivo la afirmación de que las especies no son más que un producto de la imaginación humana.

En 1966 Jared Diamond publicó un estudio más extenso sobre el pueblo fore de Nueva Guinea. Sus gentes tienen nombres para todas las especies linneanas de aves de su área. Más aún, cuando Diamond llevó a siete hombres fore a un área nueva, poblada por aves que jamás habían visto, y les pidió que le buscaran los equivalentes fore más aproximados de cada nueva ave, situaron 91 de 103 especies del grupo fore junto a las nuevas especies según nuestra clasificación linneana occidental. Diamond nos narra una historia interesante:

> Uno de mis ayudantes fore capturó una enorme ave negra terrestre, de alas cortas, que ni él ni yo habíamos visto anteriormente. Mientras yo andaba confuso con sus afinidades, el hombre fore proclamó que era un *peteobeye,* el nombre de un gracioso y pequeño cuclillo que frecuenta los árboles de los jardines fore. El nuevo pájaro resultó ser finalmente el cucal de Menbeck, un miembro aberrante de la familia del cuclillo, y su afinidad con

ella se ve revelada por algunas características de la forma del cuerpo, de las patas y del pico.

Estos estudios informales realizados por biólogos se han visto complementados en años recientes por dos trabajos exhaustivos realizados por antropólogos que son a la vez naturalistas competentes: el trabajo de Ralph Bulmer acerca de las taxonomías de vertebrados de los pueblos kalam de Nueva Guinea, y el estudio de Brent Berlin (con los botánicos Dennis Breedlove y Peter Raven) de la clasificación de plantas de los indios tzeltal de Chiapas, en las tierras de México. (Agradezco a Ernst Mayr que me haya descubierto el trabajo de Bulmer y que haya venido defendiendo esta línea de razonamiento desde hace muchos años.)

El pueblo kalam, por ejemplo, utiliza mucho las ranas como alimento. La mayor parte de sus nombres para éstas tiene una correspondencia biunívoca con las especies linneanas. En algunos casos aplican el mismo nombre a más de una especie, pero siguen reconociendo sus diferencias: los colaboradores kalam podían identificar sin dificultad dos tipos diferentes de *gunm,* que se distinguen tanto en su forma como por su hábitat, a pesar de no tener nombres distintos para ellos. En ocasiones, los kalam obtienen mejores resultados que nosotros. Ellos reconocen, como *kasoj* y *wyt,* dos especies que habían sido incorrectamente agrupadas bajo el nombre occidental único de *Hyla becki.*

Bulmer formó equipo recientemente con Ian Saem Majnep, un kalam, para escribir un libro notable, *Birds of my Kalam Country.* La mayor parte de los setenta nombres que da Saem tiene una relación de uno a uno con las especies occidentales. En la mayor parte de los demás casos, bien agrupa una o más especies linneanas bajo el mismo nombre kalam, pero reconociendo la división occidental, o bien realiza divisiones dentro de una especie occidental aunque reconociendo su unidad (en algunas aves del paraíso, por ejemplo, nombra los sexos por separado porque sólo los machos llevan el codiciado plumaje). Tan sólo en un caso sigue Saem una práctica inconsistente con la nomenclatura linneana: utiliza el mismo nombre para las poco vistosas hembras de dos especies de aves del paraíso, pero otorga nombres diferentes a los vistosos machos de cada especie. De hecho, Bulmer tan sólo pudo encontrar cuatro casos (2 por 100) de inconsistencia en la totalidad del catálogo kalam de 174 especies de vertebrados que abarcan mamíferos, aves, reptiles, ranas y peces.

Berlin, Breedlove y Raven publicaron su primer estudio en 1966, para cuestionar explícitamente la afirmación de Diamond acerca de la generalidad de la extensiva relación biunívoca entre los nombres populares y las especies linneanas. Inicialmente, mantenían que tan sólo un 34 por 100 de los nombres de plantas de los tzeltal se correspondían con especies linneanas, y que toda una serie de «falsas clasificaciones» reflejaban usos y prácticas culturales. Pero, pocos años más tarde, en un sincero artículo invirtieron sus conclusiones y admitieron la coincidencia asombrosamente grande entre los nombres populares y los linneanos. En su estudio anterior, no habían comprendido totalmente el sistema tzeltal de ordenación jerárquica y habían mezclado nombres de diferentes niveles al establecer los grupos populares básicos. Además, Berlin admitió que se había visto cegado por un prejuicio antropológico típico en torno al relativismo cultural. Cito esta retractación no para dejarla en evidencia, sino como muestra de mi admiración por un acto muy rara vez realizado por un científico (aunque cualquier científico digno de tal nombre ha cambiado alguna vez de opinión sobre cuestiones fundamentales):

> Muchos antropólogos cuyo sesgo profesional es ver la total relatividad de las variadas clasificaciones del hombre de la realidad que le rodea, se han mostrado en general reticentes a aceptar tales hallazgos ... Mis colegas y yo, en un trabajo anterior, hemos presentado argumentos a favor del punto de vista «relativista». Desde la publicación de aquel informe, hemos tenido acceso a más datos, y ahora parece que nuestra posición deberá ser seriamente reconsiderada. Actualmente, existe un creciente cúmulo de evidencias que sugiere que los taxones fundamentales reconocidos en la sistemática popular se corresponden bastante íntimamente con especies científicamente reconocidas.

Berlin, Breedlove y Raven han publicado ahora un libro exhaustivo acerca de la taxonomía de los tzeltal, *Principies of Tzeltal Plant Classification.* Su catálogo completo contiene 471 nombres tzeltal. De estos, 281 (el 61 por 100) guardan una correspondencia de uno a uno con los nombres linneanos. Todos menos 17 de los restantes son, en términos del autor, «no diferenciados»; esto es, el nombre tzeltal hace referencia a más de una especie linneana. Pero, en más de dos tercios de estos casos, los tzeltal utilizan un sistema subsidiario de nominación para hacer distinciones dentro de los grupos primarios, y todos estos subsidiarios se corresponden con especies linneanas. Sólo 17 nombres (un 3,6 por 100) están «sobrediferenciados» al hacer referencia a parte de una especie linneana. Siete especies linneanas tienen dos nombres tzeltal, y sólo una tiene tres: la calabaza vinatera o güira, *Lagenaria siceraria.* Los tzeltal distinguen las plantas de calabaza vinatera por la utilidad de sus frutos: un nombre para los frutos grandes y redondeados utilizados como recipientes para tortillas, otro para los de cuello alargado que sirven muy bien para acarrear líquidos, y un tercero para los frutos pequeños y ovales, que no se utilizan.

Una segunda generalidad igual de interesante surge de los estudios de las clasificaciones populares. Los biólogos insisten en que sólo las especies son verdaderas unidades en la naturaleza, y que los nombres, a niveles más elevados de la jerarquía taxonómica, representan decisiones humanas acerca de cómo deberían ser agrupadas las especies (bajo la constricción, claro está, de que tales agrupaciones sean consistentes con la genealogía evolutiva). Así, para los nombres aplicados a grupos de especies, no deberíamos esperar una correspondencia biunívoca con las designaciones linneanas, sino que deberíamos prever una variedad de esquemas basados en los usos y culturas locales. Tal variedad ha sido un hallazgo consistente en los estudios de taxonomía popular. Los grupos de especies incluyen a menudo formas básicas logradas independientemente a lo largo de varias líneas evolutivas. Los tzeltal, por ejemplo, tienen cuatro nombres más amplios para grupos de especies que se corresponden, a grandes rasgos, con los árboles, las lianas, las hierbas y las plantas herbáceas de hoja ancha. Estos nombres se aplican a alrededor del 75 por 100 de sus especies de plantas, mientras que otras, como el maíz, el bambú y el agave, están «no afiliadas».

A menudo, el agrupamiento de especies refleja aspectos más sutiles y más convincentes de la cultura. Los kalam de Nueva Guinea, por ejemplo, dividen a sus vertebrados no reptiles de cuatro patas en tres clases: *kopyak* o ratas; *kmn* es un grupo evolutivo heterogéneo de mamíferos grandes de caza, en su mayor parte marsupiales y roedores; y *as* es un grupo aún más heterogéneo de ranas y pequeños roedores. (Ante los repetidos interrogatorios de Bulmer, los kalam niegan subdivisión alguna entre las ranas y los roedores en el seno de *as,* aunque sí reconocen [e ignoran, como poco importante] las similitudes morfológicas entre los as pequeños y peludos y los roedores de los *kmn.* También reconocen que algunos *kmn* tienen bolsas marsupiales y otros no. Las divisiones representaban hechos fundamentales de la cultura kalam. Los *kopyak,* asociados con los excrementos y el alimento impuro, no son comidos en absoluto. Los *as* son cazados principalmente por las mujeres y los niños, y, aunque son comidos por la mayor parte de los hombres y capturados por algunos de ellos, constituyen alimentos prohibidos para los muchachos durante los ritos de iniciación y para los hombres adultos que practican la brujería. Los *kmn* son cazados principalmente por hombres.

De igual modo, las aves y los murciélagos son todos *yakt,* con la única excepción del gran casuario no volador llamado *kobty.* La distinción se hace por razones más profundas y más complejas que la mera apariencia, ya que los kalam sí reconocen los caracteres de ave del *kobty. Los* casuarios, argumenta Bulmer, son la principal caza del bosque y los kalam mantienen una elaborada antítesis cultural entre la crianza (representada por los taros y los cerdos) y el bosque (representado por las nueces de pandánea y los casuarios). Los casuarios son las hermanas mitológicas de los hombres.

En nuestra propia taxonomía popular mantenemos prácticas similares. Los moluscos comestibles son llamados «marisco», pero las especies linneanas tienen todas nombres comunes. Recuerdo bien la reprimenda que me echó un compañero de barco de Nueva Inglaterra cuando apliqué el término científico informal «almeja» a todos los moluscos bivalvos (para él una almeja es tan sólo una cosa, la arola, *Mya arenaria*): «Una chirla es una chirla, una almeja es una almeja y una vieira es una vieira».

La evidencia de la taxonomía popular resulta persuasiva para el mundo moderno. A menos que la tendencia a dividir los organismos en especies linneanas refleje un estilo neurológico que llevamos todos programado (una proposición interesante pero que yo pongo en duda), el mundo de la naturaleza está, en algún sentido fundamental, dividido realmente en paquetes discretos de criaturas como resultado de la evolución. (Por supuesto, no niego que nuestra propensión a clasificar refleje, ya de entrada, algo acerca de nuestro cerebro, sus capacidades heredadas y el limitado número de formas en que puede ser ordenada la complejidad y convertida en algo sensato. Simplemente dudo que un proceso tan definido como la clasificación en especies linneanas pudiera reflejar tan sólo las constricciones de nuestra mente, y no las de la naturaleza.)

Pero ¿son estas especies linneanas, reconocidas por culturas independientes, meras configuraciones temporales del momento, meras estaciones del camino de las estirpes evolutivas en constante flujo? Yo argumento en los ensayos 17 y 18 que, contrariamente a la creencia popular, la evolución no funciona así y que las especies tienen una «realidad» a través del tiempo, que es equiparable a su distintividad en un momento dado. Una especie media de invertebrados fósiles vive entre cinco y diez millones de años (los vertebrados terrestres tienen una duración media inferior). Durante este tiempo, rara vez cambian de algún modo fundamental. Se extinguen sin sucesión con un aspecto muy similar al que tenían al aparecer por primera vez.

Las especies nuevas surgen habitualmente no por la transformación lenta y constante de poblaciones antiguas completas, sino por la escisión de pequeños grupos aislados de un tronco parental inalterado. La frecuencia y la velocidad de la especiación es el tema más candente de la teoría evolutiva en nuestros días, pero opino que la mayor parte de mis colegas defenderían periodos de cientos de miles de años para el origen de la mayor parte de las especies por escisión. Esto puede parecer mucho tiempo en el marco de nuestras propias vidas pero constituye tan sólo un instante geológico, representado habitualmente en el registro fósil por un único plano de estratificación, y no por una larga secuencia estratigráfica. Si las especies surgen en centenares o miles de años y a continuación persisten en gran medida intactas durante varios millones, el período de su origen es una diminuta fracción del 1 por 100 de su duración total. Por lo tanto, podrían ser consideradas entidades discretas incluso en el tiempo. La evolución a niveles superiores es fundamentalmente una historia del éxito diferencial de las especies, no de la lenta transformación de las estirpes.

Por supuesto, si nos encontramos por casualidad con una especie en el microsegundo geológico de su origen, no seremos capaces de establecer distinciones claras. Pero nuestras oportunidades de encontrar una especie en este estado son realmente muy escasas. Las especies son entidades estables con períodos muy breves de desdibujamiento en su origen (aunque no en su desaparición, ya que la mayor parte de las especies desaparecen limpiamente sin convertirse en ninguna otra cosa). Como dijo Edmund Burke en otro contexto: «Aunque no existe hombre alguno que pueda trazar una línea divisoria entre los confines del día y de la noche, aun así, la luz y la oscuridad son, en términos generales, tolerablemente distinguibles».

La evolución es una teoría del cambio orgánico, pero no implica, como mucha gente asume, que el estado irreductible de la naturaleza es el de flujo constante y que la estructura no es más que una encarnación temporal del momento. El cambio es más a menudo una transformación rápida entre estados estables que una transformación continua a ritmos lentos y regulares. Vivimos en un mundo de estructuras y distinciones legítimas. Las especies son las unidades de la morfología de la naturaleza.

SEXTA PARTE

La vida primitiva

21

UN TEMPRANO COMIENZO

Pooh-Bah,* el Gran Señor y Todo lo Demás de Titipú, se jactaba de un orgullo familiar tan poderoso que resultaba «algo inconcebible». «Comprenderás esto —le dijo a Nanki-Poo al sugerirle que un soborno sería a la vez apropiado y oneroso— cuando te diga que puedo seguir la pista de mis antecesores remontándome hasta un glóbulo protoplasmático atómico primordial.»

Si el orgullo humano se ve alimentado por unas raíces tan vastamente extensas, entonces el final de 1977 fue un momento glorioso para nuestra autoestima. A principios de noviembre, el anuncio del descubrimiento de algunos procariotas fósiles en Suráfrica remontó la antigüedad de la vida a tres mil cuatrocientos millones de años (los procariotas, que incluyen las bacterias y las algas verdiazules, forman el reino Móneras; sus células no contienen organelos [no tienen núcleo ni mitocondrias] y son considerados como las formas más simples de vida sobre la Tierra). Dos semanas más tarde, un equipo de investigación de la Universidad de Illinois anunció que las llamadas bacterias formadoras de metano no están realmente relacionadas íntimamente a las otras móneras, sino que forman un reino aparte.

Si hace tres mil cuatrocientos millones de años vivían mó-

* Personaje de *El Mikado,* opereta cómica de W. S. Gilbert y A. Sullivan. *(N. del r.)*

neras auténticas, entonces los antecesores comunes de éstas y de los recién bautizados «metanógenos» deben ser considerablemente más antiguos. Dado que las rocas más antiguas fechadas, las supracorticales de Isua, de Groenlandia occidental, tienen tres mil ochocientos millones de años de edad, nos encontramos con poco tiempo entre el desarrollo de unas condiciones favorables para la vida en la superficie de la Tierra y el origen de la vida. La vida no es un complejo accidente que requiriera un tiempo inmenso para convertir lo altamente improbable en algo casi seguro: construir laboriosamente, paso a paso, a través de un gran fragmento de la vastedad del tiempo, la más elaborada maquinaria sobre la Tierra a partir de los componentes simples de la atmósfera original de la Tierra. Por el contrario, la vida, a pesar de toda su complejidad, probablemente surgiera en el primer momento en que pudo hacerlo: tal vez fuera inevitable como el feldespato o el cuarzo. (La Tierra tiene unos cuatro mil quinientos millones de años de edad, pero tuvo una etapa de fusión o semifusión que duró algún tiempo tras su formación, y, probablemente, no creara una corteza sólida mucho antes de que se depositara de la secuencia de Groenlandia occidental.) No es de extrañar que estas historias salieran en primera página del *New York Times* y que incluso inspiraran un editorial para las meditaciones del Día de los Veteranos.

Hace veinte años, pasé un verano en la Universidad de Colorado, fortificándome para la transición de la escuela superior a la universidad. Entre los diferentes goces (picos cubiertos de nieve y traseros doloridos de intentar «trotar a caballo») recuerdo claramente el momento culminante de mi estancia: la conferencia de George Wald acerca del «Origen de la vida». Presentó con contagioso encanto y entusiasmo la perspectiva que se desarrolló a principios de la década de 1950 y que imperó como ortodoxia hasta hace poco.

Según el criterio de Wald, el origen espontáneo de la vida podría considerarse, prácticamente, como consecuencia inevitable de la corteza y atmósfera terrestres y de su tamaño y posición favorables dentro del sistema solar. No obstante, decía, la vida es tan anonadadoramente compleja que su origen a partir de productos químicos sencillos debía haber consumido una inmensa cantidad de tiempo, probablemente más que toda su evolución subsiguiente desde la molécula de ADN hasta los escarabajos superiores (o lo que usted prefiera situar en lo alto de su escala subjetiva). Miles de pasos, cada uno necesitado del anterior, y cada uno improbable de por sí. Sólo la inmensidad del tiempo podría garantizar el resultado, ya que el tiempo convierte lo improbable en inevitable: denme un millón de años y conseguiré sacar cien caras seguidas volteando una moneda, y más de una vez. En 1954, Wald escribió: «El tiempo es, de hecho, el héroe de la historia. El tiempo con el que tenemos que contar es del orden de dos mil millones de años ... Dado semejante lapso, lo "imposible" se vuelve posible, lo posible, probable, y lo probable, prácticamente seguro. Uno no tiene más que esperar: es el propio tiempo el que realiza milagros».

Esta visión ortodoxa tomó cuerpo sin el beneficio de ningún dato directo de la paleontología para ponerla a prueba, ya que la pobreza de fósiles anteriores a la gran «explosión» del Cámbrico de hace seiscientos millones de años es, tal vez, el dato más notable y la mayor frustración de mi profesión. De hecho, la primera evidencia inequívoca de vida precámbrica apareció el mismo año que Wald teorizó acerca de su origen. El paleobotánico de Harvard Elso Barghoorn y el geólogo de Wisconsin S. A. Tyler, describieron una serie de organismos procariotas procedentes de variedades de cuarzo de la formación Gunflint, rocas de hace casi dos mil millones de años de la orilla norte del lago Superior. Aun así, el espacio disponible entre la Gunflint y la formación de la Tierra abarcaba dos mil quinientos millones de años, tiempo más que suficiente para la lenta y continua construcción propuesta por Wald.

Pero nuestro conocimiento de la vida continuó su viaje hacia el pasado. Los depósitos laminares de carbonatos, llamados estromatolitos, eran ya conocidos hacía algún tiempo en las rocas de la serie bulawayana, de entre dos mil seiscientos y dos mil ochocientos millones de años de edad, en el sur de Rodesia. Las laminaciones se parecen a los dibujos formados por las alfombras modernas de algas verdiazules que capturan y fijan los sedimentos. La interpretación orgánica de los estromatolitos ganó muchos adeptos una vez que los descubrimientos de Barghoorn y Tyler en Gunflint disiparon el olor a herejía de la fe en los fósiles precámbricos. Entonces, diez años más tarde, en 1967, Barghoorn y J. W. Schopf descubrieron organismos «algaloides» y «bacterioides» en la serie de Fig Tree en Suráfrica. La idea ortodoxa de una construcción lenta que abarcara la mayor parte de la historia de la Tierra empezó a venirse abajo, ya que las rocas de Fig Tree, basándonos en las fechas disponibles en 1967, parecen tener más de tres mil cien millones de años de edad. Schopf y Barghoorn dignificaron sus descubrimientos con nombres latinos formales, pero sus propias caracterizaciones (algaloide y bacterioide) reflejaban sus dudas. De hecho, Schopf decidió más adelante que el análisis de la evidencia se oponía a la estructura biológica de estas estructuras.

El reciente anuncio de la existencia de vida hace tres mil cuatrocientos millones de años no es un descubrimiento sorprendentemente nuevo, sino una satisfactoria culminación de un debate que ha durado una década acerca de la condición de la vida en Fig Tree. La nueva prueba, recogida por Andrew H. Knoll y Barghoorn, procede también de variedades de cuarzo de la serie de Fig Tree. Pero la prueba es ahora casi concluyente; más aún, los especímenes fechados recientemente indican una edad superior a los tres mil cuatrocientos millones de años para la serie. De hecho, los cuarzos de Fig Tree podrían ser las rocas más antiguas apropiadas para el descubrimiento de vida primigenia. Las rocas más antiguas de Groenlandia han sido excesivamente alteradas por el calor y la presión como para preservar restos orgánicos. Me explica Knoll que algunos cuerpos no estudiados de Rodesia podrían remontarse a tres mil seiscientos millones de años, pero los ansiosos científicos tendrán que esperar un desenlace político* antes de que sus arcanas preocupaciones consigan despertar simpatías o garanti-

* Referencia a la agitada situación política que Rodesia (actual Zimbabue) vivió antes de su independencia, a final de la década de 1970. *(N. del r.)*

zar su seguridad allí. No obstante, la idea de que la vida haya sido encontrada en las rocas más antiguas que podrían contener pruebas de ella, nos obliga, creo yo, a abandonar la idea de un desarrollo lento, continuo e improbable de la vida.

Ésta surgió rápidamente, tal vez en el momento mismo en que la Tierra se hubo enfriado lo suficiente como para sustentarla.

Los nuevos fósiles de la serie de Fig Tree son mucho más convincentes que los anteriores. «En rocas más jóvenes serían llamados, sin duda, microfósiles de algas», afirman Knoll y Barghoorn. Esta interpretación se basa en cinco argumentos:

1. Las nuevas estructuras están dentro de los márgenes de tamaño de los procariotas modernos. Las estructuras anteriores descritas por Schopf y Barghoorn eran claramente grandes: Schopf las rechazó más adelante como formas biológicas basándose fundamentalmente en su tamaño. Los nuevos fósiles, de un tamaño medio de 2,5 micrometros de diámetro (un micrometro es una millonésima de metro) tienen un volumen medio de sólo un 0,2 por 100 de las anteriores estructuras consideradas ahora inorgánicas.
2. Las poblaciones de los procariotas modernos tienen una distribución de tamaño característica. Pueden disponerse según una curva típica de campana, con el diámetro medio como frecuencia máxima y un decrecimiento continuo en el número de individuos hacia los tamaños mayores o menores. Así, las poblaciones de procariotas tienen, no sólo un tamaño medio de diagnosis (punto 1, *supra*), sino que tienen un modelo característico de variación en torno a este tamaño medio. Los nuevos microfósiles configuran una preciosa distribución en campana con una extensión limitada (de 1 a 4 micrometros). Las estructuras anteriores, más grandes, exhibían una variación de tamaño mucho mayor y no tenían un valor medio fuerte.
3. Las nuevas estructuras están «variopintamente alargadas, aplastadas, arrugadas o plegadas» de un modo lla-

mativamente similar a los procariotas de Grunflint y los procariotas precámbricos posteriores. Tales formas son características de la degradación *post mortem* en los procariotas actuales. Las estructuras anteriores, más grandes, resultaban preocupantemente esféricas, y las esferas, como configuración estándar de superficie mínima, pueden ser producidas por toda una hueste de procesos inorgánicos: piénsese en las burbujas.

4. Lo más convincente de todo es que alrededor de una cuarta parte de los nuevos microfósiles han sido hallados en diversas fases de división celular. En caso de que semejante proporción capturada *in flagrante delicto* pueda parecer exageradamente elevada, señalaría que los procariotas pueden dividirse cada veinte minutos más o menos y tardan varios minutos en completar el proceso. Una célula aislada podría pasar perfectamente la cuarta parte de su vida fabricando dos células hijas.
5. Estos cuatro argumentos basados en la morfología son suficientemente convincentes para mí, pero Knoll y Barghoorn añaden también algunas evidencias bioquímicas. Los átomos de un elemento dado existen a menudo en varias formas alternativas de diferente peso. Estas formas, llamadas isótopos, tienen el mismo número de protones pero diferente número de neutrones. Algunos isótopos son radiactivos y se desintegran espontáneamente en otros elementos; otros son estables y persisten inmutables a todo lo largo del tiempo geológico. El carbono tiene dos isótopos estables fundamentales, el C^{12} con 6 protones y 6 neutrones, y el C^{13} con 6 protones y 7 neutrones. Al fijar los organismos el carbono en la fotosíntesis, utilizan preferentemente el isótopo más ligero, el C^{12}. Por lo tanto, la relación C^{12}/C^{13} en el carbono fijado por fotosíntesis es mayor que en el carbono inorgánico (en un diamante, por ejemplo). Más aún, dado que ambos isótopos son estables, su relación no se alterará con el paso del tiempo. Las relaciones C^{12}/C^{13} para el carbono de Fig Tree son demasiado elevadas como para que tengan un origen inorgánico; están dentro de los va-

> lores de la fijación por fotosíntesis. Esto, por sí mismo, no resolvería la cuestión en favor de la vida en Fig Tree; el carbono ligero puede ser fijado preferentemente de otros modos. Pero, combinado con la evidencia del tamaño, la distribución, la forma y la división celular, este apoyo adicional procedente de la bioquímica remata un caso evidente.

Si los procariotas estaban bien establecidos hace tres mil cuatrocientos millones de años, ¿cuánto más atrás habremos de buscar el origen de la vida? Ya he señalado que no se conocen sobre la Tierra rocas adecuadas más antiguas (al menos accesibles), de modo que de momento no podemos seguir adelante a partir de la evidencia directa de los fósiles. Por el contrario, regresamos al segundo elemento de la página 239, la afirmación de Carl Woese y sus asociados de que los metanógenos no son bacterias en absoluto, pero que pueden representar un nuevo reino de la vida procariota, separado del de las Móneras (bacterias y algas verdiazules). Su informe ha sido ampliamente distorsionado, muy en especial en el editorial del *New York Times* del 11 de noviembre de 1977. El *Times* proclamaba que la gran dicotomía entre plantas y animales se había roto al fin: «Todo niño aprende que las cosas son o vegetales o animales, una división tan universal como la separación de los mamíferos en machos y hembras. No obstante ... [tenemos ahora] un "tercer reino" de la vida en la Tierra, organismos que no son ni vegetales ni animales, sino que pertenecen a otra categoría diferente». Pero los biólogos habían abandonado la «gran dicotomía» hacía ya mucho tiempo, y nadie intenta hoy en día incorporar todas las criaturas unicelulares en uno de los dos grandes grupos tradicionalmente reconocidos para la vida compleja. El más popular en estos días es un sistema de cinco reinos: plantas, animales, hongos, protistas (eucariotas unicelulares que incluyen los paramecios y las amebas, con núcleo, mitocondrias y otros organelos) y las móneras procariotas. Si los metanógenos son reconocidos, formarán un sexto reino, uniéndose a las móneras en un nuevo superreino, los Procariotas. La mayor parte de los biólogos considera la división entre procariotas y eucariotas, y no la división entre plantas y animales, la partición fundamental de la vida.

El grupo de investigadores de Woese (véase Fox *et al.*, 1977, en la bibliografía) aislaron un ARN común en diez metanógenos y tres móneras para compararlos (el ADN elabora el ARN, y el ARN sirve de matriz sobre la que se sintetizan las proteínas). Una hélice sencilla de ARN, como en el caso del ADN, consiste en una serie de nucleótidos. Cada posición puede ser ocupada por uno de los cuatro nucleótidos, y cada grupo de tres nucleótidos especifica un aminoácido; las proteínas se componen de aminoácidos dispuestos en cadenas replegadas. Esto, en versión comprimida, es el «código genético». Los bioquímicos pueden ahora «secuenciar» el ARN, esto es, pueden leer la secuencia completa de nucleótidos ordenadamente a lo largo de la hélice de ARN.

Los procariotas (metanógenos, bacterias y algas verdiazules) deben haber tenido algún antecesor común en algún momento cercano al origen de la vida. Es decir, todos los procariotas tuvieron la misma secuencia de ARN en un punto de su pasado; cualesquiera diferencias que existan hoy en día surgieron por divergencia a partir de esta secuencia ancestral común, una vez que el tronco del árbol procariota se escindió en sus diversas ramificaciones. Si la evolución molecular se produjo a un ritmo constante, entonces la extensión de las diferencias actuales entre cualesquiera dos formas registraría directamente la cantidad de tiempo transcurrido desde que se separaron sus estirpes de un antecesor común; esto es, desde el último momento en que compartieron la misma secuencia de ARN. Tal vez, por ejemplo, un nucleótido diferente en las dos formas en un 10 por 100 de todas las posiciones comunes indicaría un tiempo de divergencia de mil millones de años; un 20 por 100, dos mil millones de años, y así sucesivamente.

Woese y su grupo midieron las diferencias en el ARN de todos los pares de especies entre los diez metanógenos y tres móneras y utilizaron los resultados para elaborar un árbol evolutivo. Este árbol contiene dos ramas principales: en una de ellas están todos los metanógenos, y en la otra todas las móneras. Escogieron sus tres móneras para que representaran las mayores diferencias dentro del grupo: bacterias entéricas (del intestino) frente a las algas verdiazules de vida libre. Aun así, cada mónera es más similar a todas las demás móneras que lo que cualquier mónera es a cualquier metanógeno.

La interpretación más simple de estos resultados mantiene que los metanógenos y las móneras son grupos evolutivos separados, con una ascendencia común que precedió a la aparición de cualquiera de los dos. (Anteriormente, los metanógenos habían estado clasificados entre las bacterias; de hecho, no habían sido reconocidos como una entidad coherente en absoluto, sino que habían sido considerados como una serie de sucesos evolutivos independientes: evolución convergente hacia la capacidad de elaborar metano.) Esta interpretación sustenta la afirmación de Woese de que los metanógenos están separados de las móneras y de que deberían ser reconocidos como un sexto reino. Dado que ya habían evolucionado buenas móneras en tiempos de Fig Tree, hace tres mil cuatrocientos millones de años o más, el antecesor común de los metanógenos y las móneras debió ser aún anterior, remontando aún más en el tiempo el origen de la vida hacia el comienzo de la propia Tierra.

Esta sencilla interpretación, como Woese y su grupo comprenden, no es la única lectura posible de los resultados. Podemos proponer otras dos hipótesis perfectamente plausibles: 1) Las tres móneras que utilizaron pueden no representar bien a su grupo. Tal vez las secuencias de ARN de otras móneras difieran tanto de las de los tres primeros como los metanógenos. Tendríamos entonces que incluir a los metanógenos junto con las móneras en un único gran grupo. 2) La presunción de ritmos evolutivos prácticamente constantes puede no sostenerse en pie. Tal vez los metanógenos se separaron de una rama de móneras mucho tiempo después de que los grupos fundamentales de móneras se hubieran ramificado a partir de su antecesor común. Estos metanógenos primitivos podrían entonces haber evolucionado a un ritmo mucho más rápido que el de los grupos de móneras al divergir los unos de los otros. En este caso, la gran diferencia en la secuencia del

ARN entre cualquier metanógeno y cualquier mónera tan sólo registraría un ritmo evolutivo rápido de los metanógenos, no una ascendencia común con las móneras antes de que éstas se dividieran a su vez en subgrupos. La diferencia bioquímica bruta tan sólo registrará con precisión las fechas de divergencia si la evolución procede a unos ritmos razonablemente constantes.

Pero hay otra observación que hace atractiva la hipótesis de Woese, y que es la que inspira mi propia fuerte inclinación en su favor. Los metanógenos son anaerobios, mueren en presencia de oxígeno. Por lo tanto, están confinados, actualmente, a ambientes desusados: el cieno del fondo de los estanques desprovistos de oxígeno o profundos manantiales de agua caliente en el parque de Yellowstone, por ejemplo. (Los metanógenos se desarrollan oxidando hidrógeno y reduciendo el dióxido de carbono a metano; de ahí su nombre.) Hoy, en medio de todos los desacuerdos que afligen al estudio de nuestra Tierra primigenia y su atmósfera, hay un punto que se ha hecho acreedor del reconocimiento general: nuestra atmósfera original carecía de oxígeno y era rica en dióxido de carbono; precisamente las condiciones ideales en las que los metanógenos florecen, y para la cual podría haber evolucionado la vida originalmente en la Tierra. ¿Podrían ser los metanógenos actuales remanentes de la primera biota de la Tierra, que evolucionó originalmente para adaptarse a su estado general, pero restringido hoy en día, por la presencia generalizada de oxígeno, a unos cuantos ambientes marginales? Creemos que la mayor parte del oxígeno libre de nuestra atmósfera es producto de la fotosíntesis orgánica. Los organismos de Fig Tree se permitían ya la fotosíntesis. Así pues, la era de oro de los metanógenos podía haber terminado mucho tiempo antes del advenimiento de los móneras de Fig Tree. Si esta fantasía se viera confirmada, entonces la vida debió originarse mucho antes de la época de Fig Tree.

En pocas palabras, disponemos ahora de evidencias directas de vida en las rocas más antiguas que podrían contenerla. Y, por una inferencia razonablemente segura, tenemos motivos para creer que una radiación importante de metanógenos precedió a estas móneras fotosintéticas. La vida probablemente surgiera en el momento en que la Tierra estuvo lo suficientemente fría como para sustentarla.

Dos pensamientos para terminar, que admito reflejan mis propios prejuicios. En primer lugar, como seguidor de la exobiología, esa gran materia sin materia de estudio (tan sólo la teología puede superarnos en este aspecto), me encanta la idea de que la vida pueda ser más intrínseca a los planetas de nuestro tamaño, posición y composición de lo que jamás nos hubiéramos atrevido a soñar. Me siento aún más seguro de que no estamos solos, y espero que se dediquen cada vez mayores esfuerzos a la búsqueda de otras civilizaciones por medio del radiotelescopio. Las dificultades son legión, pero un resultado positivo sería el descubrimiento más colosal de la historia de la humanidad.

En segundo lugar, me veo obligado a preguntarme por qué la vieja y desacreditada teoría del origen gradual pudo llegar a obtener tanto crédito, y tan generalizado. ¿Por qué parecía tan razonable? Desde luego, no era porque dispusiese de evidencia en su apoyo.

Yo soy, como subrayan otros varios ensayos, un defensor de la posición de que la ciencia no es una máquina objetiva dirigida hacia la verdad, sino una actividad quintaesencialmente humana que se ve asediada por las presiones, las esperanzas y los prejuicios culturales. Las tradiciones culturales del pensamiento influyen fuertemente en las teorías científicas, dirigiendo, a menudo, las rutas de la especulación, especialmente (como en este caso) cuando no existe prácticamente ningún dato que constriña ni la imaginación ni los prejuicios. En mi propio trabajo (véanse los ensayos 17 y 18), me he sentido impresionado por la poderosa y desafortunada influencia que ha ejercido el gradualismo sobre la paleontología a través del viejo lema *natura non facit saltum* («la naturaleza no da saltos»). El gradualismo, la idea de que todo cambio debe ser suave, lento y regular, jamás surgió de la lectura de las rocas. Representaba un prejuicio cultural común, respuesta en parte del liberalismo del siglo XIX a un mundo en revolución. Pero continúa tiñendo nuestra lectura supuestamente objetiva de la historia de la vida.

A la luz de los presupuestos gradualistas, ¿qué otra interpretación podría haberse hecho acerca del origen de la vida? Hay un paso enorme entre los componentes de nuestra atmósfera primigenia y la molécula de ADN. Por lo tanto, la transición debe haberse producido laboriosamente a través de multitud de pasos intermedios, uno tras otro, en el transcurso de miles de millones de años.

Pero la historia de la vida, tal y como yo la veo, consiste en una serie de estados estables, puntuados a escasos intervalos por importantes eventos que se producen con gran rapidez y ayudan a establecer la siguiente era de estabilidad. Los procariotas reinaron en la Tierra durante tres mil millones de años, hasta la explosión del Cámbrico, en la que la mayor parte de los diseños de la vida pluricelular aparecieron en el transcurso de diez millones de años. Unos 375 millones de años más tarde, se extinguieron alrededor de la mitad de las familias de invertebrados en el lapso de unos pocos millones de años. La historia de la Tierra podría estar modelada como una serie de pulsiones ocasionales, que condujeran a los recalcitrantes sistemas de un estado estable al siguiente.

Los físicos nos dicen que los elementos podrían haberse formado en el transcurso de los primeros minutos posteriores al *big bang;* los miles de millones de años subsiguientes no han hecho más que rebarajar los productos de esta creación cataclísmica. La vida no surgió con tal velocidad, pero sospecho que se originó en un pequeño fragmento de su duración posterior. Pero el rebarajado y la subsiguiente evolución del ADN no se han limitado a reciclar los productos originales; han producido maravillas.

22

EL VIEJO LOCO DE RANDOLPH KIRKPATRICK

El olvido, y no la infamia, es el destino habitual de un chiflado. Me sentiría más que medianamente sorprendido si algún lector (que no sea un taxonomista profesional con una predilección especial por las esponjas) fuera capaz de identificar a Randolph Kirkpatrick.

A primera vista, Kirkpatrick se ajusta al estereotipo del modesto, dedicado, amable, aunque ligeramente excéntrico, naturalista inglés. Fue conservador ayudante de invertebrados «inferiores» en el Museo Británico desde 1886 hasta su retiro en 1927. (Siempre he admirado el don de los ingleses para los nombres simples y literales: *lifts* y *flats* a cambio de nuestros *elevators* y *apartments* [ascensores y pisos], por ejemplo. Nosotros utilizamos la palabra latina *curator* para los conservadores de las colecciones de los museos; los ingleses les llaman *keepers*. No obstante, nosotros hemos conservado *fall* a cambio de su *autumn* [otoño].) Kirkpatrick se educó como estudiante de medicina, pero decidió emprender una carrera «menos esforzada» en las ciencias naturales, tras varios episodios de enfermedades. Eligió bien, ya que viajó por todo el mundo en busca de especímenes y vivió hasta los ochenta y siete años de edad. Pasó los últimos días de su vida, en 1950, pedaleando aún en su bicicleta por las más bulliciosas calles de Londres.

Al principio de su carrera, Kirkpatrick publicó algunos buenos trabajos taxonómicos sobre esponjas, pero su nombre rara vez aparece en las revistas científicas de después de la primera guerra mundial. En una nota necrológica, su sucesor atribuía este alto en mitad de su carrera al comportamiento de Kirkpatrick como «funcionario ideal». «Modesto hasta la exageración, cortés y generoso, no ahorraba esfuerzo a la hora de ayudar a un colega o a algún estudiante de visita. Con toda probabilidad, fue su extremada disposición a interrumpir lo que quiera que estuviera haciendo para ayudar a los demás lo que impidió que completara su trabajo.»

La historia de Kirkpatrick, no obstante, no es en absoluto tan sencilla ni tan convencionalmente inmaculada. No dejó de publicar en 1915; en lugar de ello recurrió a la impresión privada para publicar una serie de trabajos que sabía que ninguna revista científica tocaría siquiera. Kirkpatrick se pasó el resto de su carrera desarrollando lo que tiene que ser la más demente de las teorías descabelladas desarrolladas en el presente siglo por un naturalista profesional (y conservador del sobrio Museo Británico nada menos). No voy a discutir esta valoración habitual de su teoría de la «numulosfera», pero voy a defender a Kirkpatrick a capa y espada.

En 1912, Kirkpatrick estaba recolectando esponjas junto a la isla de Porto Santo, en el grupo de las islas Madeira, al oeste de Marruecos. Un día, un amigo le trajo algunas rocas volcánicas recogidas en un picacho a trescientos metros sobre el nivel del mar. Kirkpatrick describió su gran descubrimiento: «Las examiné cuidadosamente con mi microscopio binocular y encontré, para gran sorpresa mía, trazas de discos de numulites en todas ellas. Al día siguiente visité el lugar de donde procedían los fragmentos».

Ahora bien, el *Nummulites* es uno de los más grandes foraminíferos que jamás hayan existido (los foraminíferos son organismos unicelulares relacionados con las amebas, pero que segregan conchas y aparecen comúnmente preservados en forma fósil). El *Nummulites* se asemeja al objeto que le dio el nombre: una moneda. Su concha es un disco plano de dos a cuatro centímetros de diámetro. El disco está constituido por cámaras individuales, seguidas y arrolladas en una espiral plana (la concha se parece mucho a un rollo de cuerda, a la escala adecuada). Los numulites fueron tan abundantes en el Terciario (hace unos cincuenta millones de años) que algunas rocas se componen casi exclusivamente de sus conchas; son llamadas «calizas numulíticas». Estos fósiles cubren los suelos alrededor de El Cairo; el geógrafo griego Estrabón los identificó como lentejas petrificadas, resto de las raciones servidas a los esclavos que habían construido las grandes pirámides.

Kirkpatrick regresó entonces a Madeira y «descubrió» también allí numulites en las rocas ígneas. Me cuesta trabajo imaginar una afirmación más radical acerca de la estructura de la Tierra. Las rocas ígneas son producto de las erupciones volcánicas o del enfriamiento del magma fundido en el interior de la Tierra; no pueden contener fósiles. Pero Kirkpatrick argumentaba que las rocas ígneas de Madeira y Porto Santo no sólo incluían numulites, sino que estaban de hecho compuestas de ellos. Por lo tanto, las «rocas ígneas» debían ser sedimentos depositados en el fondo del océano, no producto del material fundido procedente del interior de la Tierra. Kirkpatrick escribió:

> Tras el descubrimiento de la naturaleza numulítica de la casi totalidad de la isla de Porto Santo, de los edificios, las prensas para el vino, etc., el nombre de *Eozoon portosanturn* me pareció apropiado para los fósiles. [*Eozoon* significa «animal del alba»; dentro de un momento volveremos a hablar de él.] Al descubrir que las rocas ígneas de Madeira eran a su vez numulíticas, el nombre *Eozoon atlanticum* me pareció aún más apropiado.

Nada podía ya detener a Kirkpatrick. Regresó a Londres ansioso por examinar rocas ígneas de otras zonas del mundo. ¡Todas estaban hechas de numulites! «Anexioné al *Eozoon* las rocas volcánicas del Ártico en una mañana, y esa misma tarde las de los océanos Pacífico, Indico y Atlántico. La designación *Eozoon orbis-terrarum* se me sugirió sola». Finalmente, se dedicó a mirar meteoritos, y sí, acertaron ustedes, todos eran de numulites:

> Si el *Eozoon,* tras apoderarse del mundo, hubiera suspirado por más mundos que conquistar, su fortuna hubiera sobrepasado con mucho la de Alejandro, ya que sus deseos se hubieran visto realizados. Cuando comprobé que el imperio de los numulites se extendía al espacio, se hizo obviamente necesario alterar su nombre por el de *Eozoon universum.*

Kirkpatrick no rehuyó la conclusión evidente: todas las rocas de la superficie de la Tierra (incluidas las procedentes del espacio) estaban hechas de fósiles: «La naturaleza orgánica original de estas rocas me resulta evidente por sí misma, porque puedo ver en ellas la estructura de foraminíferos, y a menudo muy claramente». Kirkpatrick afirmaba que podía ver numulites con una lupa de mano de pocos aumentos, aunque jamás nadie estuvo de acuerdo con él. «Mis ideas acerca de las rocas ígneas y ciertas otras rocas —escribió—, han sido recibidas con una buena dosis de escepticismo, y no es de extrañar.»

Espero no ser tachado de dogmático del *establishment* si digo con cierta seguridad que Kirkpatrick había conseguido engañarse a sí mismo de alguna forma. Por propia admisión, a menudo tenía que esforzarse mucho para mantenerse dentro de sus propios márgenes: «En ocasiones, me ha sido necesario examinar un fragmento de roca con la máxima minuciosidad durante horas antes de poder convencerme de que había visto todos los detalles arriba mencionados».

Pero ¿qué versión de la historia de la Tierra podía darnos como resultado una corteza compuesta por entero de numulites? Kirkpatrick proponía que los numulites habían hecho su aparición tempranamente en la historia de la vida como las primeras criaturas dotadas de concha. Por ello, adoptó el nombre de *Eozoon* para los numulites, que había sido propuesto por primera vez por el gran geólogo canadiense sir J. W. Dawson para un supuesto fósil de algunas de las rocas más antiguas de la Tierra. (Sabemos ahora que *Eozoon* es una estructura inorgánica, formada por capas alternas blancas y verdes de los minerales calcita y serpentina; véase el ensayo 23.)

15. La cubierta de *The Nummulosphere*, de Kirkpatrick, obra publicada privadamente. Acerca de ella, escribe: «El dibujo de la cubierta representa a Neptuno sobre el globo de las aguas. En uno de los dientes de su tridente hay un trozo de roca volcánica en forma de disco numulítico, y en su mano un meteorito. Estos emblemas significan que el reino de Neptuno se ve engrandecido no sólo a expensas del Júpiter inferior, sino también a expensas del Júpiter superior, cuyo supuesto emblema de soberanía (el rayo) pertenece en realidad al Dios del Mar ... el rayo de Neptuno está enarbolado, listo para ser lanzado contra los precipitados e ignorantes mortales, como los refutadores apriorísticos, que osen disputar la validez de sus títulos de dominio».

En estos tiempos primigenios, especulaba Kirkpatrick, el fondo del océano debió acumular un profundo depósito de conchas de numulites sobre toda su superficie, ya que los mares carecían de depredadores para digerirlas. El calor del interior de la Tierra las fundió entre sí y les inyectó sílice (resolviendo así el frustrante problema de por qué las rocas ígneas son silicatos mientras que los numulites verdaderos están hechos de carbonato cálcico). Al ser estrujados y fundidos los numulites, algunos fueron empujados hacia arriba y arrojados al espacio, para más adelante descender como meteoros.

> Las rocas son a veces clasificadas como fosilíferas y no fosilíferas, pero en realidad todas son fosilíferas, pues existe, a grandes rasgos, una sola roca ... La litosfera es en verdad una numulosfera silicatada.

Kirkpatrick no estaba aún satisfecho. Creía haber descubierto algo aún más fundamental. No contento con la corteza terrestre y sus meteoritos empezó a ver la forma arrollada de los numulites como expresión de la esencia de la vida, como la arquitectura de la propia vida. Finalmente, amplió hasta el límite su afirmación: no deberíamos decir que las rocas son numulites, más bien que los numulites y todos los demás seres vivos son expresión de «la estructura fundamental de la materia viva», la forma en espiral de toda existencia.

Demencial, sí (a menos que crean ustedes que había intuido la doble hélice del ADN). Inspirado, sin duda. Podemos afirmar de nuevo que existe un método dentro de su locura; y este es el punto clave. Al configurar su teoría de la numulosfera, Kirkpatrick siguió el procedimiento que había motivado todos sus trabajos científicos. Tenía una pasión acrítica por la síntesis, y una imaginación que le forzaba a reunir cosas realmente dispares. Buscaba consistentemente similitudes en la forma geométrica entre objetos convencionalmente clasificados como pertenecientes a categorías diferentes, pasando por alto la vetusta verdad de que la similitud en la forma no tiene por qué designar una causa común. También elaboraba similitudes a partir de sus esperanzas, en lugar de sus observaciones.

No obstante, una búsqueda incauta de la síntesis puede desvelar conexiones reales que jamás se le ocurrirían a un científico de pro (aunque se pueda ver obligado a reflexionar acerca de ellas una vez que alguna otra persona haya hecho la sugerencia inicial). Los científicos como Kirkpatrick pagan un elevado precio, ya que normalmente están equivocados. Pero cuando están en lo cierto, pueden estar tan asombrosamente acertados que sus percepciones dejan en vergüenza el honesto trabajo convencional de muchas vidas de científicos.

Regresemos, pues, a Kirkpatrick y preguntémonos por qué estaba en Madeira y Porto Santo, para empezar, cuando realizó su fatídico descubrimiento en 1912: «En septiembre de 1912 —escribe— viajé a Porto Santo desde Madeira para completar mi investigación acerca de ese extraño organismo, la esponja-alga *Merlia normani*». En 1900, un taxonomista llamado J. J. Lister había descubierto una esponja peculiar en las islas de Lifu y Funafuti en el Pacífico. Contenía espículas de sílice, pero tenía un esqueleto calcáreo adicional que mostraba una sorprendente similitud con algunos corales (las espículas son las pequeñas acículas, semejantes a agujas, que forman el esqueleto de la mayoría de las esponjas). Como hombre serio, Lister no podía aceptar el «híbrido» de sílice y calcita; conjeturó que las espículas debían haber penetrado en la esponja desde algún otro lugar. Pero Kirkpatrick recolectó más especímenes y llegó a la conclusión correcta de que la esponja segrega las espículas. Después, en 1910, Kirkpatrick encontró *Merlia normani* en Madeira, una segunda esponja con espículas silíceas y un esqueleto calcáreo suplementario.

Inevitablemente, Kirkpatrick dio rienda suelta a su pasión por la síntesis sobre la *Merlia*. Se dio cuenta de que su esqueleto calcáreo se asemejaba a varios grupos problemáticos de fósiles habitualmente clasificados como corales: los estromatopóridos y los tabulados cetétidos en particular. (Esto puede parecer a muchos una cuestión trivial, pero puedo asegurarles que es una preocupación de primera línea de todos los paleontólogos profesionales. Los estromatopóridos y los cetétidos son muy comunes como fósiles; forman arrecifes en algunos depósitos muy antiguos. Su situación taxonómica forma parte de los misterios clásicos de mi campo, y muchos paleontólogos distinguidos han dedicado la totalidad de sus carreras a su estudio.) Kirkpatrick decidió que estos y otros fósiles enigmáticos debían ser esponjas. Se decidió a buscar espículas en ellos, un signo claro de afinidad con las esponjas. En efecto, todos ellos contenían espículas. Podemos estar seguros de que Kirkpatrick se había engañado a sí mismo otra vez en algunos casos, ya que incluyó entre sus esponjas al briozoo indiscutible *Monticulipora*. En cualquier caso, Kirkpatrick pronto empezó a sentirse interesado en su teoría de la numulosfera. Jamás llegó a publicar el gran tratado que había planeado realizar acerca de la *Merlia*. La numulosfera lo convirtió en un paria científico, y su trabajo sobre las esponjas coralinas quedó prácticamente en el olvido.

Kirkpatrick trabajaba del mismo modo tanto al estudiar sus numulosferas como con las esponjas coralinas: invocaba una similitud de forma en abstracto para inferir de la forma geométrica un origen común de objetos que a nadie se le habría ocurrido unir, y persiguió su teoría con tal pasión que eventualmente «vio» la forma esperada, incluso donde era manifiesto que no existía. Aun así, debo hacer notar una diferencia importante entre los dos estudios: Kirkpatrick tenía razón en el de las esponjas.

Durante los años sesenta, Thomas Goreau, malogrado miembro del Laboratorio Marino de Discovery Bay, de Jamaica, empezó a explorar los ambientes crípticos de los arrecifes de las Antillas. Sus fisuras, grietas y cuevas contienen una fauna importante no detectada hasta hoy. En uno de los más excitantes descubrimientos zoológicos de los últimos veinte años, Goreau y sus colegas Jeremy Jackson y Willard Hartman demostraron que estos hábitats contienen numerosos «fósiles vivientes». Esta comunidad críptica parece representar un ecosistema completo literalmente oculto por la evolución de formas más modernas. La comunidad puede resultar críptica, pero sus miembros ni están moribundos ni son poco comunes. Las paredes interiores de las cuevas y las grietas forman una parte importante de los arrecifes modernos. Antes del advenimiento de la escafandra autónoma, los científicos no podían acceder a estas áreas.

Hay dos elementos que dominan en esta fauna críptica: los braquiópodos y las esponjas coralinas de Kirkpatrick. Goreau y Hartman describieron seis especies de esponjas coralinas en talud antearrecifal del arrecife de Jamaica. Estas especies forman la base de toda una nueva clase de esponjas, las esclerosponjas. En el transcurso de su trabajo redescubrieron los trabajos de Kirkpatrick y estudiaron sus opiniones acerca de la relación entre las esponjas coralinas y los enigmáticos estromatopóridos y cetétidos fósiles. «Los comentarios de Kirkpatrick —escriben—, nos han llevado a comparar las esponjas coralinas arriba descritas con representantes de varios grupos de organismos conocidos a través del registro fósil.» Han demostrado, y en mi opinión convincentemente, que esos fósiles son, efectivamente, esponjas. Un importante descubrimiento zoológico ha desentrañado un importante problema de la paleontología. Y el viejo loco de Kirkpatrick lo había sabido todo el tiempo.

Cuando escribí a Hartman para preguntarle por Kirkpatrick, me advirtió que no juzgara al hombre con demasiada dureza por su numulosfera, ya que su trabajo taxonómico acerca de las esponjas había sido bueno. Pero yo respeto a Kirkpatrick tanto por sus esponjas como por su numinosa numulosfera. Es fácil ignorar una teoría demencial riéndose de ella, lo que anula automáticamente todo intento por comprender las motivaciones del hombre que la ideó; y la numulosfera es una teoría demencial. He descubierto que son pocas las personas con imaginación que no sean dignas de atención. Sus ideas pueden estar equivocadas, pueden incluso ser estúpidas, pero sus métodos frecuentemente merecen un estudio más minucioso. Hay pocas pasiones honradas que no se basen en alguna percepción de una unidad válida o en alguna anomalía digna de mención. El tamborilero que es diferente a veces marca un ritmo fructífero.

23

BATHYBIUS Y *EOZOON*

Cuando Thomas Henry Huxley perdió a su joven hijo por la escarlatina, Charles Kingsley intentó consolarlo con una larga perorata acerca de la inmortalidad. Huxley, que inventó la palabra «agnóstico» para describir sus propios sentimientos, agradeció a Kingsley su interés pero rechazó el consuelo que le ofrecía por falto de evidencia. En un famoso pasaje adoptado desde entonces por muchos científicos como lema de la acción adecuada, escribió: «Mi trabajo consiste en enseñar a mis aspiraciones a acomodarse a la realidad, no intentar hacer que los hechos armonicen con mis aspiraciones ... Sentaros ante los hechos como un niño pequeño, estad preparados para abandonar cualquier idea preconcebida, id humildemente dondequiera y a cualesquiera abismos a los que os guíe la naturaleza o no aprenderéis nada». Los sentimientos de Huxley eran nobles, su dolor contagioso. Pero Huxley no seguía sus propios dictados, y ningún científico creativo lo ha hecho jamás.

Los grandes pensadores jamás permanecen pasivos ante los hechos. Le hacen preguntas a la naturaleza, no la siguen humildemente. Tienen esperanzas e intuiciones, e intentan por todos los medios construir el mundo según su propio criterio. Por lo tanto, los grandes pensadores cometen también grandes errores.

Los biólogos han escrito un largo y singular capítulo en el catálogo de los grandes errores: animales imaginarios que debían existir en teoría. Voltaire decía la verdad cuando comentaba mordazmente: «Si Dios no existiera sería necesario inventarlo». En los primeros días de la teoría evolutiva surgieron dos quimeras relacionadas e intersectadas: dos animales que debían existir, según el criterio de Darwin, pero que no existían. Una de ellas tenía por padrino a Thomas Henry Huxley.

Para la mayor parte de los creacionistas, la diferencia entre lo vivo y lo inerte no planteaba ningún problema en particular. Dios se había limitado a hacer lo vivo, totalmente distinto y más avanzado que las rocas y los productos químicos. Los evolucionistas pretendían cubrir todos los huecos. Ernst Haeckel, el principal defensor de Darwin en Alemania y sin duda el más especulativo e imaginativo de los primeros evolucionistas, construyó organismos hipotéticos para abarcar todos los espacios. La humilde ameba no podía servir como modelo de la vida primigenia, dado que su diferenciación interna en núcleo y citoplasma indicaba una gran separación de la informidad primitiva. Así, Haeckel propuso un organismo más primitivo, compuesto tan sólo de protoplasma no organizado, la mónera. (De algún modo, estaba en lo cierto. Utilizamos su nombre hoy en día para designar el reino de las bacterias y de las algas verdiazules, organismos carentes de núcleo y de mitocondrias, aunque no carentes de forma en el sentido utilizado por Haeckel.)

Haeckel describió su mónera como «una sustancia totalmente homogénea y carente de estructura, una partícula de albúmina viviente capaz de alimentarse y reproducirse». Propuso la mónera como una forma intermedia entre lo vivo y lo inerte. Esperaba que ello resolviera la frustrante cuestión del origen de la vida a partir de lo inorgánico, ya que ningún problema les parecía más espinoso a los evolucionistas y ninguna cuestión atraía más apoyo de retaguardia a los creacionistas que la aparente distancia entre los más complejos productos químicos y los organismos más simples. Haeckel escribió: «Cada célula verdadera muestra ya una división en dos partes diferenciadas, a saber, el núcleo y el plasma. La producción inmediata de semejante objeto por generación espontánea es concebible tan sólo con dificultad; pero es mucho más fácil concebir la producción de una sustancia enteramente homogénea, orgánica, tal como el cuerpo de albúmina sin estructura del mónera».

Durante la década de 1860, la identificación de móneras asumió una alta prioridad en la agenda de los defensores de Darwin. Y cuanto más difuso y carente de estructura fuera la mónera, tanto mejor. Huxley le había dicho a Kingsley que seguiría los datos hasta un abismo metafórico. Pero cuando examinó un abismo real en 1868 sus esperanzas y expectativas guiaron sus observaciones. Había estudiado algunas muestras de cieno dragado del fondo del mar al noroeste de Irlanda diez años antes. Observó una sustancia rudimentaria, gelatinosa, en las muestras. Incluidas en ella había diminutas placas calcáreas circulares, llamadas *cocolitos*. Huxley identificó su gelatina como la anunciada e informe mónera, y los cocolitos como su esqueleto primordial. Hoy sabemos que los cocolitos son fragmentos de esqueletos de algas que se hunden hasta el fondo tras la muerte de sus planctónicas productoras. Haciendo honor a la predicción de Haeckel, la denominó *Bathybius Haeckelii.* «Espero que no se sienta usted avergonzado de su apadrinado», le escribió a Haeckel. Haeckel le respondió que se sentía «muy orgulloso» y ponía fin a su nota con un grito de triunfo: «¡Viva la mónera!».

Dado que nada resulta más convincente que un descubrimiento ya previsto, los *Bathybius* empezaron a aparecer por todas partes. Sir Charles Wyville Thomson dragó una muestra del fondo del Atlántico y escribió: «El cieno estaba de hecho vivo; se apelmazaba en bolas como si estuviera mezclado con clara de huevo; y la masa viscosa resultó ser, al microscopio, un sarcodino viviente. El profesor Huxley ... lo llama *Bathybius*». (Los sarcodinos son un grupo de protozoos unicelulares.) Haeckel, siguiendo sus inclinaciones habituales, no tardó en imaginarse que todo el fondo del océano (por debajo de los mil quinientos metros) estaba cubierto por una pulsante película de *Bathybius* vivos, el *Urschleim* (mucílago original) de los filósofos románticos de la naturaleza (Goethe fue uno de ellos), idolatrados por Haeckel durante su juventud. Huxley, rompiendo con su sobriedad habitual, dio una conferencia en 1870 y proclamó: «El *Bathybius* formaba un

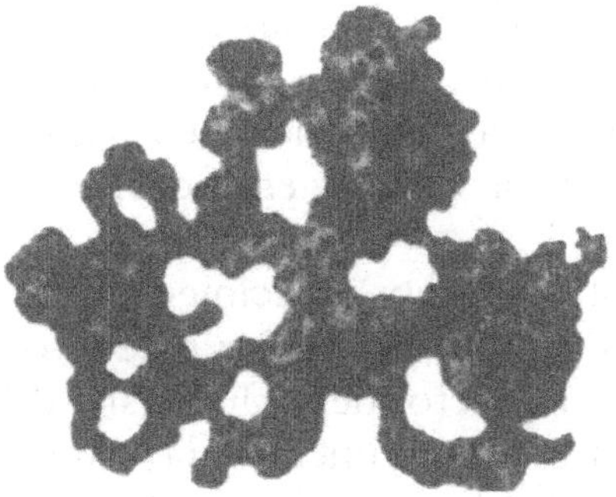

16. Ilustración original de Haeckel de *Bathybius*. Las estructuras discoidales son cocolitos incluidos en la masa gelatinosa.

légamo o película viviente sobre el lecho marino, extendiéndose sobre miles y miles de kilómetros cuadrados ... probablemente forme un légamo continuo de materia viva que abraza la totalidad de la superficie de la Tierra».

Una vez alcanzados los límites de su extensión en el espacio, *Bathybius* se lanzó a la conquista del único terreno que quedaba: el tiempo. Y allí se encontró con nuestra segunda quimera.

Eozoon canadense, el animal del alba de Canadá, era otro organismo al que le había llegado su momento. El registro fósil le había producido a Darwin más penalidades que alegrías. Nada le preocupaba más que la explosión del Cámbrico, la aparición simultánea de casi todos los diseños orgánicos complejos, no exactamente cerca del comienzo de la historia de la Tierra, sino a más de cinco sextas partes del camino. Sus oponentes consideraban éste el momento de la creación, ya que no se había descubierto una sola traza de vida precámbrica cuando Darwin escribió *El origen de las especies.* (Disponemos ahora de un extenso registro de móneras procedentes de estas rocas primitivas; véase el ensayo 21.) Nada habría sido mejor recibido que un organismo precámbrico, cuanto más simple e informe, tanto mejor.

En 1858, un recolector de la Inspección Geológica de Canadá encontró algunos curiosos especímenes entre las rocas más antiguas de la Tierra. Consistían en una estructura de capas delgadas y concéntricas en las que alternaba la serpentina (un silicato) con el carbonato cálcico. Sir William Logan, director de la Inspección Geológica, pensó que podrían ser fósiles y se los enseñó a varios científicos, pero su idea recibió poco respaldo.

Logan encontró algunos especímenes mejores cerca de Ottawa en 1864 y los llevó al mejor paleontólogo de Canadá, J. William Dawson, rector de la Universidad McGill. Dawson encontró estructuras «orgánicas», incluido un sistema de canales, en la calcita. Identificó las capas concéntricas como el esqueleto de un foraminífero gigante, más difusamente formado, pero cientos de veces mayor que cualquier pariente moderno. Lo denominó *Eozoon canadense,* el animal del alba canadiense.

Darwin se quedó encantado. *Eozoon* fue incorporado a la cuarta edición de *El origen de las especies* con la bendición de Darwin: «Es imposible albergar duda alguna acerca de su naturaleza orgánica». (Irónicamente, el propio Dawson era un creacionista convencido, probablemente el último opositor eminente de la evolución. Ya en 1897, escribió *Relics of Primeval Life,* un libro acerca de *Eozoon.* En él argumenta que la persistencia de simples foraminíferos a lo largo del tiempo desautoriza la teoría de la selección natural ya que cualquier lucha por la supervivencia sustituiría tan humilde criatura por algo más exaltado.)

Bathybius y *Eozoon* estaban destinados a unirse. Compartían la deseada propiedad de una difusa falta de forma y diferían tan sólo en el discreto esqueleto de *Eozoon.* O bien *Eozoon* había perdido su concha para convertirse en *Bathybius,* o bien las dos criaturas primordiales estaban íntimamente relacionadas como ejemplares de simplicidad orgánica. El gran fisiólogo W. B. Carpenter, defensor de ambas criaturas, escribió:

> Si *Bathybius* pudiera formar para sí una estructura calcárea, esa envoltura sería muy semejante a *Eozoon.* Más aún, como el profesor Huxley ha demostrado la existencia de *Bathybius* a lo largo de un amplio abanico, no sólo de profundidades, sino también de temperaturas, no puedo por menos que considerar probable que

> haya existido continuamente en los mares profundos de todas las épocas geológicas ... Estoy totalmente dispuesto a creer que *Eozoon,* así como *Bathybius,* pueden haber mantenido una existencia a lo largo de toda la duración del tiempo geológico.

¡He aquí una visión para emocionar a cualquier evolucionista! La materia orgánica informe prevista había sido hallada, y se extendía a través del espacio y del tiempo para cubrir el misterioso y primigenio fondo oceánico.

Antes de emprender la crónica de la caída de ambas criaturas, desearía dejar identificado un prejuicio que yacía inexpresado e indefendido en toda la literatura principal. Todos los participantes en el debate aceptaban sin discusión la «obvia» verdad de que la vida más primitiva era homogénea e informe, difusa y rudimentaria.

Carpenter escribió que *Bathybius* era «un tipo inferior, *porque era menos definido* que el de las esponjas». Haeckel declaró que «el protoplasma existe aquí en su forma más sencilla y primitiva, es decir, carece prácticamente de forma y está escasamente individualizado». De acuerdo con Huxley, la vida sin la complejidad interna de un núcleo, demostraba que la organización surgía de una vitalidad indefinida y no al revés: *Bathybius* «demuestra la ausencia de todo poder misterioso en los núcleos y demuestra también que la vida es una propiedad de las moléculas de la materia vida, y que la organización es el resultado de la vida, y no la vida el resultado de la organización».

Pero ¿por qué, cuando nos ponemos a pensar en ello, tenemos que equiparar lo informe con lo primitivo? Los organismos actuales no dan pábulo a semejante criterio. Los virus no tienen prácticamente rival en regularidad y repetición de la forma. Las bacterias más simples tienen formas definidas. El grupo taxonómico que alberga a la ameba, ese prototipo de desorganización viscosa, acomoda también a los radiolarios, los más hermosos y complejamente tallados de los organismos regulares. El ADN es un milagro de organización; Watson y Crick dilucidaron su estructura construyendo un complicado modelo de Tinkertoy y asegurándose de que encajaban todas las piezas. Yo no pretendo plantear ninguna idea mística pitagórica de que las formas regulares subyacen a toda organización, pero sí argumentaría que la equiparación de primitivo con informe tiene sus raíces en la metáfora progresista ya caduca que ve la historia orgánica como una escalera que conduce, inexorablemente, a través de todas las etapas de complejidad, desde la nada hasta nuestra propia noble forma. Está bien para el ego, sin duda, pero no constituye un cuadro muy exacto de nuestro mundo.

En cualquier caso, ni *Bathybius* ni *Eozoon* sobrevivieron a la reina Victoria. El mismo sir Charles Wyville Thomson, que tan calurosamente había hablado de *Bathybius* como una «masa viscosa ... realmente viva», se convirtió más tarde en el jefe científico de la expedición del *Challenger* durante la década de 1870, el más famoso de los viajes científicos para explorar los océanos del mundo. Los científicos del *Challenger* intentaron una y otra vez encontrar *Bathybius* en nuevas muestras de fango de los fondos profundos, pero sin éxito.

Cuando los científicos almacenaban muestras de fango para su posterior análisis, añadían tradicionalmente alcohol para preservar la materia orgánica. El *Bathybius* de Huxley había sido encontrado en muestras conservadas en alcohol durante más de una década. Un miembro de la expedición del *Challenger* se dio cuenta de que siempre que se le añadía alcohol a una muestra fresca aparecía *Bathybius.* El químico de la expedición procedió entonces a analizar *Bathybius* y descubrió que no era más que un precipitado coloidal de sulfato cálcico, un producto de la reacción del barro con el alcohol. Thomson escribió a Huxley y Huxley, sin protestar, se comió sus palabras (o comió puerros, como lo expresó él mismo). Haeckel, como era de esperar, resultó más difícil de convencer, pero *Bathybius* se desvaneció silenciosamente.

Eozoon duró algún tiempo más. Dawson lo defendió literalmente hasta la muerte en algunos de los comentarios más acerbos jamás escritos por científico alguno. En 1897, comentó acerca de un crítico alemán: «Mobius, no me cabe duda, hizo todo lo que supo y pudo desde su peculiar y limitado punto de vista; pero fue un crimen, que la ciencia no debería perdonar ni olvidar fácilmente, por parte de los editores de la revista alemana, el publicar e ilustrar como material científico un trabajo que estaba muy lejos de resultar ni justo ni adecuado». Dawson, por aquel entonces, era ya un recalcitrante al que habían dejado solo (aunque el Kirkpatrick del ensayo 22 revivió *Eozoon* más adelante bajo una forma más extraña). Todos los científicos estaban de acuerdo en que *Eozoon* era inorgánico, un producto metamórfico del calor y la presión.

De hecho, acababa de ser encontrado en una roca muy metamorfizada, un lugar extremadamente poco auspicioso para encontrar un fósil. Por si hubieran sido necesarias más pruebas, el descubrimiento de *Eozoon* en bloques de piedra caliza eyectados por el Vesubio decidió la cuestión en 1894.

Desde entonces, *Bathybius* y *Eozoon* han sido tratados por los científicos como algo embarazoso que más vale olvidar. La conspiración tuvo un éxito admirable, y me sorprendería que un 1 por 100 de los biólogos modernos hubieran oído siquiera hablar de las dos fantasías. Los historiadores, formados en la más antigua (e invalidada) tradición de considerar la ciencia como una marcha hacia la verdad, mediatizada por una progresiva eliminación de los errores, también se mantuvieron tranquilos. ¿Qué podemos sacar de los errores excepto una buena carcajada o un compendio de homilías morales y de cosas «que no hay que hacer»?

Los modernos historiadores de la ciencia tienen más respeto por estos errores inspirados. Tuvieron sentido en su momento; el que no lo tengan en el nuestro resulta irrelevante. Nuestro siglo no constituye ningún baremo para juzgar todas las eras; la ciencia es siempre una interacción entre la cultura dominante, la excentricidad individual y las constricciones empíricas. Por ello, *Bathybius* y *Eozoon* han recibido más atención en la década de 1970 que en todos los años transcurridos desde su caída. (Para escribir este ensayo, me guiaron a las fuentes originales y me inspiraron grandemente los artículos de C. F. O'Brien sobre *Eozoon* y los de N. A. Rupke y P. F. Rehbock sobre *Bathybius*. El artículo de Rehbock es particularmente meticuloso y penetrante.)

La ciencia contiene pocos tontos rematados. Los errores tienen habitualmente buenas razones de ser una vez que entramos adecuadamente en su contexto y evitamos juzgar con arreglo a nuestra propia percepción actual de la «verdad». Normalmente resultan más iluminadores que embarazosos, porque son indicadores de situaciones cambiantes. Los mejores pensadores tienen la imaginación necesaria para crear visiones organizadoras, y son lo suficientemente aventureros (o egocéntricos) como para exponerlas ante un mundo complejo que jamás puede responder «sí» en todos sus puntos. El estudio de los errores inspirados no debería engendrar una homilía acerca del pecado del orgullo; debería llevarnos a reconocer que la capacidad para las grandes percepciones y los grandes errores son las dos caras de una misma moneda; y que el valor de ambas es la brillantez.

Bathybius fue, sin lugar a dudas, un error inspirado. Sirvió a la mayor verdad de impulsar la teoría evolutiva. Suministró una visión cautivadora de la vida primordial, extendiéndose a través del tiempo y el espacio. Como argumenta Rehbock, interpretó una plétora de papeles simultáneamente, como la forma más primitiva de la protozoología, la unidad elemental de la citología, el precursor evolutivo de todos los organismos, la primera forma orgánica del registro fósil, el constituyente principal de los sedimentos marinos de hoy en día (sus cocolitos) y la fuente alimentaria de la vida superior en las nutritivamente empobrecidas profundidades marinas. Al desvanecerse *Bathybius,* los problemas que había definido no desaparecieron. *Bathybius* inspiró gran cantidad de fructíferos trabajos científicos y sirvió como punto focal para la definición de importantes problemas que aún están con nosotros.

La ortodoxia puede ser tan tozuda en las ciencias como en la religión. No sé cómo se la puede sacudir si no es por medio de una imaginación que inspire trabajos no convencionales y que contenga en sí misma un elevado potencial para el error inspirado. Como escribió el gran economista italiano Vilfredo Pareto: «Dadme errores fructíferos, llenos de semillas, llenos a reventar de sus propias correcciones. Podéis quedaros con vuestra estéril verdad». Por no mencionar a un hombre llamado Thomas Henry Huxley que, cuando no se encontraba en las agonías del dolor o en las guerras de la caza de curas, argumentaba que «las verdades irracionalmente defendidas pueden ser más dañinas que los errores razonados».

24

¿CABRÍAMOS DENTRO DE UNA CÉLULA DE UNA ESPONJA?

Pasé el 31 de diciembre de 1979 leyendo un montón de periódicos dominicales de Nueva York, correspondientes al último fin de semana de la década. Claramente destacadas, como siempre ocurre durante los melancólicos momentos de tan artificial transición, había listas de predicciones acerca de las «entradas» y «salidas» que se producirían con el cambio de década: ¿Qué rechazarían los años ochenta que hubieran atesorado los setenta? ¿Qué cosa, despreciada en los años setenta, sería redescubierta en los ochenta?

Esta desbordante especulación contemporánea me trajo a la memoria la última transición de uno a otro siglo y me llevó a la consideración de las «entradas» y «salidas» en la biología a esta escala. El tema más candente de la biología del siglo XIX sufrió un eclipse en el XX. Y, no obstante, casualmente yo siento un especial aprecio por él. También creo que los métodos modernos lo revivirán como cuestión importante a lo largo de las décadas que quedan de nuestro siglo.

La revolución de Darwin llevó a una generación de naturalistas a ver la reconstrucción del árbol de la vida como su tarea evolutiva fundamental. Al embarcarse, como hombres ambiciosos, en un nuevo y audaz curso, no prestaron gran atención a las pequeñas ramitas (la relación entre los tigres y los leones) y ni siquiera a las ramas normales (la ligazón entre los mejillones y los berberechos); pretendían llegar al mismísimo tronco e identificar sus ramas principales: ¿qué relación existe entre las plantas y los animales?, ¿de qué antecesor surgieron los vertebrados?

Según su errónea perspectiva, estos naturalistas disponían también de un método que podría extraer las respuestas que buscaban de los fragmentarios datos a su disposición. Según la «ley biogenética» de Haeckel (la ontogenia recapitula la filogenia), un animal recorre su propio árbol familiar durante su desarrollo embrionario. La simple observación de los embriones debería poner al descubierto un desfile de antecesores adultos en su orden correcto. (Por supuesto, nada resulta nunca tan poco complicado. Los recapitulacionistas sabían que algunas fases embrionarias representaban adaptaciones inmediatas, no reminiscencias ancestrales, y comprendían también que las fases podían estar cambiadas, incluso invertidas, por los diferentes ritmos de crecimiento de los diferentes órganos. No obstante, creían que tan «superficiales» modificaciones podían siempre ser reconocidas y soslayadas, dejando intacto el desfile ancestral.) E. G. Conklin, que posteriormente se convirtió en oponente de la «filogenización», recordaba el seductor atractivo de la ley de Haeckel:

> Aquí había un método que prometía desvelar más secretos importantes del pasado que el desenterramiento de todos los monumentos sepultados de la Antigüedad: de hecho, nada menos que un árbol genealógico completo de todas las diversificadas formas de vida que habitan la Tierra.

Pero el cambio de siglo anunció también la caída de la recapitulación. Pereció fundamentalmente porque la genética mendeliana (redescubierta en 1900) hizo insostenibles sus premisas. (El «desfile de adultos» requería que la evolución procediera tan sólo por medio de la adición de nuevas etapas al final de las ontogenias ancestrales. Pero si los nuevos caracteres están controlados por genes, y estos genes han de estar presentes desde el momento mismo de la concepción, entonces ¿por qué no habrían de expresarse los nuevos caracteres en cualquier etapa del desarrollo embrionario o del crecimiento posterior?) No obstante, su lustre hacía ya tiempo que se había apagado. El presupuesto de que siempre podrían ser diferenciadas las reminiscencias ancestrales de las adaptaciones embrionarias recientes no se había sostenido. Faltaban demasiadas etapas; otras muchas estaban confusas. La aplicación de la ley de Haeckel produjo discusiones interminables, irresolubles y estériles, no un inequívoco árbol de la vida. Algunos constructores de árboles querían derivar a los vertebrados de los equinodermos, otros de los anélidos, y otros aún de los xifosuros. E. B. Wilson, apóstol del método experimental «exacto» que suplantaría a la filogenización especulativa, se quejaba en 1894:

> Es motivo de reproche a los morfólogos que su ciencia se vea cargada de semejante masa de especulaciones e hipótesis, muchas de ellas mutuamente excluyentes, en ausencia de un baremo de valoración bien definido, por medio del cual estimar su probabilidad relativa. La verdad es que la búsqueda ... ha llevado demasiado a menudo a una enloquecida especulación indigna del nombre de ciencia; y no sería de extrañar que el estudiante moderno, especialmente tras una formación en los métodos actuales de ciencias más exactas, considerara todo el aspecto filogenético de la morfología como una especie de pedantería especulativa indigna de mayor atención.

La filogenización perdió los favores de la mayoría, pero no se puede mantener enterrado un tema intrínsecamente excitante (hablo de la filogenización de niveles altos: el tronco y las ramas. Sobre las ramitas y las ramas secundarias, donde las evidencias son más adecuadas, el trabajo siempre ha seguido su ritmo, con mayor seguridad y menos excitación). No necesitábamos *Raíces** para recordarnos que la genealogía ejerce una extraña fascinación sobre las personas. Si el descubrir las huellas de un lejano tatarabuelo en una pequeña

* Famosa novela de A. Halley y posteriormente serie de televisión que relata las peripecias de varias familias de negros norteamericanos, desde su captura como esclavos en el siglo XIX hasta nuestros días. *(N. del r.)*

población de más allá de los mares nos llena de satisfacción, entonces el rastrear aún más atrás, hasta un simio africano, un reptil, un pez, ese antecesor aún desconocido de los vertebrados, un antecesor unicelular, incluso hasta el propio origen de la vida, puede resultar positivamente sobrecogedor. Desafortunadamente, incluso podríamos decir de forma perversa que cuanto más atrás nos remontamos en el tiempo, tanto más fascinados quedamos y tanto menos sabemos. En este ensayo me propongo discutir un caso clásico de la filogenización como ejemplo de los gozos y las frustraciones de un tema que se niega a desaparecer: el origen de la pluricelularidad en los animales.

Idealmente, podríamos adherirnos a una solución simple y empírica de la cuestión. ¿Acaso no podemos esperar a que aparezca una secuencia de fósiles tan correctamente intermedia entre un protista (antepasado unicelular) y un metazoo (descendiente pluricelular) como para que toda duda quede descartada? Podemos olvidar sin más preámbulos tales esperanzas: la transición se produjo en criaturas no fosilizables de cuerpo blando, mucho antes del comienzo de un registro fósil adecuado durante la explosión del Cámbrico, hace unos seiscientos millones de años. Los primeros metazoos fósiles no sobrepasan a los metazoos modernos más primitivos en su similitud a los protistas. Debemos dirigir nuestra atención a los organismos vivos, con la esperanza de que alguno preserve aún trazas adecuadas de sus antecesores.

No hay misterio alguno en el método de la reconstrucción genealógica. Se basa en el análisis de similitudes entre parientes presumibles. Por desgracia, *similitud* no es un concepto simple. Surge por dos razones fundamentales diferentes. La construcción de árboles evolutivos requiere que ambas estén rigurosamente separadas, ya que la una indica la genealogía mientras que la otra se limita a confundirnos. Dos organismos pueden mantener el mismo rasgo porque ambos lo heredaran de un antecesor común. Estas son similitudes *homólogas,* e indican «proximidad de descendencia», por utilizar las palabras de Darwin. Las extremidades anteriores en las personas, los delfines, los murciélagos y los caballos constituyen el ejemplo clásico de homología en la mayor parte de los libros de texto. Tienen un aspecto diferente y hacen cosas diferentes pero están formadas por los mismos huesos. Ningún ingeniero, partiendo de la nada para cada caso, hubiera construido estructuras tan dispares con las mismas partes. Por lo tanto, las partes existen antes que la particular serie de estructuras que hoy las albergan: en pocas palabras, fueron heredadas de un antecesor común.

Dos organismos pueden también compartir una característica como resultado de un cambio evolutivo independiente, pero similar, en estirpes diferentes. Estas son similitudes *análogas*; son la plaga de los genealogistas, ya que destruyen nuestra ingenua idea de que las cosas que se parecen deberían estar íntimamente relacionadas. Las alas de las aves, los murciélagos y las mariposas adornan la mayor parte de los textos como ejemplo típico de analogía. Ningún antecesor común de ningún par de ellos tenía alas.

Nuestras dificultades en la identificación de los troncos y las ramas del árbol de la vida no registran las confusas ideas acerca de los métodos que debemos seguir. Todos los naturalistas de relieve, desde Haeckel en adelante (e incluso anteriormente) planteaban correctamente sus procedimientos: separar las similitudes homólogas de las análogas, descartar las analogías y construir la genealogía sobre la base única de la homología. La ley de Haeckel era un procedimiento, desafortunadamente incorrecto, para el reconocimiento de la homología. El objetivo está, y siempre estuvo, bien claro.

En un sentido amplio, sabemos cómo identificar las homologías. La analogía tiene sus límites. Puede construir similitudes externas funcionales sorprendentes en estirpes no relacionadas entre sí, pero no tiene que modificar millares de partes complejas e independientes de la misma manera. A un cierto nivel de precisión, las similitudes deben ser homólogas. Desgraciadamente, rara vez disponemos de la suficiente información como para estar seguros de que hemos llegado al nivel requerido. Cuando comparamos los metazoos primitivos con diferentes protistas como parientes potenciales, a menudo trabajamos tan sólo con unas cuantas características comunes en busca de algún contraste; demasiado pocas como para afirmar con seguridad la existencia de una homología. Más aun, los pequeños cambios genéticos tienen a menudo profundos efectos sobre la forma exterior adulta. Por lo tanto, una similitud que parezca excesivamente extraña y compleja como para surgir en más de una ocasión, puede de hecho registrar un cambio simple y repetible. Lo que es más importante, ni siquiera estamos comparando los organismos adecuados, sino tan sólo sus pálidos reflejos. La transición de los protistas a los metazoos se produjo hace más de seiscientos millones de años. Todos los antecesores auténticos y los descendientes originales desaparecieron hace ya eones. Tan sólo podemos esperar que sus rasgos esenciales de identificación se hayan conservado en algunas formas modernas. Y, no obstante, si han sido conservados habrán sido modificados sin duda y recubiertos por una plétora de adaptaciones especializadas. ¿Cómo podemos separar las estructuras originales de las modificaciones posteriores y de las adaptaciones nuevas? Nadie ha encontrado nunca una guía infalible.

Sólo dos escenarios se han visto favorecidos como probables para el origen de los metazoos a partir de los protistas: en el primero (amalgamación), un grupo de células de protistas se juntaron, empezaron a vivir en forma de colonia, desarrollaron una división del trabajo y de las funciones entre ellas, y formaron finalmente una estructura integrada; en el segundo (división), se formaron particiones celulares en el seno de una única célula protista. (Un tercer escenario potencial, el fracaso reiterado de las células hijas en separarse tras la división celular, tiene pocos seguidores hoy en día.)

En el principio mismo de nuestra investigación, nos enfrentamos con el problema de la homología. ¿Qué hay de la pluricelularidad por sí misma? ¿Surgió acaso una sola vez? ¿Habremos explicado su presencia en todos los animales una vez decidido cómo apareció en el más primitivo? ¿O acaso evolucionó varias veces? En otras palabras, ¿es la pluricelularidad de varias estirpes animales homóloga o análoga?

El grupo de los metazoos considerado habitualmente como el más primitivo, el de las esponjas, surgió claramente del primer escenario, el de la amalgamación. De hecho, la mayor parte de las esponjas actuales son poco más que federaciones holgadamente entretejidas de protistas flagelados. En algunas especies, las células pueden incluso ser desagregadas pasando la esponja a través de una tela de seda fina. Las células se mueven entonces independientemente, se agregan de nuevo en pequeños pegotes, se diferencian y regeneran una nueva esponja en su forma original. Si todos los animales surgieron de las esponjas, entonces la pluricelularidad es homóloga en todo nuestro reino, y surgió por amalgamación.

Pero la mayor parte de los biólogos consideran las esponjas como un punto muerto evolutivo carente de descendencia subsiguiente. La pluricelularidad es, después de todo, un candidato de primera línea a la evolución frecuente e independiente. Exhibe las dos principales características de la similitud análoga: es razonablemente sencilla de lograr y es, a la vez, altamente adaptativa y el único camino potencial hacia los beneficios que confiere. Las células aisladas, a pesar de los huevos de avestruz, no pueden ser muy grandes. El entorno físico de la Tierra contiene cantidades ingentes de hábitats accesibles tan sólo a criaturas de un tamaño superior al máximo posible de una única célula. (Considérese simplemente la estabilidad que surge del hecho de ser lo suficientemente grande como para poder penetrar en el reino en el que la gravedad eclipsa las fuerzas que actúan sobre las superficies. Dado que la relación superficie/volumen disminuye con el crecimiento, el aumento de tamaño es el camino más seguro a este reino.)

La pluricelularidad no sólo ha evolucionado separadamente en los tres grandes reinos superiores de la vida (plantas, animales y hongos), sino que probablemente surgiera varias veces en cada uno de ellos. La mayor parte de los biólogos están de acuerdo en que todos los orígenes, en el seno de las plantas y los hongos, se produjeron por amalgamación: estos organismos son los descendientes de colonias de protistas. ¿Podemos entonces declarar la cuestión resuelta y afirmar que la pluricelularidad, aunque análoga tanto a través como en el seno de los reinos, evolucionó del mismo modo básico todas las veces?

Los protistas modernos incluyen formas coloniales que muestran tanto una disposición regular de las células como una diferenciación incipiente. ¿Recuerdan las colonias de *Volvox* de los laboratorios de biología de la escuela superior? (De hecho, debo confesar que yo no. Yo asistí a una escuela pública en Nueva York justo antes del lanzamiento del *Sputnik*. No teníamos ningún laboratorio, aunque nada más irme yo, llegó en un abrir y cerrar de ojos.) Algunos *Volvox* forman colonias con un número definido de células dispuestas de un modo regular. Las células pueden ser de distintos tamaños, y la función reproductora puede estar restringida a las células de uno de los extremos. ¿Acaso hay un paso muy grande entre esto y una esponja?

Sólo entre los animales podemos plantear un buen argumento a favor de otro escenario. ¿Surgieron algunos animales, incluidos nosotros mismos, por medio de la división? Esta pregunta no tendrá respuesta hasta que resolvamos uno de los acertijos más antiguos de la zoología: la condición del fílum Cnidarios (los corales y sus afines, pero incluye también a los bellísimos y translúcidos ctenóforos). Casi todo el mundo está de acuerdo en que los cnidarios surgieron por amalgamación. El dilema reside en su relación con otros fílums animales. Casi todas las ideas imaginables tienen sus defensores: los cnidarios como rama separada del reino animal carente de descendencia; los cnidarios como antecesores de todos los fílums de animales superiores (la visión clásica del siglo XIX); los cnidarios como descendientes degenerados de un fílum superior. Si cualquiera de estas dos últimas alternativas queda establecida algún día, entonces nuestra cuestión quedará resuelta: todos los animales surgieron por amalgamación, probablemente en dos veces (las esponjas y todo lo demás). Pero si los fílums de los animales «superiores» no están íntimamente relacionados con los cnidarios, si representan una tercera evolución por separado de la pluricelularidad en el reino animal, entonces el escenario de la división deberá tomarse en consideración seriamente.

Los defensores de un origen separado de los animales superiores suelen citar a los platelmintos (gusanos planos) como posible tronco ancestral. Earl Hanson, un biólogo de la Universidad Wesleyana, se ha convertido en un auténtico cruzado, tanto del origen platelmíntico de los animales superiores, como del escenario de la división. Si prevalece esta visión iconoclasta, entonces todos los animales superiores, incluidos por supuesto a los seres humanos, probablemente sean los únicos productos pluricelulares de la división en lugar de serlo de la amalgamación.

Hanson ha defendido su opinión estudiando las similitudes existentes entre un grupo de protistas llamados *ciliados* (que incluye al conocido *Paramecium*) y los más «simples» de los platelmintos, los acelos (así llamados por no haber desarrollado una cavidad corporal). Muchos ciliados tienen un gran número de núcleos dentro de su única célula. Si surgieran particiones celulares entre los núcleos, ¿sería la criatura resultante lo suficientemente similar a un gusano acelo como para justificar la afirmación de una homología?

Hanson documenta una extensa serie de, similitudes entre los ciliados multinucleados y los acelos. Estos son diminutos gusanos planos marinos. Algunos pueden nadar, y unos pocos viven en aguas de hasta doscientos cincuenta metros de profundidad, pero en su mayor parte se arrastran sobre los fondos marinos en aguas poco profundas, viviendo bajo las rocas o en el fango y la arena. Son de un tamaño similar al de los ciliados multinucleados. (No es cierto que todos los metazoos sean más grandes que los protistas. Los ciliados miden desde 1/100 hasta 3 mm de longitud, mientras que algunos acelos miden menos de 1 mm de longitud.) Las similitudes internas de los ciliados y los acelos residen principalmente en su común simplicidad; porque los acelos, al contrario que los metazoos convencionales, carecen tanto de cavidad corporal como de los órganos a ella asociados. Carecen de sistema digestivo, excretor o respiratorio permanentes. Al igual que los protistas ciliados forman vacuolas alimentarias temporales dentro de las que realizan la digestión. Tanto los ciliados como los acelos dividen su cuerpo, a grandes rasgos, en una capa interior y otra exterior. Los ciliados tienen el ectoplasma (capa exterior) y el endoplasma (capa interior) y concentran sus núcleos en este último. Los acelos dedican una región interior a la digestión y la reproducción, y una exterior a la locomoción, protección y captura de alimentos.

Los dos grupos muestran también una serie de notables diferencias. Los acelos desarrollan una red nerviosa y unos órganos reproductores que pueden llegar a ser bastante complejos. Algunos tienen pene, por ejemplo, y se fecundan entre sí hipodérmicamente, traspasando la pared corporal. Atraviesan un desarrollo embrionario tras la fecundación. Los ciliados, por el contrario, carecen de sistema nervioso organizado. Se dividen por fisión y carecen de embriología, aunque sí mantienen un intercambio sexual por medio de un proceso denominado *conjugación.* (En la conjugación, se juntan dos ciliados e intercambian material genético. Después se separan, y posteriormente ambos se dividen formando dos células hijas. El sexo y la reproducción, combinados en la casi totalidad de los metazoos, son procesos separados entre los ciliados.) Y, por supuesto, los acelos están celularizados y los ciliados no.

Estas diferencias no deberían descartar la hipótesis de una gran proximidad genealógica. Después de todo, como ya he argumentado anteriormente, los ciliados y acelos contemporáneos están a más de quinientos millones de años de distancia de su potencial antecesor común. Ninguno de los dos representa una forma de transición en el origen de la pluricelularidad. En lugar de esto, el debate se centra en las similitudes, y en la cuestión más vieja y básica de todas: ¿son las similitudes homólogas o análogas?

Hanson defiende la homología, afirmando que la simplicidad de los acelos es un estado primitivo dentro de los platelmintos, y que las similitudes entre ciliados y acelos, en gran parte resultado de esta simplicidad, sí registran una conexión genealógica. Sus detractores responden que la simplicidad de los acelos es un resultado secundario de su evolución «regresiva» a partir de platelmintos más complejos, una consecuencia de la reducción pronunciada en el tamaño corporal de los acelos. Los turbelarios de mayor tamaño (el grupo de platelmintos que incluye a los acelos) tienen intestino y órganos excretores. Si la simplicidad de los acelos es un estado derivado *dentro* de los turbelarios, no puede reflejar una herencia directa de un tronco ciliado.

Desafortunadamente, las similitudes citadas por Hanson son del tipo que siempre produce disputas irresolubles entre la homología y la analogía. No son ni precisas ni suficientemente numerosas como para dar garantías de una homología. Muchas de ellas se basan en la ausencia de complejidad en los acelos, y la pérdida evolutiva es sencilla y repetible, mientras que el desarrollo por separado de estructuras precisas e intrincadas puede resultar improbable. Más aún, la simplicidad de los acelos es un resultado predecible de su pequeño tamaño: puede representar una convergencia funcional hacia el diseño de los ciliados por parte de un grupo que ha penetrado secundariamente en su margen de tamaños corporales, no una conexión por descendencia. De nuevo invocamos el principio de superficies y volúmenes. Muchas funciones fisiológicas, incluyendo la digestión, la respiración y la excreción, deben realizarse a través de superficies y prestar servicio al volumen corporal total. Los animales grandes tienen una relación de superficie exterior/volumen tan baja que deben desarrollar órganos internos para disponer de mayor superficie. (Funcionalmente, los pulmones son poco más que bolsas de gran superficie para el intercambio de gases, mientras que los intestinos son sábanas para extender la superficie de paso de los alimentos digeridos.) Pero los animales pequeños mantienen una relación superficie/volumen tan elevada que frecuentemente pueden respirar, alimentarse y excretar, exclusivamente a través de su superficie exterior. Los representantes de menor tamaño de muchos fílums más complejos que los platelmintos también pierden órganos interiores. *Caecum,* por ejemplo, el más pequeño de los caracoles, ha perdido su sistema respiratorio interno y absorbe oxígeno a través de su superficie externa.

Otras similitudes citadas por Hanson podrían ser homólogas, pero están tan extendidas entre otros organismos que tan sólo sirven para ilustrar la amplia afinidad de los protistas con todos los metazoos, y no una vía específica de descendencia. Las homologías significativas deben restringirse a caracteres que sean a la vez compartidos por la descendencia y derivados. (Los caracteres derivados evolucionan de modo específico en el antecesor común de dos especies que los comparten, son marcas genealógicas. Por otra parte, un carácter primitivo compartido, no puede especificar una descendencia. La presencia de ADN tanto en los ciliados como en los acelos no nos dice nada acerca de su afinidad, dado que todos los protistas y todos los metazoos tienen ADN.) Así, Hanson menciona una «ciliación completa». Pero los cilios, aunque homólogos, son un carácter primitivo compartido; otros muchos grupos, incluidos a los cnidarios, los tienen. La integridad de la ciliación, por otra parte, representa un evento evolutivo «fácil» que podría ser análogo tan sólo en los acelos y los ciliados. La superficie exterior impone un límite al número máximo de cilios que se pueden llevar. Los animales pequeños con relaciones superficie/volumen elevadas pueden permitirse una locomoción por medio de cilios; los animales grandes no pueden insertar los suficientes cilios en su superficie, relativamente menor cada vez, para impulsar su masa. La ciliación completa de los acelos puede reflejar una respuesta secundaria, adaptativa, a su pequeño tamaño. El pequeño caracol *Caecum* también se mueve por medio de cilios; todos sus parientes de mayor tamaño utilizan la contracción muscular para su locomoción.

Hanson es, por supuesto, consciente de que no puede demostrar su fascinante hipótesis por medio de las evidencias morfológicas y funcionales clásicas. «Lo más que podemos decir —concluye— es que existen muchas sugerentes similitudes [entre los ciliados y los acelos] pero ninguna homología rigurosamente definible.» ¿Existe algún otro método que permita resolver la cuestión, o estamos condenados para siempre a una disputa irresoluble? La homología podría establecerse con toda confianza si pudiéramos generar un conjunto nuevo de caracteres lo suficientemente numerosos, comparables y complejos, ya que la analogía no puede ser la explicación de una similitud detallada punto por punto en miles de elementos independientes. Las leyes de la probabilidad matemática no lo permiten.

Afortunadamente, disponemos ahora de una fuente potencial de información: la secuencia del ADN de las proteínas comparables. Todos los protistas y los metazoos comparten multitud de proteínas homólogas. Cada proteína está formada por una larga cadena de aminoácidos; cada aminoácido va codificado por una secuencia de tres nucleótidos en un orden definido.

La evolución procede por sustitución de nucleótidos. Una vez que se desgajan dos grupos de un antecesor común, sus secuencias de nucleótidos comienzan a acumular cambios. El número de cambios parece ser, a grandes rasgos, proporcional al tiempo transcurrido desde la separación. Así pues, una semejanza global en la secuencia de nucleótidos correspondiente a proteínas homólogas, podría medir el grado de separación genealógica. Una secuencia de nucleótidos es el sueño del homologizador, ya que representa millares de caracteres potencialmente independientes. Cada localización de cada nucleótido es un punto de cambio posible.

Empiezan a existir ya técnicas para una secuenciación rutinaria de los nucleótidos. En un margen de diez años, en mi opinión, podremos tomar proteínas homólogas de todos los grupos de ciliados y metazoos en discusión, secuenciarlas, medir las similitudes entre cada par de organismos y lograr una más clara percepción (tal vez incluso la resolución) de este antiguo misterio genealógico. Si los acelos son muy similares a los grupos protistas que podrían conseguir su pluricelularidad desarrollando membranas celulares dentro de su cuerpo, entonces Hanson quedará vindicado. Pero si están más próximos a los protistas capaces de alcanzar la pluricelularidad por integración en una colonia, entonces prevalecerá el criterio clásico, y todos los metazoos emergerán como productos de la amalgamación.

El estudio de la genealogía se ha visto injustamente eclipsado en nuestro siglo por el análisis de la adaptación, pero no puede perder su capacidad de fascinación. Consideremos simplemente lo que el escenario de Hanson implica en cuanto a nuestra relación con otros organismos pluricelulares. Pocos zoólogos ponen en duda que todos los animales superiores lograron su condición pluricelular por el método que siguieron los platelmintos. Si los acelos evolucionaron por la celularización de un ciliado, entonces nuestro cuerpo pluricelular es el homólogo de una célula protista. Si las esponjas, los cnidarios, las plantas y los hongos surgieron por amalgamación, entonces sus cuerpos son los homólogos de una colonia protista. Dado que cada célula ciliada es el homólogo de una célula individual de cualquier colonia de protistas, debemos concluir (y lo digo literalmente) que la totalidad del cuerpo humano es el homólogo de una única célula de una esponja, coral o planta.

Los curiosos caminos de la homología van aún más allá. La propia célula protista podría haber evolucionado a partir de una simbiosis de varias células procariotas más sencillas (bacterianas o de algas verdiazules). Las mitocondrias y los cloroplastos parecen ser los homólogos de células procariotas completas. Así, cada célula protista y cada célula del cuerpo de un metazoo puede ser, genealógicamente, una colonia integrada de procariotas. ¿Debemos entonces considerarnos tanto como un cúmulo de colonias bacterianas y como los homólogos de una única célula de una esponja o de la piel de una cebolla? Piensen en ello la próxima vez que se coman una zanahoria o estén cortando una seta en trocitos.

SÉPTIMA PARTE

Fueron despreciados y rechazados

25

¿ERAN TONTOS LOS DINOSAURIOS?

Cuando Muhammad Alí suspendió su test de inteligencia del ejército, respondió con una pulla (con un ingenio que desmentía los resultados del examen): «Sólo dije que era el más grande; jamás dije que fuera el más listo». En nuestras metáforas y cuentos de hadas, el tamaño y la fuerza se ven casi siempre contrapesados por una falta de inteligencia. La astucia es el refugio del pequeño. Piensen en el Hermano Conejo y el Hermano Oso; en David derribando a Goliat con una honda; en Juan cortando el tallo de la judía mágica. El retraso mental es el fallo trágico de los gigantes.

El descubrimiento de los dinosaurios en el siglo XIX aportó, o así lo parecía, un caso depuradísimo en favor de la correlación negativa entre el tamaño y la inteligencia. Con sus cerebros de guisante y sus cuerpos gigantescos, los dinosaurios se convirtieron en un símbolo de la estupidez andante. Su extinción pareció corroborar su defectuoso diseño.

A los dinosaurios no se les concedió ni siquiera el solaz habitualmente propio de los gigantes: una gran potencia física. Dios mantuvo un discreto silencio acerca del cerebro del behemot, pero desde luego se maravilló ante su fuerza: «Míralo: su fuerza está en sus lomos, y su vigor en los músculos de su vientre. Endereza su cola como un cedro ... sus huesos son como tubos de bronce; sus costillas son como palancas de hierro» (Job 40, 16-18). Los dinosaurios, por el contrario, normalmente han sido reconstruidos como animales lentos y torpes. En la ilustración típica, el *Brontosaurus* permanece en un turbio estanque porque es incapaz de sostener su propio peso en tierra firme.

Las popularizaciones para colegiales suministran una buena ilustración de la ortodoxia dominante. Todavía tengo mi ejemplar del tercer grado de *Animals of Yesterday* (edición de 1948) de Bertha Morris Parker, robado, me veo obligado a suponer, de la Escuela Primaria 26, de Queens (lo lamento, señorita McInerney). En él, el muchacho (teleportado al Jurásico) conoce al brontosaurio:

> Es gigantesco, y por el tamaño de su cabeza puedes deducir que debe de ser estúpido ... Este animal enorme se desplaza de un lado a otro muy lentamente mientras come. ¡No es de extrañar que se mueva tan despacio! Sus grandes pies son muy pesados, y su gran cola no es fácil de arrastrar. No te extrañe que al lagarto del trueno le guste permanecer en el agua para que ésta sustente su enorme corpachón ... Los gigantescos dinosaurios fueron en tiempos los amos de la Tierra. ¿Por qué desaparecieron? Probablemente puedas adivinar parte de la respuesta: sus cuerpos eran demasiado grandes para sus cerebros. Si sus cuerpos hubieran sido más pequeños y sus cerebros más grandes, tal vez hubieran podido seguir viviendo.

Recientemente, los dinosaurios han venido experimentando una fuerte revitalización, en esta era de «tolerancia». La mayor parte de los paleontólogos están dispuestos a verlos como animales enérgicos, activos y capaces. El *Brontosaurus* que chapoteaba en su estanque hace una generación corre hoy por tierra, mientras que se han visto parejas de machos enroscando sus cuellos en torno el uno del otro, en un elaborado combate sexual para ganar acceso a las hembras (muy similar a la pelea de cuellos de las jirafas). Las reconstrucciones anatómicas modernas indican fuerza y agilidad, y muchos paleontólogos creen hoy que los dinosaurios eran de sangre caliente (véase el ensayo 26).

La idea de unos dinosaurios de sangre caliente ha dado alas a la imaginación del público y ha merecido un torrente de tinta por parte de la prensa. Y, no obstante, otra vindicación de las capacidades de los dinosaurios ha recibido muy poca atención, aunque en mi opinión es igual de significativa. Me refiero a la cuestión de la estupidez y su correlación con el tamaño. La interpretación revisionista con la que me identifico en este ensayo no enaltece a los dinosaurios como cumbres del intelecto, pero sí mantiene que no tenían, después de todo, el cerebro pequeño. Tenían el cerebro del «tamaño apropiado» para unos reptiles de su tamaño.

No pretendo negar que la cabeza aplastada y minúscula del gran *Stegosaurus* aloja poco cerebro desde nuestra perspectiva subjetiva y cabezota, pero sí deseo afirmar que no deberíamos esperar más de la bestia. En primer lugar, los animales grandes tienen cerebros relativamente menores que los animales pequeños relacionados con ellos. La correlación entre el tamaño del cerebro y el del cuerpo entre animales relacionados (todos los reptiles, todos los mamíferos, por ejemplo) es notablemente regular. Según pasamos de los animales pequeños a los grandes, de los ratones a los elefantes o de las lagartijas a los dragones de Komodo, el tamaño del cerebro va en aumento, pero no tan deprisa como el del cuerpo. En otras palabras, los cuerpos crecen más deprisa que los cerebros, y los animales grandes tienen una relación baja de peso cerebral en relación con el peso corporal. De hecho, los cerebros crecen tan sólo alrededor de un tercio de la velocidad de los cuerpos. Dado que no tenemos motivos para suponer que los animales grandes sean consistentemente más estúpidos que sus parientes de menor tamaño, debemos llegar a la conclusión de que los animales grandes requieren relativamente menos cerebro para funcionar tan bien como los animales más pequeños. Si no reconocemos esta relación, probablemente subestimemos el poder mental de los animales de gran tamaño, en particular de los dinosaurios.

En segundo lugar, la relación entre el tamaño del cerebro y el del cuerpo no es idéntica en todos los grupos de vertebrados. Todos comparten la misma tasa de decrecimiento relativo del tamaño del cerebro, pero los pequeños mamíferos tienen cerebros mucho más grandes que los reptiles de su mismo

17. *Triceratops* (Gregory S. Paul).

tamaño. Esta discrepancia se mantiene en todos los tamaños superiores, dado que el cerebro crece al mismo ritmo en ambos grupos: a dos tercios de la velocidad del cuerpo.

Pongan estos dos datos juntos (todos los grandes animales tienen cerebros relativamente pequeños, y los reptiles tienen los cerebros mucho más pequeños que los mamíferos de tamaño equivalente, dentro de la gama normal de tamaños), ¿y qué deberíamos esperar de un reptil normal de gran tamaño? La respuesta, por supuesto, es un cerebro de tamaño modesto. Ningún reptil viviente se acerca siquiera en masa a la de un dinosaurio de tamaño mediano, de modo que carecemos de patrón moderno que nos sirva como modelo para los dinosaurios.

Afortunadamente, nuestro imperfecto registro fósil no nos ha desilusionado gravemente por una vez, al aportar datos acerca de los cerebros fósiles. Se han encontrado cráneos soberbiamente conservados de gran cantidad de dinosaurios y pueden medirse sus capacidades craneales. (Dado que los cerebros no llenan el cráneo en los reptiles, se debe aplicar una cierta manipulación creativa, aunque no irrazonable, para estimar el tamaño del cerebro a partir del espacio interior de

18. *Brachiosaurus* (Gregory S. Paul).

sus cráneos.) Con estos datos, disponemos de un medio claro para poner a prueba la hipótesis convencional acerca de la estupidez de los dinosaurios. Deberíamos acordar, ya de entrada, que el único patrón válido es el reptiliano: sin duda, es irrelevante que los dinosaurios tuvieran un cerebro más pequeño que las personas o las ballenas. Disponemos de datos abundantes acerca de la relación entre el tamaño del cerebro y el cuerpo en los reptiles actuales. Dado que sabemos que el cerebro crece a dos tercios de la velocidad del cuerpo según nos desplazamos de las especies pequeñas a las grandes, podemos extrapolar esta tasa de crecimiento a los tamaños de los dinosaurios y preguntarnos si los cerebros de éstos se corresponden con los que esperaríamos encontrar en los reptiles modernos, caso de que alcanzaran tales tamaños.

Harry Jerison estudió los tamaños cerebrales de diez dinosaurios y vio que caían justamente sobre la curva reptiliana extrapolada. Los dinosaurios no tenían cerebros pequeños; tenían un cerebro del tamaño preciso para reptiles de sus dimensiones. ¡Bravo por la explicación de la señorita Parker sobre su desaparición!

Jerison no intentó en ningún momento hacer una distinción entre diferentes tipos de dinosaurios; diez especies distribuidas entre seis grandes grupos malamente pueden suministrar una base adecuada para la comparación. Recientemente, James A. Hopson, de la Universidad de Chicago, recogió más datos y realizó un notable y satisfactorio descubrimiento.

Hopson necesitaba una escala común a todos los dinosaurios. Comparó, por lo tanto, cada cerebro de dinosaurio con el cerebro reptiliano medio que podríamos esperar para su peso corporal. Si el del dinosaurio cae sobre la curva reptiliana de referencia, su cerebro recibe un valor de 1 (denominado *coeficiente de encefalización*, o CE: la relación entre el cerebro existente y el esperado en un reptil patrón del mismo peso corporal. Los dinosaurios que caen por encima de la curva (cerebro mayor del esperado en un reptil patrón de su mismo peso) reciben valores superiores a 1, mientras que los que caen por debajo de la curva reciben un valor inferior a 1.

Hopson descubrió que los grandes grupos de dinosaurios pueden ser catalogados con arreglo a un valor creciente de su CE. Esta catalogación se corresponde perfectamente con la velocidad, la agilidad y la complejidad de comportamiento en la alimentación (o en evitar convertirse en comida) inferidas. Los saurópodos gigantes, los *Brontosaurus* y sus aliados, tienen el CE más bajo, de 0,20 a 0,35. Debieron moverse con lentitud y escasa maniobrabilidad. Probablemente eludieran la depredación gracias exclusivamente a su peso, como ocurre en gran medida con los elefantes de nuestros días. Los estegosaurios y anquilosaurios, dinosaurios acorazados, vienen después, con un CE de 0,52 a 0,56. Estos animales, con su pesada armadura, probablemente dependieran en gran medida de una defensa pasiva, pero la cola con maza de los anquilosaurios y la cola dotada de puntas de los estegosaurios implican cierta actividad combativa y una mayor complejidad de comportamiento.

Los ceratópsidos vienen después, con un CE entre 0,7 y 0,9. Hopson comenta: «Los grandes ceratópsidos, con sus enormes cabezas cornudas, utilizaban estrategias defensivas activas y presumiblemente requerían una agilidad algo mayor que las formas de cola armada, tanto para alejar a los depredadores como para los episodios de combate intraespecífico». Los ornitópodos eran los herbívoros más cerebrados, con un CE entre 0,85 y 1,5. Confiaban en la «agudeza de sus sentidos y su velocidad relativamente grande» para eludir a los carnívoros. La huida parece requerir mayor agudeza y agilidad que la defensa en firme. Entre los ceratópsidos, el pequeño, desarmado y presumiblemente huidizo *Protoceratops* tenía un CE mayor que el gran *Triceratops* con sus tres cuernos.

Los carnívoros tienen un CE mayor que los herbívoros, como ocurre en los vertebrados modernos. La captura de una presa de movimientos rápidos o sólidamente combativa requiere que haya bastante más sobre los hombros que la capacidad para mordisquear el tipo apropiado de planta. Los gigantescos terópodos (el *Tyrannosaurus* y sus parientes) varían entre 1 y casi 2. En lo alto, apropiadamente, dado su pequeño tamaño, descansa el pequeño celurosaurio *Stenonychosaurus,* con un CE superior a 5. Sus presas de movimientos activos, pequeños mamíferos y aves tal vez, probablemente supusieran un desafío mayor en cuanto a su descubrimiento y captura que el que el *Triceratops* suponía para el *Tyrannosaurus.*

No pretendo hacer la inocente afirmación de que el tamaño del cerebro es equivalente al grado de inteligencia, o, en este caso, al grado de complejidad del comportamiento y la agilidad (no sé lo que significa inteligencia en los seres humanos, luego menos aún podré saber lo que significa en un grupo de reptiles extintos). La variación en el tamaño cerebral dentro de una especie tiene bien poco que ver con su potencia cerebral (los seres humanos funcionan igual de bien con 900 cm^3 de cerebro que con 2.500). Pero una comparación entre las especies, cuando las diferencias son grandes, parece razonable. No me parece irrelevante en lo que a nuestros logros se refiere el que superemos tan ampliamente a los koalas en CE, y eso que los adoro. La clara ordenación de los cerebros en los dinosaurios indica que incluso una medida tan grosera como el tamaño del cerebro significa algo.

Si la complejidad en el comportamiento es una consecuencia del poder mental, podríamos esperar encontrar entre los dinosaurios algunos indicios de comportamiento social que exigen coordinación. De hecho es así, y no puede ser casual que fueran pasados por alto cuando los dinosaurios se movían bajo una carga de torpeza falsamente impuesta. Se han descubierto rastros múltiples, que prueban que más de veinte animales se desplazaban conjuntamente en movimiento paralelo. ¿Vivían algunos dinosaurios en manadas? En los rastros de saurópodos de Davenport Ranch hay en el centro huellas pequeñas y en la periferia huellas más grandes. ¿Podría ser que algunos dinosaurios viajaran de modo similar a como lo hacen muchos mamíferos herbívoros avanzados de hoy en día, con los adultos grandes en los flancos, protegiendo a los jóvenes del centro?

Además, las mismas estructuras que les parecían las más extrañas e inútiles a los paleontólogos de tiempo atrás (las elaboradas crestas de los hadrosaurios, las golas y cuernos de los ceratópsidos y los veinte centímetros de hueso sólido por encima del cerebro del *Pachycephalosaurus)* parecen explicarse hoy coordinadamente como mecanismos de exhibición y combate sexuales. Los *Pachycephalosaurus* tal vez entablaran combates embistiéndose al modo en que lo hacen hoy en día las cabras montesas. Las crestas de algunos hadrosaurios están bien diseñadas como cajas de resonancia; ¿se enzarzarían tal vez en peleas a gritos? El cuerno y gorguera de los ceratópsidos pudieron hacer las veces de espada y escudo en el combate por la pareja. Dado que tal comportamiento es no sólo intrínsecamente complejo, sino que implica también un elaborado sistema social, difícilmente podríamos esperar hallarlo en un grupo de animales que se las apañaban malamente para sobrevivir a un nivel de oligofrenia profunda.

Pero la mejor ilustración de la capacidad de los dinosaurios bien podría ser el dato que más frecuentemente se utiliza en contra suya: su desaparición. La extinción, para la mayor parte de las personas, lleva el mismo tipo de connotaciones atribuidas al sexo no hace mucho: es un asunto un tanto sórdido, que ocurre habitualmente pero que no es nada de lo que pueda enorgullecerse nadie, y desde luego es algo que no se discute en los círculos de gente bien. Pero, como el sexo, constituye una parte ineluctable de la vida. Es el destino final de todas las especies, no el azote de criaturas desafortunadas y mal diseñadas. No es una indicación de fracaso.

Lo notable acerca de los dinosaurios no es que se extinguieran, sino que dominaran la Tierra durante tanto tiempo. Los dinosaurios mantuvieron su dominio durante cien millones de años mientras, simultáneamente, los mamíferos vivían como pequeños animales en los intersticios de su mundo. Tras setenta millones de años de dominación, nosotros los mamíferos tenemos ya un excelente historial y buenas perspectivas de cara al futuro, pero aún estamos por igualar la capacidad de permanencia de los dinosaurios.

Los seres humanos, por este criterio, son prácticamente indignos de mención: tal vez hayan transcurrido cinco millones de años desde el *Australopithecus,* y para nuestra especie, *Homo sapiens,* tan sólo cincuenta mil. Compruébenlo con la prueba definitiva dentro de nuestro sistema de valores: ¿Saben de alguien dispuesto a apostar una suma sustancial de dinero, incluso con las apuestas a su favor, a la proposición de que el *Homo sapiens* durará más tiempo que el que duró el *Brontosaurus*?

26

EL REVELADOR HUESO DE LOS DESEOS

Cuando tenía cuatro años quería ser basurero. Me encantaba el golpeteo de los cubos de basura y el zumbido del compresor; creía que toda la basura de Nueva York podía comprimirse hasta caber en un solo camión grande. Después, a los cinco años de edad, mi padre me llevó a ver el *Tyrannosaurus* del Museo Norteamericano de Historia Natural. Mientras estábamos ante el animal, un hombre estornudó; yo tragué saliva y me dispuse a murmurar el *Shema Yisrael* de rigor. Pero el gran animal siguió inmóvil en toda su grandeza, y al salir anuncié que había decidido ser paleontólogo cuando fuera mayor.

En aquellos distantes días de finales de la década de 1940, no había gran cosa que pudiera fomentar el interés de un muchacho en la paleontología. Recuerdo *Fantasia,* Alley Oop y algunas estatuas de metal falsamente antiguas de la tienda del Museo, que estaban muy por encima de mis posibilidades. Y que, de todas formas, no eran demasiado atractivas. Por encima de todo, recuerdo la impresión que transmitían los libros: el *Brontosaurus,* chapoteando toda su vida en estanques porque no podía sostener su propio peso fuera del agua; el *Tyrannosaurus,* feroz en la batalla pero torpe y desgarbado en sus movimientos. En pocas palabras, brutos lentos, de andares pesados, cerebro de mosquito y sangre fría. Y como prueba definitiva de su arcaica insuficiencia, ¿acaso no perecieron todos en la gran extinción del Cretácico?

Siempre me preocupó un aspecto de este saber convencional: ¿por qué les había ido tan bien durante tanto tiempo a los deficientes dinosaurios? Los reptiles terápsidos, los antecesores de los mamíferos, se habían vuelto diversos y abundantes antes de la ascensión de los dinosaurios. ¿Por qué no heredaron ellos la Tierra en vez de los dinosaurios? Los propios mamíferos habían evolucionado aproximadamente al mismo tiempo que los dinosaurios y habían vivido durante cien millones de años como criaturas pequeñas y poco abundantes. ¿Por qué, si los dinosaurios eran tan lentos, estúpidos e ineficientes, no habían prevalecido los mamíferos inmediatamente?

En el transcurso de la última década varios paleontólogos han sugerido una sorprendente solución. Los dinosaurios, plantean, eran ágiles, activos y de sangre caliente. Más aún, todavía no han seguido el camino de todo ser carnal, ya que una escisión de su estirpe persiste en las ramas: los llamamos aves.

En una ocasión, me juré que jamás escribiría en estos ensayos nada sobre los dinosaurios de sangre caliente: el nuevo evangelio ya había sido predicado bastante adecuadamente en la televisión, los periódicos, las revistas y los libros de divulgación. El lego inteligente, esa digna abstracción para la cual escribimos, debía estar saturado. Pero me retracto, y creo que por buenos motivos. En discusiones casi inacabables, he observado que la relación entre dos afirmaciones básicas, la endotermia (sangre caliente) y el origen reptiliano de las aves, ha sido ampliamente malentendida. También he observado que la relación entre los dinosaurios y las aves ha provocado la excitación del público por motivos equivocados, mientras que la razón correcta, habitualmente ignorada, unifica limpiamente la genealogía de las aves con la endotermia de los dinosaurios. Y esta unión respalda la propuesta más radical de todas: una reestructuración de la clasificación de los vertebrados que separa a los dinosaurios de los reptiles, hunde la tradicional clase aves y designa una clase nueva, Dinosaurios, que reuniría a las aves y los dinosaurios. Los vertebrados terrestres encajarían en cuatro clases: dos de ellas de sangre fría, Anfibios y Reptiles, y dos de sangre caliente, Dinosaurios y Mamíferos. No he llegado aún a una conclusión acerca de esta nueva clasificación, pero me parecen dignos de aprecio la originalidad y el atractivo del razonamiento.

La afirmación de que los antecesores de las aves eran los dinosaurios no es tan tumultuosa como podría parecer. No implica más que una ligera reorientación de una rama del árbol filético. La relación de gran proximidad entre el *Archaeopteryx,* la primera ave, y un pequeño grupo de dinosaurios de menor tamaño llamados *celurosaurios*, jamás ha sido puesta en duda. Thomas Henry Huxley y la mayor parte de los paleontólogos del siglo XIX abogaban por una relación de descendencia directa y derivaban las aves de los dinosaurios.

Pero la opinión de Huxley cayó en desgracia en el transcurso de este siglo por una razón simple y aparentemente válida. Las estructuras complejas, una vez perdidas totalmente en la evolución, no reaparecen bajo la misma forma. Esta afirmación no invoca ninguna misteriosa fuerza directriz en la evolución, sino que simplemente afirma algo basado en la probabilidad matemática. Las partes complejas son construidas por muchos genes, que interaccionan en formas complejas con la totalidad de la maquinaria del desarrollo de un organismo. Una vez desarmado por la evolución, ¿cómo podría ser reconstruido tal sistema pieza por pieza? El rechazo del argumento de Huxley se centraba en un único hueso: la clavícula. En las aves, incluido el *Archaeopteryx,* las clavículas se fusionan para formar una fúrcula bien conocida por los amigos del coronel Sanders* como *hueso de los deseos*. Todos los dinosaurios, al parecer, habían perdido su clavícula; por lo tanto, no podían ser los antecesores directos de las aves. Un argumento inatacable si fuera cierto. Pero las evidencias negativas son notoriamente dadas a su invalidación por posteriores descubrimientos.

No obstante, incluso los oponentes de Huxley no podían negar la detallada similitud entre el *Archaeopteryx* y los dinosaurios celurosaurios. De modo que optaron por la relación más próxima posible entre las aves y los dinosaurios: la derivación común de un grupo de reptiles que poseía aún clavícu-

* El del pollo frito estilo Kentucky. *(N. del t.)*

19. *Archaeopteryx* (Gregory S. Paul).

las que subsiguientemente desapareció en una de las líneas de descendencia (dinosaurios), y se fortaleció y fusionó en la otra (aves). Los mejores candidatos a antecesores comunes son un grupo de reptiles tecodontos del Triásico llamados *pseudosuquios*.

Muchas personas, al oír por vez primera que las aves podrían ser dinosaurios supervivientes, creen que una afirmación tan asombrosa debe representar una trastocación total de las doctrinas recibidas acerca de las relaciones entre los vertebrados. Nada podría estar más lejos de la verdad. Todos los paleontólogos defienden una íntima afinidad entre los dinosaurios y las aves. El debate actual se centra en un pequeño desplazamiento de los puntos de separación filética: las aves se escindieron de los pseudosuquios o de sus descendientes, los dinosaurios celurosaurios. Si las aves se escindieron al nivel de los pseudosuquios, no pueden ser clasificadas como descendientes de los dinosaurios (dado que los dinosaurios no habían surgido aún); si evolucionaron a partir de los celurosaurios, son la única rama superviviente de un tallo de los dinosaurios. Dado que los pseudosuquios y los dinosaurios primitivos eran muy parecidos, el punto concreto de separación no tiene por qué suponer gran cosa en la biología de las aves. Nadie está sugiriendo que los colibríes evolucionaran a partir del *Stegosaurus* o del *Triceratops.*

La cuestión, así explicada, puede parecer ahora un tanto indiferente para muchos lectores, aunque en breve plantearé (por una razón diferente) que no lo es. Pero deseo subrayar que estas cuestiones genealógicas son de la mayor importancia para los paleontólogos profesionales. Nos preocupa mucho quién se separó de quién porque la reconstrucción de la historia de la vida es nuestra ocupación, y dedicamos a nuestras criaturas favoritas la misma amorosa preocupación que la mayor parte de la gente dedica a su familia. A la mayoría de las personas les importaría mucho enterarse de que su primo es realmente su padre, incluso a pesar de que el descubrimiento les aportara pocas percepciones acerca de su construcción biológica.

El paleontólogo John Ostrom, de Yale, ha revivido recientemente la teoría de los dinosaurios. Reconsideró todos los especímenes del *Archaeopteryx,* los cinco que hay. En primer lugar, la objeción principal a los dinosaurios como antecesores había sido ya contestada. Al menos dos dinosaurios celurosaurios tenían clavículas después de todo; ya no quedan excluidos como antecesores posibles de las aves. En segundo lugar, Ostrom documenta con impresionante detalle la extremada similitud existente en estructura entre el *Archaeopteryx* y los celurosaurios. Dado que muchos de estos caracteres comunes no son compartidos por los pseudosuquios, o bien evolucionaron dos veces (si los pseudosuquios son a la vez antecesores de las aves y los dinosaurios) o bien evolucionaron una sola vez y las aves los heredaron de antecesores dinosaurios.

El desarrollo por separado de características similares resulta muy común en la evolución; nos referimos al mismo al hablar de paralelismo o convergencia. Anticipamos la convergencia en unas cuantas estructuras relativamente simples y claramente adaptativas cuando dos grupos comparten el mismo modo de vida; consideremos el carnívoro marsupial de dientes de sable de Suramérica y el «tigre» placentario de dientes de sable (véase el ensayo 28). Pero cuando encontramos una correspondencia pieza a pieza en minucias estructurales carentes de una clara necesidad adaptativa, entonces llegamos a la conclusión de que los dos grupos comparten sus similitudes por descendencia de un antecesor común. Por lo tanto, acepto el renacimiento propuesto por Ostrom. El único obstáculo grave que existía para que los dinosaurios fueran los antecesores de las aves ha desaparecido con el descubrimiento de clavículas en algunos dinosaurios celurosaurios.

Las aves evolucionaron a partir de los dinosaurios, pero ¿acaso significa esto, por citar la letanía de algunas divulgaciones del tema, que los dinosaurios viven aún? O, por plantear la cuestión más operativamente, ¿debemos clasificar las aves y los dinosaurios en el mismo grupo, con las aves como únicos representantes vivos? Los paleontólogos R. T. Bakker y R. M. Galton defendían esta solución al proponer la nueva clase de vertebrados, los dinosaurios, para contener tanto a las aves como a los dinosaurios.

La decisión sobre este tema invoca una cuestión básica de la filosofía taxonómica. (Lamento ser tan técnico acerca de un tema tan candente, pero si no separamos las cuestiones formales taxonómicas de las afirmaciones biológicas acerca de estructura y fisiología, pueden surgir graves malentendidos.) Algunos taxonomistas argumentan que deberíamos agrupar los organismos sólo según sus esquemas de ramificación; si dos grupos se escinden y no tienen descendencia (como los dinosaurios y las aves), deben unirse en la clasificación formal antes del punto en que cualquiera de los grupos se une a otro (como los dinosaurios y los reptiles). En este sistema taxonómico llamado *cladístico* (o de ramificación) los dinosaurios no pueden ser reptiles a menos que las aves lo sean también. Y si las aves no son reptiles, entonces, de acuerdo con las reglas, los dinosaurios y las aves deben formar una única clase nueva.

Otros taxonomistas argumentan que los puntos de ramificación no son el único criterio de clasificación. Ellos toman también en consideración el grado de divergencia estructural adaptativa. En el sistema cladístico, las vacas son más afines a los peces pulmonados que los peces pulmonados a los salmones, porque los antecesores de los vertebrados terrestres se separaron de los peces sarcopterigios (un grupo que incluye a los peces pulmonados) una vez que los sarcoptengios se hubieron separado de los actinopterigios (peces óseos típicos, incluyendo al salmón). En el sistema tradicional, consideramos la estructura biológica además del esquema de ramificación, y podemos seguir clasificando a los salmones y a los pulmonados como peces dado que comparten gran cantidad de características comunes a los vertebrados acuáticos. Los antecesores de las vacas experimentaron una enorme transformación evolutiva, de anfibios a reptiles y a mamíferos; los peces pulmonados se estancaron y tienen hoy en día prácticamente el mismo aspecto que hace doscientos cincuenta millones de años. Los peces son peces, como dijo en una ocasión un eminente filósofo.

El sistema tradicional reconoce como criterio adecuado de clasificación la desigualdad en los ritmos evolutivos tras la separación. Un grupo puede obtener una categoría independiente en virtud de su profunda divergencia. Así, en el sistema tradicional, los mamíferos pueden constituir un grupo separado y los peces pulmonados pueden permanecer con los demás peces. Los seres humanos pueden constituir un grupo separado y los chimpancés pueden mantenerse agrupados con los orangutanes (aunque los humanos y los chimpancés comparten un punto de ramificación más reciente que los chimpancés y los orangutanes). De manera similar, las aves pueden constituir un grupo separado y los dinosaurios pueden continuar al lado de los reptiles, a pesar de que las aves surgieran de los dinosaurios. Si las aves desarrollaron la base estructural de su gran éxito tras separarse de los dinosaurios y si los dinosaurios jamás divergieron mucho del modelo reptiliano básico, entonces las aves deberían ser agrupadas por separado y los dinosaurios deberían permanecer junto con los reptiles, a pesar de la historia genealógica de su ramificación.

Así llegamos finalmente a nuestra cuestión central y al punto de unión de esta cuestión técnica taxonómica con el

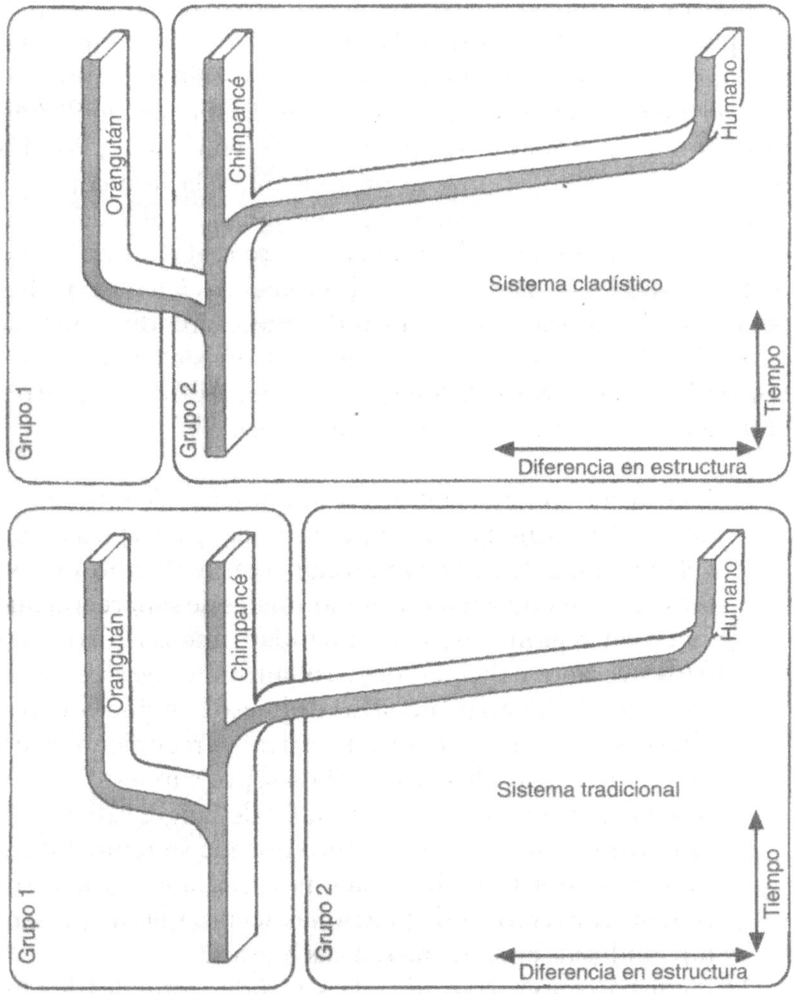

20. El revelador hueso de los deseos. Con autorización de *Natural History*, noviembre de 1977 (© American Museum of Natural History, 1977).

tema de los dinosaurios de sangre caliente. ¿Heredaron las aves sus rasgos primarios directamente de los dinosaurios? Si fue así, la clase Dinosaurios de Bakker y Galton probablemente debería ser aceptada, a pesar de la adhesión de la mayor parte de las aves actuales a un modo de vida (vuelo y pequeñas dimensiones) no excesivamente próximo al de la mayor parte de los dinosaurios. Después de todo, los murciélagos, las ballenas y los armadillos son todos ellos mamíferos.

Consideremos las dos características cardinales que suministraron la base adaptativa para el vuelo en las aves: las plumas para la sustentación y la propulsión, y la homeotermia (sangre caliente) para mantener los elevados niveles de metabolismo necesarios en todo momento para realizar una actividad tan dura como la del vuelo. ¿Podría el *Archaeopteryx* haber heredado ambas características de antecesores dinosaurios?

R. T. Bakker ha presentado el informe más elegante en favor de los dinosaurios de sangre caliente. Apoya su controvertida opinión en cuatro argumentos básicos:

1. La estructura de los huesos. Los animales de sangre fría no pueden mantener la temperatura de su cuerpo a un nivel constante: fluctúa con arreglo a las temperaturas exteriores. Por consiguiente, los animales de sangre fría que viven en regiones de estacionalidad intensa (inviernos fríos y veranos calientes) desarrollan anillos de crecimiento en forma de capas sucesivas de hueso compacto: capas alternas de crecimiento rápido estival y crecimiento lento invernal. (Los anillos de los árboles, por supuesto, muestran la misma pauta.) Los animales de sangre caliente no muestran anillos de crecimiento porque su temperatura es constante en todas las estaciones. Los dinosaurios procedentes de regiones de estaciones acentuadas no presentan anillos de crecimiento en sus huesos.
2. La distribución geográfica. Los grandes animales de sangre fría no viven en latitudes elevadas (lejanas del ecuador) porque no pueden calentarse lo suficiente durante los breves días de invierno y son demasiado grandes para encontrar lugares de hibernación seguros. Algunos grandes dinosaurios vivían tan al norte que tenían que soportar largos períodos desprovistos por completo de sol durante el invierno.
3. Ecología de los fósiles. Los carnívoros de sangre caliente necesitan comer mucho más que los carnívoros de

sangre fría de tamaño equivalente para mantener constante su temperatura corporal. Por consiguiente, cuando los depredadores y las presas son de aproximadamente el mismo tamaño, una comunidad de animales de sangre fría incluirá relativamente más depredadores (dado que cada uno de ellos necesita comer mucho menos) que una comunidad de animales de sangre caliente. La relación numérica entre los depredadores y las presas puede llegar a un 40 por 100 en las comunidades de sangre fría; no excede del 3 por 100 en las comunidades de sangre caliente. Los depredadores son escasos en la fauna de los dinosaurios; su abundancia relativa encaja con nuestras expectativas para comunidades modernas de animales de sangre caliente.

4. Anatomía de los dinosaurios. Los dinosaurios normalmente son retratados como bestias lentas, de movimientos pesados, pero las reconstrucciones más recientes (véase el ensayo 25) indican que muchos grandes dinosaurios se asemejaban a los mamíferos corredores modernos en su anatomía locomotora y en las proporciones de sus extremidades.

Pero ¿cómo podemos considerar las plumas como herencia de los dinosaurios? Sin duda, ningún *Brontosaurus* se vio jamás adornado como un pavo real. ¿Para qué utilizaba el *Archaeopteryx* sus plumas? Si eran para el vuelo, entonces tal vez pertenezcan exclusivamente a las aves; nadie ha postulado jamás un dinosaurio volador (los pterosaurios, voladores, pertenecen a otro grupo distinto). Pero la reconstrucción anatómica de Ostrom sugiere claramente que el *Archaeopteryx* no podía volar; sus antebrazos emplumados están unidos al hombro y la cintura de un modo inapropiado para agitar el ala. Ostrom sugiere una función doble para las plumas: aislamiento para proteger a una pequeña criatura de sangre caliente de la pérdida de calor, y la de una especie de trampa para cazar insectos y otras pequeñas presas en un abrazo totalmente cerrado.

El *Archaeopteryx* era un animal pequeño. Pesaba menos de medio kilo y medía treinta centímetros menos que el más pequeño de los dinosaurios. Las criaturas pequeñas tienen una relación superficie/volumen muy elevada (véanse los ensayos 29 y 30). El calor se genera en un volumen corporal dado y es irradiado a través de su superficie. Las criaturas pequeñas de sangre caliente tienen problemas especiales para mantener una temperatura corporal constante dado que el calor se disipa rápidamente a través de su superficie relativamente amplia. Las musarañas, a pesar de estar aisladas por una capa de pelo, deben comer casi de continuo para mantener encendidos sus fuegos vitales. La relación superficie/volumen era tan baja en los grandes dinosaurios que podían mantener su temperatura constante sin necesidad de aislamiento. Pero en el momento en que cualquier dinosaurio o sus descendientes se volvieran muy pequeños, necesitarían aislamiento para poder mantener su sangre caliente. Bakker sugiere que muchos pequeños celurosaurios tal vez tuvieran plumas (muy pocos fósiles preservan las plumas; el *Archaeopteryx* es una rareza).

Las plumas, desarrolladas fundamentalmente como aislamiento, fueron prontamente explotadas con otros fines al ser utilizadas para el vuelo. De hecho, es difícil imaginarse cómo podrían haber evolucionado las plumas si no hubieran tenido otra utilidad además del vuelo. Los antecesores de las aves sin duda no volaban y las plumas no surgieron de repente y totalmente formadas. ¿Cómo podía la selección natural construir una adaptación pasando por varios estadios intermedios en antecesores a los que no les servía para nada? Al postular una función adaptativa primaria, podemos ver las plumas como un mecanismo para dar a los dinosaurios de sangre caliente acceso a las ventajas ecológicas de las pequeñas dimensiones.

Las argumentaciones de Ostrom en favor de la aparición de las aves a partir de los celurosaurios no dependen de la homeotermia de los dinosaurios ni de la utilidad primaria de las plumas como aislamiento. Se basan, por el contrario, en los métodos clásicos de la anatomía comparada: una detallada similitud parte a parte entre los huesos, y la hipótesis de que tan llamativa similitud debe indicar una ascendencia común, no una convergencia. En mi opinión, los argumentos de Ostrom se mantendrán al margen de cómo se resuelva finalmente el candente debate acerca de los dinosaurios de sangre caliente.

Pero que las aves desciendan de los dinosaurios resulta fascinante a los ojos del público, tan sólo si las aves heredaron sus adaptaciones primarias, plumas y sangre caliente, directamente de los dinosaurios. Si las aves desarrollaron estas adaptaciones después de separarse, entonces los dinosaurios son reptiles perfectamente válidos en cuanto a fisiología; deberían permanecer junto con las tortugas, las lagartijas y demás dentro de la clase Reptiles. (Yo tiendo a ser tradicionalista y no cladista en mi filosofía taxonómica.) Pero si los dinosaurios eran realmente de sangre caliente, y si las plumas fueron su mecanismo para seguirlo siendo con tamaños pequeños, entonces las aves heredaron las bases de su éxito de los dinosaurios. Y si los dinosaurios estuvieron fisiológicamente más próximos a las aves que a los otros reptiles, entonces nos encontramos frente a un argumento estructural clásico (no simplemente ante una afirmación genealógica) a favor de la alianza formal de las aves y los dinosaurios en una nueva clase Dinosaurios.

Bakker y Galton escriben: «La radiación de las aves es una explotación aérea de la estructura y la fisiología básicas de los dinosaurios, de igual modo que la radiación de los murciélagos es una explotación aérea de la estructura y la fisiología básicas de los mamíferos. Los murciélagos no están incluidos en una clase diferente tan sólo porque vuelen. Creemos que ni el vuelo ni la diversidad en especies de las aves justifican su separación de los dinosaurios en el nivel de clase». Piensen en el *Tyrannosaurus*, y denle las gracias como representante de su grupo cuando partan su hueso de los deseos este mes.*

* Este artículo apareció originalmente en *Natural History*, en noviembre de 1977, mes en que se celebra el Día de Acción de Gracias en Norteamérica, con una comida tradicionalmente compuesta de un pavo. (N. *del t.)*

27

LAS EXTRAÑAS PAREJAS DE LA NATURALEZA

> En la cadena de la naturaleza, golpear cualquier eslabón, ya sea el décimo o el diez mil, rompe la cadena igual.*
>
> ALEXANDER POPE, *An Essay on Man* (1733)

El pareado de Pope expresa un concepto común, aunque exagerado, acerca de las conexiones entre los organismos en un ecosistema. Pero los ecosistemas no tienen un equilibrio tan precario como para que la extirpación de una especie actúe como la primera ficha del dominó de la pintoresca metáfora de la guerra fría. De hecho, no podría ser así, ya que la extinción es el sino común a todas las especies, y no pueden todas llevarse consigo sus ecosistemas. A menudo, las especies tienen la misma interdependencia que los «barcos que se cruzan en la noche» de Longfellow. La ciudad de Nueva York podría incluso sobrevivir sin sus perros (no estoy tan seguro en el caso de las cucarachas, pero estaría dispuesto a arriesgarme).

Son más frecuentes las cadenas de dependencia más cortas. Los emparejamientos extraños constituyen toda una materia prima para los divulgadores de la historia natural. Un alga y

* [From Nature's chain whatever link you strike, / Tenth, or ten thousandth, breaks the chain alike.]

un hongo forman un liquen; en el tejido de corales arrecales viven microorganismos fotosintéticos. La selección natural es oportunista; elabora los organismos a partir de su ambiente momentáneo y no puede anticiparse al futuro. A menudo, una especie desarrolla una dependencia insuperable de otra especie; en un mundo inconstante, esta fructífera ligazón puede sellar su futuro.

Yo escribí mi tesis doctoral acerca de los caracoles terrestres fósiles de las Bermudas. A lo largo de las playas, a menudo me encontraba con grandes cangrejos ermitaños incongruentemente encajados (con su gran pinza al descubierto) en la pequeña concha de un caracol nerítido (los nerítidos incluyen el conocido caracol de diente sangrante).* ¿Por qué, me preguntaba, no cambian estos cangrejos sus estrechos habitáculos por unas habitaciones más espaciosas? Después de todo, a los cangrejos ermitaños tan sólo los superan en su frecuencia de acceso al mercado de la vivienda los ejecutivos modernos. Entonces, un día, vi un cangrejo con una vivienda apropiada: la concha de un buccino, *Cittarium pica,* un gran caracol y producto alimentario importante en todas las islas de las Antillas. Pero la concha de *Cittarium* era un fósil, arrastrado de alguna duna de arena a la que había sido llevado hacía ciento veinte mil años por algún antecesor de su actual ocupante. Estuve observando cuidadosamente los siguientes meses. La mayor parte de los cangrejos ermitaños se había instalado en neríticos, pero unos cuantos habitaban conchas de buccinos y estas conchas eran siempre fósiles.

Empecé a atar cabos, sólo para descubrir que en 1907 se me había adelantado Addison E. Verrill, maestro de taxonomistas, profesor en Yale, protegido de Louis Agassiz y diligente notario de la historia natural de las Bermudas. Verrill indagó en los registros de la historia de las islas en busca de referencias acerca de buccinos vivos y descubrió que habían sido abundantes durante los primeros años de ocupación humana. El capitán John Smith, por ejemplo, dejó testimonio escrito de la suerte de uno de los miembros de su tripulación

* *Nerita peloronta. (N. del r.)*

durante la gran hambruna de 1614-1615: «Uno de entre los demás se escondió en los bosques y vivió sólo de buccinos y cangrejos de tierra, y se conservó muchos meses gordo y fuerte». Otro miembro de la tripulación afirmaba que habían hecho adhesivo para calafatear sus naves mezclando cal de conchas de buccino quemadas con aceite de tortuga. El último registro de *Cittarium* vivos de Verrill procedía de los restos de cocina de los soldados británicos estacionados en las Bermudas durante la guerra de 1812. No se había visto ninguno, afirmaba, en tiempos recientes, «ni tampoco pude encontrar a nadie que recordara la última vez que se habían consumido, ni siquiera entre los habitantes más ancianos». No se han producido observaciones en los últimos veinte años que hagan necesario revisar la conclusión de Verrill de que *Cittarium* está extinto en las Bermudas.

Al leer la narración de Verrill, la difícil situación del *Cenobita diogenes* (nombre correcto del cangrejo ermitaño grande) me sacudió con ese tan antropocéntrico toque de dolor qué a menudo invertimos, tal vez incorrectamente, en otras criaturas. Porque comprendí que la naturaleza había condenado al *Cenobita* a una lenta desaparición en las Bermudas. Las conchas de los neritáceos son demasiado pequeñas; tan sólo los cangrejos jóvenes y los adultos de muy pequeño tamaño caben dentro de ellas, y además muy mal. Ningún otro caracol moderno parece servirles y el éxito de la vida adulta depende de la localización y posesión (a menudo por conquista) de un producto extremadamente precioso y cada vez más escaso: una concha de *Cittarium.* Pero el *Cittarium,* por tomar prestada la jerga de los últimos años, se ha convertido en un «recurso no renovable» en las Bermudas, y los cangrejos siguen aún reciclando las conchas de siglos anteriores. Estas conchas son gruesas y fuertes, pero no pueden resistir eternamente las olas y las rocas, y el suministro disminuye constantemente. Cada año caen de las dunas fósiles unas pocas conchas «nuevas» (un precioso legado de cangrejos ancestrales que las llevaron colina arriba en eras pasadas), pero no pueden hacer frente a la demanda. El *Cenobita* parece destinado a cumplir las pesimistas previsiones de muchas pelícu-

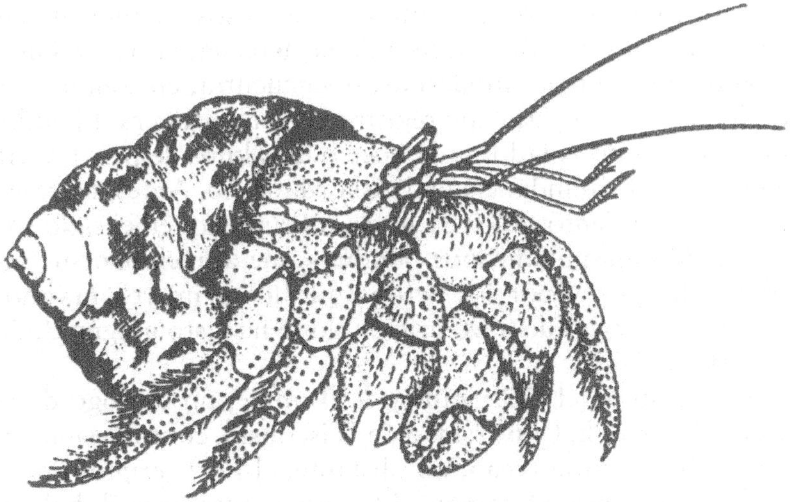

21. El *Cenobita diogenes* en una concha de *Cittarium.* Dibujado del natural por A. Verrill en 1900.

las y escenarios futuristas: unos pocos supervivientes luchando hasta la muerte por un último resto. Los científicos que nombraron a este gran ermitaño eligieron bien. Diógenes el Cínico encendía su linterna y recorría las calles de Atenas en busca de un hombre honrado; no pudo encontrar ninguno. *C. diogenes* morirá buscando una concha decente.

Esta dolorosa historia del *Cenobita* surgió de su profundo lugar en mi mente cuando hace poco oí una historia sorprendentemente similar. Los cangrejos y los caracoles forjaron una interdependencia evolutiva en la primera historia. Una combinación más improbable (semillas y dodos) es la causa de la segunda historia, pero ésta tiene un final feliz.

William Buckland, un destacado catastrofista entre los geólogos del siglo XIX, resumió la historia de la vida en una gran tabla, plegada varias veces para que encajara en las páginas de su popular obra *Geology and Mineralogy Considered with Reference to Natural Theology.* La tabla muestra víctimas de extinciones masivas agrupadas según el momento de su extirpación. Los grandes animales se apiñan: los ictiosaurios, dinosaurios, ammonites y pterosaurios en un racimo; los mamuts, los rinocerontes lanudos y los osos gigantes de las cavernas, en otro. Al extremo de la derecha, en representación de los animales modernos, se encuentra, en solitario, el dodo; la primera extinción registrada de nuestra era. El dodo, una paloma no voladora (de doce o más kilos de peso), vivía en razonable abundancia en la isla Mauricio. Antes de transcurridos doscientos años de su descubrimiento en el siglo XV, había sido aniquilado, por hombres que apreciaban sus sabrosos huevos y por los cerdos que los primeros marinos habían transportado a Mauricio. No se ha visto ningún dodo vivo desde 1681.

En agosto de 1977, Stanley A. Temple, un ecólogo de la vida salvaje de la Universidad de Wisconsin, contó la siguiente notable historia (vean, no obstante, el *Post scriptum* para una subsiguiente refutación). Él, y otros antes que él, habían notado que un gran árbol, el *Calvaria major,* parecía estar al borde de la extinción en Mauricio. En 1973, tan sólo pudo encontrar «trece viejos, sobremaduros y moribundos árboles» en lo que queda de los bosques nativos. Los expertos forestales de Mauricio estimaban que la edad de los árboles en cuestión sobrepasaba los trescientos años. Estos árboles producen semillas bien formadas y aparentemente fértiles todos los años, pero ninguna germina y no se conocen plantas jóvenes. Los intentos por inducir la germinación en el clima controlado y favorable de un semillero han fracasado. Y, no obstante, el *Calvaria* fue, en tiempos, común en Mauricio; los antiguos registros forestales indican que había sido utilizado extensivamente por su madera.

Los grandes frutos de *Calvaria,* de más de cinco centímetros de diámetro, consisten en una semilla encerrada en una cáscara dura de casi 1,5 centímetros de espesor. Esta pipa está rodeada de una capa de materia pulposa y suculenta recubierta de una piel exterior. Temple llegó a la conclusión de que la semilla de *Calvaria* no conseguía germinar porque el grosor de la pipa «se resiste mecánicamente a la expansión del embrión que lleva dentro». ¿Cómo, entonces, consiguió germinar en siglos pasados?

Temple unió dos hechos. Los primeros exploradores dejaron constancia de que los dodos se alimentaban de los frutos y semillas de grandes árboles del bosque; de hecho, se han encontrado pipas fósiles de *Calvaria* entre restos de esqueletos de dodo. El dodo tenía una poderosa molleja llena de grandes piedras que podía triturar trozos duros de comida. En segundo lugar, la edad de los árboles *Calvaria* supervivientes se corresponde con la desaparición del dodo. Ninguno ha nacido desde que el dodo desapareció hace casi trescientos años.

Temple argumenta, por lo tanto, que *Calvaria* desarrolló su pipa desusadamente gruesa para resistir la destrucción por aplastamiento en la molleja del dodo. Pero, al hacerlo, pasaron a depender del dodo para su propia reproducción. Vaya lo uno por lo otro. Un hueso o pipa lo suficientemente gruesos para resistir la molleja de un dodo es una pipa demasiado gruesa como para que pueda ser abierta por el embrión por sus propios medios. Así, la molleja que otrora amenazaba la semilla se había convertido en su cómplice necesario. La gruesa pipa tiene que ser raspada y desgastada antes de poder germinar.

Hay varios animales pequeños que consumen hoy en día el fruto de *Calvaria,* pero se limitan a mordisquear la suculenta pulpa y dejan la pipa sin tocar. El dodo era lo suficientemente grande como para tragarse el fruto entero. Tras consumir la pulpa, los dodos habrían desgastado el hueso en su molleja antes de regurgitarlo o expulsarlo con las heces. Temple cita multitud de casos análogos de tasas de germinación incrementada en semillas tras su paso por el tracto digestivo de animales diversos.

Temple intentó entonces estimar la fuerza de aplastamiento de la molleja de un dodo haciendo un gráfico del peso corporal frente a la fuerza generada por la molleja de varias aves modernas. Extrapolando la curva hasta el peso de un dodo, estimó que las pipas de *Calvaria* eran lo suficientemente gruesas como para soportar el aplastamiento; de hecho, las más gruesas no podrían ser aplastadas sin haber sido sometidas a un desgaste de un 30 por 100. Los dodos probablemente las habrían regurgitado o defecado antes que someterlas a tan prolongado tratamiento. Temple cogió pavos (el análogo moderno más próximo al dodo) y los alimentó a la fuerza con pipas de *Calvaria,* de una en una. Siete de cada diecisiete eran trituradas en la molleja del pavo, pero diez eran regurgitadas o expulsadas con las heces tras un considerable desgaste. Temple plantó estas semillas y tres germinaron. Escribe: «Estas bien podrían ser las primeras semillas de *Calvaria* en germinar desde hace más de trescientos años». El *Calvaria* probablemente pueda ser salvado de la extinción por propagación de semillas artificialmente desgastadas. Por una vez, la observación, combinada con ideas y experimentos imaginativos, puede llevar a la preservación y no a la destrucción.

Escribí este ensayo para iniciar el quinto año de mi columna fija en la revista *Natural History.* Al principio me decía a mí mismo que me alejaría de una larga tradición de la literatura popular en la historia natural. No narraría los fascinantes cuentos de la naturaleza por su propio atractivo. Enlazaría toda historia con algún principio general de la teoría evolutiva: los pandas y las tortugas marinas con la imperfección como prueba de la evolución; las bacterias magnéticas con los principios de la escala; los ácaros que se comen a su madre desde dentro con la teoría de Fisher acerca de las proporciones entre los sexos. Pero esta columna carece de mensaje más allá de la evidente homilía de que las cosas están en conexión con otras cosas en este mundo complejo; y que las alteraciones locales tienen consecuencias más amplias. Tan sólo he contado estas dos historias porque me conmovieron, una de ellas amargamente, la otra con dulzura.

Post scriptum

Algunas historias de la historia natural son demasiado complejas y hermosas como para obtener una aceptación general. El informe de Temple recibió inmediata publicidad en la prensa popular (el *New York Times* y otros grandes periódicos, y dos meses más tarde, mi artículo). Un año después (30 de marzo de 1979), el doctor Owadally, del Servicio Forestal de Mauricio, planteó algunas dudas importantes en un comentario técnico publicado en la revista profesional *Science* (donde había aparecido el artículo original de Temple). Reproduzco a continuación, literalmente, tanto el comentario de Owadally como la respuesta de Temple:

> No discuto que la coevolución entre planta y animal existe, y que la germinación de algunas semillas puede verse asistida por su paso a través del intestino de animales. No obstante, ese «mutualismo» del famoso dodo y el *Calvaria major* (tambalacoque) como ejemplo *(1)* de coevolución es insostenible por los siguientes motivos:
>
> 1) *Calvaria major* crece en la pluviselva montana de Mauricio, donde hay una precipitación de 2.500 a 3.200 mm por año. El dodo, de acuerdo con informes holandeses, vagaba por las planicies del norte y las colinas del este en el área de Grand Port (esto es, en un bosque más seco), donde los holandeses establecieron su primera colonia. Así pues, resulta altamente improbable que el dodo y el tambalacoque se dieran en el mismo nicho ecológico. De hecho, las excavaciones extensivas realizadas en las tierras altas para creación de depósitos de agua, canales de drenaje y similares, no han descubierto resto alguno de dodos.
> 2) Algunos escritores han mencionado las pequeñas semillas leñosas encontradas en la Mate aux Songes y la posibilidad de que su germinación se viera favorecida por el dodo u otras aves. Pero sabemos hoy que esas semillas no son de tambalacoque, sino que pertenecen a otra especie de árbol de las tierras bajas recientemente identificado como *Sideroxylon longifolium.*
> 3) El Servicio Forestal lleva algunos años estudiando y llevando a término la germinación de semillas de tambalacoque sin intervención de ave alguna *(2)*. La tasa de germinación es baja pero no muy inferior a la de otras muchas especies indígenas que, en años recientes, han mostrado un marcado deterioro

en su reproducción. Este deterioro obedece a varios factores demasiado complejos como para ser discutidos en este comentario. Los factores principales han sido la depredación por parte de los monos y la invasión de plantas exóticas.

4) Una prospección de la pluviselva montana climácica realizada en 1941 por Vaughan y Wiehe *(3)* mostraba la existencia de una población bastante significativa de jóvenes plantas de tambalacoque que tenían sin duda menos de 75 o 100 años. ¡El dodo se extinguió alrededor de 1675!
5) El modo en que germina la semilla de tambalacoque fue descrito por Hill *(4)*, que demostró que el embrión es capaz de emerger del duro y leñoso endocarpio. Esto ocurre por la ruptura por parte del embrión en crecimiento de la mitad inferior de la semilla a lo largo de una zona de fractura perfectamente definida.

Es necesario disipar el mito dodo-tambalacoque y reconocer los esfuerzos del Servicio Forestal de Mauricio por propagar este magnífico árbol de la meseta superior.

A. W. OWADALLY

Servicio Forestal, Curepipe, Mauricio

REFERENCIAS Y NOTAS

1. S. A. Temple, *Science,* 197 (1977), p. 885.

2. Pueden verse jóvenes *Calvaria* de nueve meses o más en el semillero forestal de Curepipe.

3. R. E. Vaughan y P. O. Wiehe, *J. Ecol.,* 19 (1941), p. 127.

4. A. W. Hill, *Ann. Bot.,* 5 (1941), p. 587.

28 de marzo de 1978

El mutualismo planta-animal que podría haber existido entre el dodo y el *Calvaria major* se convirtió en imposible de demostrar experimentalmente tras la extinción del dodo. Lo que yo señalé fue la posibilidad *(1)* de que se hubiera producido tal relación, lo que aportaría una explicación de la extraordinariamente baja tasa de germinación de *Calvaria*. Acepto el potencial de error de las reconstrucciones históricas.

No estoy de acuerdo, no obstante, con la conclusión de Owadally *(2)* de que el dodo y el *Calvaria* estuvieran geográficamente separados. No se ha encontrado prácticamente ningún hueso, ni de dodo ni de ningún otro animal, en las tierras altas de Mauricio no porque jamás estuvieran allí los animales, sino porque la topografía de la isla no produce allí depósitos aluviales. En ciertas áreas de las tierras bajas, las cuencas de depósito han acumulado muchos huesos de animales que fueron arrastrados hasta ellos desde las tierras altas circundantes. Las narraciones de los primeros exploradores, resumidas por Hachisuka (3, p. 85), hacen referencia a la presencia de dodos en las tierras altas, y Hachisuka hace hincapié en aclarar la idea errónea de que el dodo era un ave estrictamente costera. Los primeros registros forestales de Mauricio *(4)* indican que el *Calvaria* existía en las tierras bajas igual que en la meseta. Aunque los bosques nativos sólo se dan en las tierras altas hoy en día, uno de los árboles *Calvaria* supervivientes se encuentran a una elevación de tan sólo 150 metros. Así pues, el dodo y el *Calvaria* podrían haber sido simpátricos, lo que haría posible una relación de mutualismo.

Las autoridades taxonómicas en plantas sapotáceas de la región del océano Índico reconocen semillas de *Calvaria major,* así como las de *Sideroxylon longifolium,* de menor tamaño, en los depósitos aluviales de la marisma de Mare aux Songes *(5)*, pero esto tiene poca relevancia en cuanto a la cuestión del mutualismo. Las especies mutualistas no necesariamente fosilizarán juntas.

El Servicio Forestal de Mauricio sólo recientemente ha conseguido propagar las semillas de *Calvaria,* y el motivo no mencionado de su reciente éxito favorece el caso del mutualismo. El éxito se obtuvo cuando las semillas fueron desgastadas antes de ser sembradas *(6)*. El tracto digestivo del dodo se limitaba a desgastar el endocarpio de modo natural, lo mismo que hace mecánicamente el personal del Servicio Forestal de Mauricio antes de plantar las semillas.

La referencia que cita Owadally *(7)* es equívoca acerca de la edad de los árboles de *Calvaria* supervivientes porque no existe forma fácil de calcular sus edades con precisión. Por coincidencia, Wiehe, el coautor del trabajo que cita Owadally, fue también la fuente que yo utilicé para cifrar la edad de los árboles supervivientes en trescientos años. Estoy de acuerdo en que habría más árboles supervivientes en los años treinta que hoy, lo que apoya aún más la idea de que el *Calvaria major* es una especie en declive y que puede llevar así desde 1681.

Cometí un error al no citar a Hill *(8)*. No obstante, Hill no describe cómo y bajo qué condiciones indujo la germinación de la semilla. Sin estos detalles, su descripción tiene poca relevancia en la cuestión del mutualismo.

Stanley A. Temple
Department of Wildlife Ecology,
Universidad de Wisconsin, Madison,
Madison 53706

Referencias y notas

1. S. A. Temple, *Science, 197 (1977), p. 885.*
2. A. W. Owadally, *ibid., 203 (1979), p. 1.369.*
3. M. Hachisuka, *The Dodo and Kindred Birds* (Witherby, Londres, 1953).
4. N. R. Brouard, *A History of the Woods and Forests of Mauritius* (Government Printer, Mauricio, 1963).
5. F. Friedmann, comunicación personal.
6. A. M. Gardner, comunicación personal.
7. R. E. Vaughan y P. O. Wiehe, *J. Ecol.*, 19 (1941), p. 127.
8. A. W. Hill, *Ann. Bot.*, 5 (1941), p. 587.

En mi opinión, Temple ha respondido adecuadamente (incluso triunfalmente) a los tres primeros puntos de Owadally. Como paleontólogo, puedo ratificar sin dudarlo sus argumentos acerca de los fósiles de las tierras altas. Nuestro registro fósil de faunas de tierras altas es extremadamente puntual; los especímenes que poseemos aparecen normalmente en depósitos de tierras bajas, muy desgastados y arrastrados desde zonas más elevadas. Owadally fue desde luego descuidado al no mencionar (punto 3) que el servicio forestal abrasiona las semillas de *Calvaria* antes de plantarlas, porque de la necesidad de la abrasión nace el núcleo de la hipótesis de Temple. Pero Temple también fue descuidado al no mencionar los esfuerzos locales de los forestales de Mauricio, que aparentemente anteceden a su propio descubrimiento.

El cuarto punto de Owadally, no obstante, representa una desautorización potencial de la afirmación de Temple. Si en 1941 había una población «bastante significativa» de *Calvaria* de menos de cien años de edad, entonces los dodos no pueden haber asistido a su germinación. Temple niega que haya sido demostrada una edad tan temprana, y yo, desde luego, carezco de ningún dato adicional que pueda resolver esta cuestión crucial.

Este intercambio pone de relieve una cuestión inquietante acerca de la transmisión de noticias científicas al público. Muchas fuentes citaron la historia original de Temple. No he encontrado una sola mención acerca de las dudas surgidas después. La mayor parte de las «buenas» historias resultan ser falsas, o al menos se amplían excesivamente, pero su desautorización no puede equipararse a la fascinación de una hipótesis inteligente. La mayor parte de las historias «clásicas» de la historia natural están equivocadas, pero nada resulta tan resistente a su expurgación como el dogma del libro de texto.

El debate entre Owadally y Temple está demasiado equilibrado por el momento como para decidir un resultado. Yo me inclino por Temple, pero si el cuarto punto de Owadally es cierto, entonces la hipótesis del dodo se convertirá, en las inimitables palabras de Thomas Henry Huxley, en «una bella teoría, hundida por un pequeño dato desagradable y feo».

28

ROMPAMOS UNA LANZA POR LOS MARSUPIALES

Me irrita que la rapacidad de mi propia especie haya impedido irrevocablemente que pudiera ver al dodo en acción, ya que una paloma grande como un pavo debía de ser algo digno de verse y los mohosos especímenes disecados simplemente carecen de poder de convicción. Nosotros, los que nos regocijamos con la diversidad de la naturaleza y nos sentimos instruidos por los animales, tendemos a estigmatizar al *Homo sapiens* como la mayor catástrofe desde la extinción del Cretácico. No obstante, me gustaría argumentar que la elevación del istmo de Panamá hace tan sólo dos o tres millones de años debería catalogarse como la tragedia biológica más devastadora de los tiempos recientes.

Suramérica había sido una isla continente durante todo el periodo Terciario (durante setenta millones de años antes del comienzo de la glaciación continental). Al igual que Australia, alojaba una serie única de mamíferos. Pero Australia era un lugar atrasado en comparación con el alcance y la variedad de las formas suramericanas. Muchas sobrevivieron a la invasión de las especies norteamericanas tras la elevación del istmo; algunas se extendieron y prosperaron: la sariga o zarigüeya llegó hasta el Canadá; el armadillo está aún en camino hacia el norte.

A pesar del éxito de unos pocos, debe considerarse que el efecto dominante del contacto entre los mamíferos de los dos continentes fue la extirpación de las especies suramericanas más espectacularmente diferentes. Perecieron dos órdenes completos (agrupamos a todos los mamíferos modernos en alrededor de veinticinco órdenes). Piensen cómo se habrían enriquecido nuestros zoos con un surtido generoso de notoungulados, un gran y diversificado grupo de mamíferos herbívoros que iban desde el *Toxodon,* del tamaño de un rinoceronte, exhumado por primera vez por Charles Darwin durante un permiso en tierra del *Beagle,* hasta análogos del conejo y de los roedores entre los tipoterios y los hegetoterios. Consideremos los litopternos con sus dos subgrupos: los grandes macrauquénidos de cuello largo, similares a camellos, y el grupo más notable de todos, los proteroterios, similares al caballo. (Los proteroterios repitieron incluso algunas de las tendencias evolutivas seguidas por los caballos verdaderos: el *Diadiaphorus,* de tres dedos, precedió al *Thoatherium,* una especie de un solo dedo, que superó al caballo reduciendo sus dedos vestigiales hasta un punto jamás alcanzado por los caballos modernos.) Todos han desaparecido para siempre, víctimas, en gran parte, de las alteraciones en la fauna puestas en marcha por la emergencia del istmo. (Varios notoungulados y litopternos sobrevivieron hasta bien entrada la era glacial. Incluso puede que recibieran el *coup de grâce* de los primeros cazadores humanos. No obstante, no tengo dudas de que muchos estarían aún con nosotros si Suramérica hubiera continuado siendo una isla.)

Los depredadores nativos de estos herbívoros suramericanos desaparecieron también por completo. Los carnívoros modernos de Suramérica, los jaguares y sus afines, son todos intrusos norteamericanos. Los carnívoros indígenas, lo crean o no, eran todos marsupiales (aunque algunos nichos de comedores de carne fueron ocupados por los fororrácidos, un notable grupo de aves gigantes, hoy extinto también). Los carnívoros marsupiales, aunque no tan diversos como los carnívoros placentarios de los continentes del norte, formaban un conjunto impresionante; desde animales bastante pequeños hasta especies del tamaño de un oso. Una especie evolucionó con un paralelismo asombroso con los felinos de dientes de sable de Norteamérica. El marsupial *Thylacosmilus* desarrolló grandes puñales caninos superiores y un saliente protector de hueso en la mandíbula inferior, igual que el *Smilodon* de los pozos de brea de La Brea.

Aunque no es comúnmente divulgado, a los marsupiales no les va mal en Suramérica en nuestros días. Norteamérica podrá presumir de la llamada zarigüeya de Virginia (de hecho es un emigrante de Suramérica), pero las zarigüeyas de Suramérica son un grupo rico y variado con unas sesenta y cinco especies. Además, están los cenoléstidos, «ratas-zarigüeya» sin bolsa que forman un grupo separado que no tiene afinidad próxima alguna a las verdaderas zarigüeyas. Pero el tercer gran grupo de marsupiales suramericanos, los borhiénidos carnívoros, fue totalmente barrido y reemplazado por los felinos del norte.

El criterio tradicional (aunque dedico este ensayo a oponerme a él) atribuye la extirpación de los marsupiales carnívoros a la inferioridad general de los mamíferos marsupiales frente a los placentarios. (Todos los mamíferos vivos excepto los marsupiales y los ovíparos ornitorrinco y equidna son placentarios.) El argumento parece difícil de discutir. Los marsupiales florecieron sólo en los continentes insulares aislados, Australia y Suramérica, donde los grandes mamíferos placentarios nunca estuvieron presentes. Los primeros marsupiales del Terciario de Norteamérica desaparecieron rápidamente al diversificarse los placentarios; los marsupiales suramericanos recibieron una paliza cuando el corredor centroamericano quedó abierto a la inmigración de los placentarios.

Estos argumentos de biogeografía e historia geológica obtienen el respaldo aparente de la idea convencional de que los marsupiales son anatómica y fisiológicamente inferiores a los placentarios. Los mismos términos de nuestra taxonomía refuerzan este prejuicio. Los mamíferos están divididos en tres partes: los monotremas ovíparos son llamados *prototerios* o *premamíferos*; los placentarios se llevan el galardón de Euterios o verdaderos mamíferos; los pobres marsupiales se quedan en el limbo como *metaterios*, o *mamíferos intermedios*: se quedaron a mitad de camino.

El argumento en favor de la inferioridad estructural se apoya en gran medida en el diferente modo de reproducción de los marsupiales frente a los placentarios, respaldado por la habitual y pretenciosa presunción de que diferente de nosotros significa peor. Los placentarios, como sabemos y experimentamos, se desarrollan como embriones en contacto íntimo con el cuerpo de una madre. Nuestro cuerpo tiene una fantástica habilidad para reconocer y rechazar tejidos extraños; una protección esencial contra las enfermedades, pero también una barrera, actualmente infranqueable, para los tratamientos médicos que van desde injertos de piel hasta los trasplantes de corazón. A pesar de todos los sermones acerca del amor materno, y la presencia de un 50 por 100 de material genético materno en la descendencia, un embrión sigue siendo un tejido extraño. El sistema inmunitario de la madre tiene que ser enmascarado para evitar su rechazo. Los fetos placentarios han «aprendido» a hacerlo; los marsupiales, no.

La gestación en los marsupiales es muy corta: de doce a trece días en la zarigüeya común, seguidos de sesenta a setenta días de ulterior desarrollo en la bolsa exterior. Más aún, el desarrollo interno no se produce en íntimo contacto con la madre, sino escudado de ella. Dos tercios de la gestación tienen lugar dentro de la «membrana de la cáscara», un órgano materno que evita la incursión de linfocitos, los «soldados» del sistema inmunitario. Después siguen algunos días de contacto placentario, habitualmente a través del saco vitelino. En este tiempo, la madre moviliza su sistema inmunitario, y el embrión nace (o más exactamente es expulsado) poco tiempo después.

El neonato marsupial es una criatura diminuta, equivalente en su desarrollo a un embrión placentario un tanto temprano. Su cabeza y patas delanteras están precozmente desarrolladas, pero las traseras son con frecuencia poco más que yemas no diferenciadas. Debe, seguidamente, emprender un peligroso viaje, trepando lentamente por la distancia relativamente enorme que le separa de los pezones y el marsupio de la madre (podemos ahora comprender la necesidad de unas extremidades anteriores bien desarrolladas). Nuestra vida embrionaria en el interior de un vientre placentario es, por comparación, fácil e incondicionalmente mejor.

¿Qué oposición puede, pues, planteársele a estas exposiciones biogeográficas y estructurales de la inferioridad de los marsupiales? Mi colega John A. W. Kirsch ha reunido recientemente todos los argumentos. Citando trabajos realizados por P. Parker, Kirsch plantea que la reproducción marsupial sigue un modo adaptativo diferente, no inferior. Ciertamente, los marsupiales jamás desarrollaron un mecanismo para desconectar el sistema inmunitario de la madre y permitir así un desarrollo completo dentro de su vientre. Pero un nacimiento temprano puede ser una estrategia igualmente adaptativa. El rechazo materno no tiene por qué representar un fallo de diseño o una pérdida de oportunidades evolutivas; podría reflejar un enfoque antiquísimo y perfectamente adecuado de los rigores de la supervivencia.

El argumento de Parker se remonta hasta la proposición central de Darwin de que los individuos luchan por maximizar su propio éxito reproductor, esto es, por aumentar la representación de sus propios genes en las generaciones futuras. Pueden seguirse varias estrategias muy divergentes, pero igualmente efectivas en la persecución (inconsciente) de este objetivo. Los placentarios invierten gran cantidad de tiempo y energía en sus descendientes antes de su nacimiento. En efecto, este compromiso incrementa las oportunidades de éxito del retoño, pero la madre placentaria corre también un riesgo: si perdiera su camada, habría perdido irrevocablemente una gran porción del esfuerzo reproductor de toda su vida sin ningún beneficio evolutivo. La madre marsupial tiene una carga mucho mayor de muerte neonatal, pero su coste reproductor es pequeño. La gestación ha sido muy breve y puede aparearse de nuevo en la misma estación. Más aún, el diminuto neonato no ha supuesto un gran desgaste de sus recursos energéticos y no la ha sometido a casi ningún peligro en su rápido y fácil nacimiento.

Volviendo a la biogeografía, Kirsch pone en duda el supuesto habitual de que Australia y Suramérica fueran refugios para bestias inferiores que no podían competir en el mundo placentario del hemisferio norte. Este autor considera su diversidad en el sur como una prueba de éxito en su hogar ancestral, no como un débil esfuerzo en un territorio periférico. Su razonamiento se basa en la afirmación de M. A. Archer de la existencia de una íntima relación genealógica entre los borhiénidos (carnívoros marsupiales suramericanos) y los tilacínidos (carnívoros marsupiales de la región australiana). Los taxonomistas han considerado anteriormente a estos dos grupos como un ejemplo de convergencia evolutiva: desarrollo independiente de adaptaciones similares (como en el caso de los felinos de dientes de sable placentarios y marsupiales anteriormente mencionados). De hecho, los taxonomistas han considerado las radiaciones australiana y suramericana de marsupiales como fenómenos totalmente independientes, ocurridos tras la invasión por separado de ambos continentes por parte de marsupiales primitivos expulsados de las tierras del norte. Pero si los borhiénidos y los tilacínidos están estrechamente relacionados, entonces los continentes del sur debieron intercambiar algunos de sus productos, probablemente a través de la Antártida. (En nuestra nueva geología de continentes a la deriva, las tierras del hemisferio sur estaban mucho más próximas entre sí cuando los mamíferos se elevaron hasta la prominencia, tras la desaparición de los dinosaurios.) Una visión más modesta imagina un centro de origen australiano para los marsupiales y una dispersión a Suramérica tras la evolución de los tilacínidos, en lugar de dos invasiones separadas de Suramérica por parte de los marsupiales (los antecesores borhiénidos desde Australia, y todos los demás desde Norteamérica). Aunque las explicaciones más simples no son siempre verdaderas en nuestro mundo maravillosamente complejo, las palabras de Kirsch arrojan considerables dudas sobre el supuesto habitual de que las patrias de los marsupiales son refugios y no centros de origen.

No obstante, debo confesar que esta defensa estructural y biogeográfica de los marsupiales se tambaleaba gravemente ante un hecho cardinal, prominentemente expuesto con anterioridad: el istmo de Panamá surgió de las aguas, los carnívoros placentarios invadieron el continente, los carnívoros marsupiales perecieron con rapidez y los placentarios ocuparon su lugar. ¿Acaso no habla esto en favor de una clara superioridad competitiva de los carnívoros placentarios? Podría eludir este dato desagradable por medio de ingeniosas conjeturas, pero prefiero admitirlo. ¿Cómo puedo entonces seguir defendiendo la igualdad de los marsupiales?

Aunque los borhiénidos perdieron en toda la línea, no he encontrado ni rastro de evidencia para atribuir su derrota a su condición de marsupiales. Prefiero una argumentación ecológica que predecía malos tiempos para cualquier grupo indígena de carnívoros suramericanos, marsupiales o placentarios. Las víctimas reales resultaron ser marsupiales, pero este dato taxonómico puede resultar incidental para un destino ya sellado por otros motivos.

R. Bakker ha venido estudiando la historia de los carnívoros mamíferos a lo largo del Terciario. Integrando algunas nuevas ideas con la sabiduría convencional, descubre que los carnívoros placentarios del norte experimentaron dos tipos de «pruebas» evolutivas. Sufrieron, en dos ocasiones, breves períodos de extinción masiva, y nuevos grupos, tal vez con mayor flexibilidad adaptativa, ocupaban su lugar. Durante los períodos de continuidad, la alta diversidad, tanto de los depredadores como de sus presas, engendró una intensa competencia y unas fuertes tendencias evolutivas hacia una mayor eficiencia en la alimentación (ingestión rápida y desgarramiento eficiente) y en la locomoción (aceleración elevada en los depredadores emboscados, resistencia en los cazadores de larga distancia). Los carnívoros de Suramérica y Australia no fueron puestos a prueba de ninguna de las dos formas. No sufrieron extinción en masa alguna, y los inquilinos originales pervivieron. La diversidad jamás llegó a aproximarse a los niveles del norte, y la competencia fue menos intensa. Bakker nos dice que sus niveles de especialización morfológica para la carrera y la alimentación estaban muy por debajo de los de los carnívoros del norte que vivían en la misma época.

Los estudios de H. J. Jerison acerca del tamaño cerebral aportan una impresionante confirmación. En los continentes del norte, los depredadores placentarios y sus presas desarrollaron cerebros cada vez más grandes a lo largo del Terciario. En Suramérica, tanto los carnívoros marsupiales como sus presas placentarias, alcanzaron rápidamente una meseta de alrededor de un 50 por 100 del peso cerebral de los mamíferos medios modernos del mismo peso corporal. La condición anatómica de marsupial o placentario no parece plantear grandes diferencias; una historia relativa de desafío evolutivo podría ser crucial. Si, por cualquier circunstancia, los carnívoros del norte hubiesen sido marsupiales y los del sur placentarios, sospecho que el resultado del intercambio ístmico hubiera sido también la derrota para Suramérica. La fauna de Norteamérica se vio continuamente puesta a prueba en el ardiente horno de la destrucción masiva y la competencia intensa. Los carnívoros suramericanos jamás se vieron seriamente amenazados. Al alzarse el istmo de Panamá, ambos fueron pesados en la balanza evolutiva por vez primera. Como el rey de Daniel, los marsupiales no dieron la talla.

OCTAVA PARTE

Tamaño y tiempo

29

EL PERÍODO DE VIDA QUE TENEMOS ASIGNADO

En *Ragtime,* de E. L. Doctorow, J. P. Morgan, al conocer a Henry Ford, alaba la cadena de montaje como una fiel traducción de la sabiduría de la naturaleza:

> ¿Se le ha ocurrido pensar que su cadena de montaje no es meramente un rasgo de genio industrial, sino una proyección de la verdad orgánica? Después de todo, la intercambiabilidad de las partes es una regla de la naturaleza ... todos los mamíferos se reproducen del mismo modo y comparten el mismo diseño de autoalimentación, tienen sistemas digestivos y circulatorios que son prácticamente los mismos, y disfrutan de los mismos sentidos ... El diseño compartido es lo que permite a los taxonomistas clasificar a los mamíferos como mamíferos.

A un magnate arrogante no se le pueden ofrecer equívocos; no obstante, tan sólo puedo responder «sí y no» a la declaración de Morgan. Morgan estaba equivocado si pensaba que los grandes mamíferos son réplicas geométricas de sus parientes más pequeños. Los elefantes tienen cerebros relativamente más pequeños y patas más gruesas que los ratones, y estas diferencias reflejan una regla general del diseño de los mamíferos, no las idiosincrasias de animales particulares.

Pero Morgan tenía razón en argumentar que los grandes animales son esencialmente similares a los pequeños animales de su grupo. La similitud, no obstante, no reside en la constancia de las formas. Las leyes básicas de la geometría dictan que los animales deben cambiar su forma para funcionar del mismo modo con diferentes tamaños. El propio Galileo estableció el ejemplo clásico en 1638: la fuerza de la pata de un animal es función del área de su sección transversal (longitud × longitud); el peso que deben soportar las patas varía con el volumen del animal (longitud × longitud × longitud). Si los mamíferos no incrementaran el grosor relativo de sus patas al ir haciéndose más grandes, se acabarían derrumbando (ya que el peso del cuerpo crecería mucho más rápidamente que la fuerza de carga de las extremidades). Para conservar las mismas funciones, los animales deben cambiar de forma.

El estudio de estos cambios de forma es denominado «teoría de la proporción». La teoría de la proporción ha puesto al descubierto una sorprendente regularidad del cambio de forma sobre el abanico de 1 a 25 millones de veces en peso de los mamíferos desde la musaraña hasta la ballena azul. Si hacemos un gráfico de peso cerebral frente a peso corporal para todos los mamíferos de la curva llamada del ratón al elefante (o de la musaraña a la ballena), muy pocas especies se desvían gran cosa de una línea única que expresa la regla general: el peso del cerebro crece tan sólo a dos tercios de la velocidad del corporal, según nos desplazamos de los mamíferos pequeños a los grandes. (Compartimos con los delfines mulares el honor de la mayor desviación hacia arriba de la curva.)

A menudo podemos predecir estas regularidades a partir de la física básica de los objetos. El corazón, por ejemplo, es una bomba. Dado que los corazones de todos los mamíferos trabajan de un modo esencialmente similar, los corazones pequeños deben bombear con una rapidez considerablemente mayor que los grandes (imagínense cuánto más rápidamente podría el lector accionar un fuelle pequeño, de juguete, que el modelo gigantesco que alimenta la forja de un herrero o un órgano de fuelle). En la curva del ratón al elefante en los mamíferos, la duración de un latido cardíaco aumenta a una velocidad de entre un cuarto y un tercio de la que aumenta el peso corporal al ir moviéndonos de los mamíferos pequeños a los grandes. La generalidad de estas conclusiones se ha visto recientemente respaldada por un interesante estudio de J. E. Carrell y R. D. Heathcote acerca de la proporción del ritmo cardíaco en las arañas. Utilizaron un rayo láser frío para iluminar los corazones de arañas en reposo y trazaron una curva desde la araña cangrejo a la tarántula, para dieciocho especies que abarcaban un abanico de pesos corporales de casi 1 a 1.000. Una vez más, la escala resulta regular con un incremento del ritmo cardíaco de 4/10 de la velocidad de incremento del peso corporal (un incremento de 0,409 para ser precisos).

Podríamos extender esta conclusión para los corazones haciendo una afirmación general acerca del ritmo de la vida en los animales pequeños frente a los grandes. Los animales pequeños pasan por la vida mucho más rápidamente que los animales grandes: su corazón trabaja más rápidamente, respiran más frecuentemente, su pulso late mucho más deprisa. Aún más importante, el ritmo metabólico, el llamado fuego de la vida, crece tan sólo a tres cuartas partes de la velocidad con que lo hace el peso corporal en los mamíferos. Para mantenerse en funcionamiento, los grandes mamíferos no necesitan generar tanto calor por unidad de peso corporal como los pequeños mamíferos. Las diminutas musarañas se mueven frenéticamente, comiendo durante la práctica totalidad de sus horas de vigilia para mantener su horno metabólico al ritmo más elevado de todos los mamíferos; las ballenas azules se deslizan majestuosamente, con su corazón latiendo al ritmo más bajo de todas las criaturas activas de sangre caliente.

La proporción de la duración de la vida entre los mamíferos sugiere una fascinante síntesis de todos estos datos separados. Todos hemos tenido experiencias suficientes con mamíferos mascota de tamaños diversos para comprender que los mamíferos pequeños tienden a vivir menos que los grandes. De hecho, la vida de los mamíferos tiene una proporción de aproximadamente el mismo ritmo que los latidos del corazón o el ritmo de la respiración: crece a una velocidad de entre un cuarto y un tercio de la que crece el peso corporal, según nos desplazamos de los animales pequeños a los grandes. (El *Homo sapiens* emerge de este análisis como un animal muy peculiar.

Vivimos mucho más tiempo de lo que lo haría un mamífero de nuestro tamaño. En el ensayo 9 argumentaba que los seres humanos evolucionaron por medio de un proceso evolutivo llamado *neotenia*: la preservación en los adultos de formas y ritmos de crecimiento que caracterizan las fases juveniles de los primates primitivos. Creo también que la neotenia es la responsable de nuestra gran longevidad. Comparados con otros mamíferos, todas las fases de la vida humana llegan «demasiado tarde». Nacemos como embriones indefensos tras una larga gestación; maduramos tardíamente tras una larga infancia; morimos a edades que tan sólo alcanzan los animales de sangre caliente de los tamaños más grandes.)

Habitualmente nos compadecemos de nuestro ratoncito o jerbo, mascotas que han llegado al término de sus vidas, de uno o dos años como máximo. ¡Qué breve es su vida mientras nosotros permanecemos durante una buena parte de un siglo! Como tema básico de este ensayo, me gustaría plantear que tal compasión está mal dirigida (nuestra pena personal es, por supuesto, otra cuestión; la ciencia no trata de ella). Morgan estaba en lo cierto en *Ragtime:* los mamíferos pequeños y los grandes son esencialmente similares. La duración de su vida está ajustada al ritmo de ésta, y todos viven aproximadamente la misma cantidad de tiempo biológico. Los mamíferos pequeños viven rápidamente, se queman deprisa y viven poco tiempo; los grandes mamíferos viven mucho tiempo a un ritmo majestuoso. Medido según su propio reloj interno, los mamíferos de distintos tamaños tienden a vivir el mismo período de tiempo.

Este concepto clave y reconfortante nos impide comprender un hábito profundamente arraigado del pensamiento occidental. Nos educan desde el principio para considerar el tiempo newtoniano absoluto como única vara de medida válida en un mundo racional y objetivo. Imponemos el reloj de nuestra cocina que marcha indiferente sobre todas las cosas. Nos maravillamos ante la velocidad de un ratón, expresamos aburrimiento ante la torpeza de un hipopótamo. Y, no obstante, cada uno de ellos vive al ritmo adecuado de su propio reloj biológico.

No quiero negar la importancia del tiempo absoluto, astronómico, para los organismos (véase el ensayo 31). Los animales deben medirlo para tener éxito en sus vidas. Los ciervos deben saber cuando hacer crecer de nuevo sus cuernos, las aves cuándo emigrar, los animales siguen la pista al ciclo día-noche con sus ritmos circadiarios; el desajuste horario es el precio que pagamos por movernos más deprisa de lo que pretendía la naturaleza en nuestros reactores.

Pero el tiempo absoluto no es el patrón de medida para todos los fenómenos biológicos. Consideremos la magnífica canción de la ballena jorobada, o yubarta. E. O. Wilson ha descrito el sobrecogedor efecto de estas vocalizaciones: «Las notas son extrañas pero hermosísimas al oído humano. Gemidos de bajo profundo y chirridos de soprano casi inaudiblemente agudos se alternan con chillidos repetitivos que suben o bajan de tono repentinamente». Desconocemos su función. Tal vez permitan a las ballenas encontrarse y permanecer juntas durante sus migraciones transoceánicas anuales. Tal vez sean los cantos de cortejo de los machos en celo.*

Cada ballena tiene su propio canto característico; su estructura altamente compleja se repite una y otra vez con gran fidelidad. Ningún dato científico que yo haya podido conocer en la última década me ha impactado con la misma fuerza que el informe de Roger S. Payne de que la longitud de algunos cantos puede superar la media hora. Jamás he sido capaz de memorizar el primer *Kyrie,* de cinco minutos, de la Misa en Si Menor (y no por falta de ganas); ¿cómo podía una ballena cantar durante treinta minutos y acto seguido repetirse con precisión? ¿Qué posible utilidad puede tener un ciclo de repeticiones de treinta minutos?; es demasiado largo para que un ser humano lo reconozca; jamás podríamos reconocerlo como un canto único (sin los aparatos de grabación de Payne

* El lector interesado encontrará una explicación complementaria y un disco con los cantos maravillosos de las yubartas en «Humpbacks: The gentle whales», de S. A. Earle, y «Humpbacks: Their mysterious songs», de R. Payne, ambos en *National Geographic,* 155 (1) (enero de 1979). *(N. del r.)*

y mucho estudio una vez registrado). Pero entonces recordé el ritmo metabólico de la ballena, el ritmo enormemente lento de su vida en comparación con el nuestro. ¿Qué sabemos de cómo percibe una ballena treinta minutos? Una yubarta podría adecuar el mundo a su propio ritmo metabólico, su canto de treinta minutos puede ser nuestro vals del minuto. Desde cualquier punto de vista, el canto es espectacular; es la exhibición más elaborada descubierta hasta ahora en animal alguno. Me limito a apuntar el punto de vista de la ballena como perspectiva adecuada.

Podemos aportar cierta precisión numérica para respaldar la afirmación de que todos los mamíferos, por término medio, viven la misma cantidad de tiempo biológico. En un método elaborado por W. R. Stahl, B. Günther y E. Guerra a finales de la década de 1950 y principios de la de 1960, buscamos en las ecuaciones del ratón al elefante propiedades que tengan las mismas escalas en relación con el peso corporal. Por ejemplo, Günther y Guerra dan las siguientes ecuaciones para el tiempo de respiración y el latido del corazón de los mamíferos en relación con su peso corporal:

$$\text{tiempo de respiración} = 0{,}0000470 \text{ cuerpo}^{0{,}28}$$
$$\text{tiempo de latido} = 0{,}0000119 \text{ cuerpo}^{0{,}28}$$

(Los lectores no matemáticos no tienen por qué sentirse desbordados por el formalismo. Las ecuaciones exponen simplemente que tanto el tiempo de respiración como el del latido crecen aproximadamente a 0,28 veces la velocidad con la que crece el peso, al movernos de mamíferos pequeños a mamíferos grandes.) Si dividimos ambas ecuaciones entre sí, el peso corporal se anula al estar elevado en ambos a la misma potencia:

$$\frac{\text{tiempo de respiración}}{\text{tiempo de latido}} = \frac{0{,}0000470 \cancel{\text{cuerpo}^{0{,}28}}}{0{,}0000119 \cancel{\text{cuerpo}^{0{,}28}}} = 4$$

Esto quiere decir que la relación del tiempo de respiración con respecto al de latido es 4 en mamíferos de cualquier tamaño. En otras palabras, todos los mamíferos, sea cual sea su tamaño, respiran una vez cada cuatro latidos del corazón. Los mamíferos pequeños respiran y sus corazones laten a mayor velocidad que los mamíferos grandes, pero tanto la respiración como el corazón bajan al mismo ritmo relativo al ir aumentando de tamaño los mamíferos.

La duración de la vida también varía al mismo ritmo que el peso corporal (a 0,28 veces la velocidad con la que crece ésta al desplazarnos de mamíferos pequeños a mamíferos grandes). Esto significa que la relación tanto del tiempo de respiración como del latido con respecto al tiempo de vida es también constante en todos los tamaños de mamíferos. Realizando un cálculo similar al anterior averiguamos que los mamíferos, al margen del tamaño de su cuerpo, tienden a respirar unos doscientos millones de veces en el transcurso de sus vidas (sus corazones, por lo tanto, laten unos ochocientos millones de veces). Los mamíferos pequeños respiran rápidamente, pero viven poco tiempo. Medido por el reloj interno de sus propios corazones o de su ritmo respiratorio, todos los mamíferos viven el mismo tiempo. (Los lectores astutos, tras contar sus respiraciones o tomarse el pulso, habrán calculado que deberían haber muerto hace ya mucho tiempo. Pero el *Homo sapiens* es un mamífero marcadamente desviacionista en muchos aspectos, además del cerebral. Vivimos, aproximadamente, tres veces más de lo que «deberíamos» vivir como mamíferos de nuestro tamaño. Pero respiramos al ritmo «correcto» y por lo tanto vivimos para respirar alrededor de tres veces más de lo que lo haría un mamífero medio de nuestro tamaño. Yo considero este exceso de vida como una feliz consecuencia de la neotenia.)

La efímera vive tan sólo un día como adulto. Por lo que yo sé, tal vez experimente ese día como nosotros experimentamos toda una vida. No obstante, no todo es relativo en nuestro mundo, y una visión tan breve de él garantiza una distorsión en la interpretación de los sucesos que funcionan con escalas más largas. Con una brillante metáfora, el evolucionista predarwiniano Robert Chambers escribió en 1844 acerca de una efímera, que observara la metamorfosis de un renacuajo en una rana:

> Supongamos que una efímera, revoloteando sobre un estanque en su día de vida, en abril, fuera capaz de observar los retoños de la rana en las aguas bajo ella. En su anciano atardecer, al no haber visto cambio alguno en ellos en tan largo tiempo, estaría poco cualificada para concebir que las branquias externas de estas criaturas habrían de desaparecer y verse reemplazadas por pulmones interiores, que habrían de desarrollarse extremidades, que la cola desaparecería y que el animal acabaría convirtiéndose en habitante de la tierra.

La conciencia humana surgió tan sólo un minuto antes de la medianoche en el reloj geológico. No obstante, nosotros, como efímeras, pretendemos plegar un mundo antiguo a nuestros fines, ignorantes, tal vez, de los mensajes enterrados en su larga historia. Esperemos encontrarnos todavía en la madrugada de nuestro día de abril.

30

ATRACCIÓN NATURAL: LAS BACTERIAS, LAS AVES Y LAS ABEJAS

Las famosas palabras «bendita tú eres entre todas las mujeres» fueron dichas por el arcángel san Gabriel a María al anunciarle que iba a concebir del Espíritu Santo. En las pinturas medievales y del Renacimiento, san Gabriel lleva las alas de un ave, a menudo elaboradamente extendidas y adornadas. Mientras visitaba Florencia el año pasado me quedé fascinado por la «anatomía comparada» de las alas de san Gabriel tal y como las pintaron los grandes pintores de Italia. Los rostros de María y Gabriel son hermosos, sus gestos a menudo muy expresivos. No obstante, las alas, tal y como las pintaban Fra Angelico o Martini, parecen rígidas y muertas, a pesar de la belleza de su intrincado plumaje.

Pero entonces vi la versión de Leonardo. Las alas de Gabriel son tan flexibles y graciosas que prácticamente no me molesté en estudiar su cara o en fijarme en el impacto que había tenido sobre María. Y entonces, reconocí el origen de la diferencia. Leonardo, que estudiaba las aves y comprendía la aerodinámica de las alas, había pintado una máquina funcional sobre la espalda de Gabriel; sus alas son a la vez bellísimas y eficientes. No sólo tienen la orientación e inclinación apropiadas, sino también una disposición adecuada de las plumas. Si hubiera sido un poco más ligero, Gabriel podría haber volado sin ayuda divina. Por contraste, los demás Gabrieles llevan unos frágiles e incómodos ornamentos que jamás podrían funcionar. Me vino a la mente que la belleza estética y la funcional a menudo van de la mano (o en este caso, más bien del brazo).

En los ejemplos habituales de la belleza en la naturaleza (el leopardo corriendo, la gacela huyendo, el águila remontando el vuelo, el atún nadando e incluso la serpiente reptando o la oruga geómetra desplazándose), lo que percibimos como gracia de formas representa también una excelente solución a un problema de física. Cuando queremos ilustrar el concepto de adaptación en biología evolutiva, a menudo intentamos mostrar que los organismos «saben» física inconscientemente, que han evolucionado como máquinas notablemente eficientes para comer y moverse. Cuando María le preguntó a Gabriel cómo era posible que concibiera un hijo, «sabiendo que no he conocido varón», el ángel le replicó: «Para Dios nada es imposible». Muchas cosas son imposibles para la naturaleza. Pero lo que la naturaleza puede hacer lo hace excelentemente bien. Un buen diseño se expresa a menudo por la correspondencia entre la forma de un organismo y el plano de un ingeniero.

Recientemente me encontré frente a un ejemplo aún más notable de buen diseño: un organismo que construye una exquisita máquina dentro de su propio cuerpo. La máquina es un imán; el organismo, una bacteria «inferior». Cuando Gabriel la dejó, María fue a visitar a Isabel, que también había concebido con algo de ayuda de lo alto. El bebé de Isabel (el futuro Juan Bautista) «saltó en su vientre» y María pronunció el *Magnificat,* incluyendo la línea (posteriormente musicada de modo incomparable por Bach) *et exaltavit humilis* («y ha exaltado a los humildes»). Las diminutas bacterias, los más simples en estructura de todos los organismos habitantes del primer escalón de las tradicionales (y falaces) escaleras de la vida, ilustran en unas pocas micras toda la belleza y la maravilla para cuya expresión otros organismos requieren metros.

En 1975, el microbiólogo de la Universidad de New Hampshire Richard P. Blakemore descubrió bacterias «magnetotácticas» en sedimentos cercanos a Woods Hole, Massachusetts. (Al igual que los organismos geotrópicos se orientan con arreglo a campos gravitatorios y las criaturas fototrópicas se orientan hacia la luz, las bacterias magnetotácticas se alinean y nadan en unas direcciones preferentes dentro de los campos magnéticos.) Blakemore pasó después un año en la Universidad de Illinois con el microbiólogo Ralph Wolfe y consiguió aislar y cultivar una cepa pura de bacterias magnetotácticas. Blakemore y Wolfe recurrieron entonces a un experto en física del magnetismo, Richard B. Frankel, del National Magnet Laboratory en el Instituto Tecnológico de Massachusetts (agradezco al doctor Frankel su lúcida y paciente explicación de sus trabajos).

Frankel y sus colegas descubrieron que cada bacteria construye dentro de su cuerpo un imán formado por unas veinte partículas opacas y aproximadamente cúbicas de unos quinientos angstroms de lado (un angstrom es la diezmillonésima parte de un milímetro). Estas partículas están formadas fundamentalmente por el material magnético Fe_3O_4, llamado magnetita o piedra imán. Frankel procedió entonces a calcular el momento magnético por bacteria y descubrió que todas ellas contenían la suficiente magnetita como para orientarse en un campo magnético terrestre contra la influencia desorientadora del efecto browniano. (Las partículas lo suficientemente pequeñas como para no verse afectadas por los campos gravitatorios que nos estabilizan, o por las fuerzas de superficie que afectan a los objetos de tamaño intermedio, se ven agitadas al azar por la energía térmica del medio en el que están suspendidas. El «juego» de las partículas de polvo en un rayo de sol es un ejemplo típico de movimiento browniano.)

Las bacterias magnetotácticas han construido una máquina notable, utilizando prácticamente la única configuración que podría servirles de brújula dentro de sus diminutos cuerpos. Frankel explica por qué la magnetita debe estar dispuesta en forma de partículas y por qué éstas deben tener quinientos angstroms de lado. Para funcionar como una brújula eficaz, la magnetita debe estar presente en forma de partículas llamadas de dominio único, esto es, como partículas con un único momento magnético, conteniendo dos extremos, uno norte y otro sur. La bacteria contiene una cadena de tales partículas,

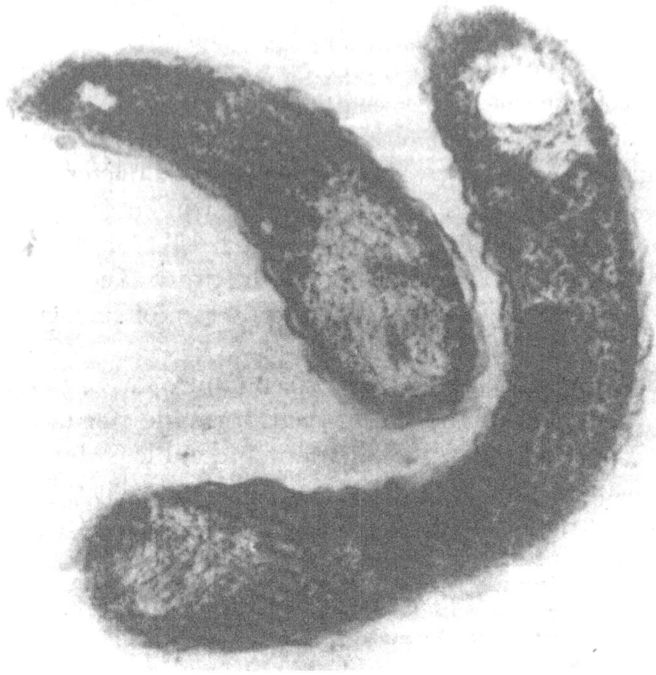

22. Una bacteria magnetotáctica con su cadena de imanes diminutos (× 40.000) (D. L. Balkwill y D. Maratea).

orientadas con sus momentos magnéticos norte en contacto con el sur de la siguiente, y así a lo largo de la hilera («como los elefantes cabeza contra cola en un desfile del circo», como lo expresa Frankel). De este modo la cadena completa opera como un único dipolo magnético con extremos norte y sur.

Si las partículas fueran un poco más pequeñas (de menos de cuatrocientos angstroms de lado), serían *superparamagnéticas*: una palabra enorme para indicar que la energía térmica, a la temperatura ambiente de una habitación, produciría una reorientación interna del momento magnético de la partícula. Por otra parte, si las partículas fueran mayores de mil angstroms de lado, se formarían dominios magnéticos separados apuntando cada uno de ellos en diferentes direcciones *dentro* de la partícula. Esta «competencia» reduciría o cancelaría el momento magnético global de la partícula. Así pues, concluye

Frankel, las «bacterias han resuelto un interesante problema de física, produciendo partículas de magnetita, del tamaño justo para hacer una brújula, de quinientos angstroms de lado».

Pero la biología evolutiva es preeminentemente la ciencia de los «porqués» y debemos preguntarnos para qué podría querer una criatura tan pequeña un imán. Dado que el desplazamiento posible de una bacteria probablemente no exceda unos pocos centímetros en los breves minutos de su existencia, me cuesta trabajo creer que un movimiento orientado hacia el norte o el sur pueda desempeñar papel alguno en su repertorio de características adaptativas. Pero ¿qué dirección preferente de movimiento podría ofrecer alguna ventaja? Frankel sugiere, plausiblemente en mi opinión, que la capacidad de moverse *hacia abajo* podría resultar crucial para bacterias como éstas; porque hacia abajo es la dirección donde se encuentran los sedimentos en un medio acuático, y el movimiento hacia abajo podría llevar a una región con una presión parcial de oxígeno adecuada. En este caso, «los humildes» podrían desear descender aún más.

Pero ¿cómo sabe una bacteria qué dirección es hacia abajo? Con los pretenciosos prejuicios de nuestros enormes egos, podríamos considerar absurda la cuestión por su obvia respuesta: lo único que tienen que hacer es dejar lo que estén haciendo y dejarse caer. Falso. Nosotros caemos porque la gravedad nos afecta. La gravedad (ejemplo típico de una «fuerza débil» en física) nos influye tan sólo porque somos grandes. Vivimos en un mundo de fuerzas en competencia, y la fuerza relativa de éstas depende fundamentalmente del tamaño de los objetos a ellas sometidos. Para las criaturas familiares de dimensiones macroscópicas, la relación superficie/volumen resulta fundamental. Esta relación decrece continuamente al crecer un organismo, ya que las áreas crecen según el cuadrado de la longitud y los volúmenes según el cubo de ésta. Las criaturas pequeñas, por ejemplo los insectos, viven en un mundo dominado por las fuerzas que actúan sobre sus superficies. Algunos pueden caminar sobre el agua, o pender cabeza abajo de un techo porque la tensión superficial es muy fuerte y la gravedad que podría arrastrarles hacia abajo es muy débil.

La gravitación opera sobre volúmenes (o, por ser más precisos, sobre masas que son proporcionales a sus volúmenes en un campo gravitatorio constante). La gravitación nos gobierna a nosotros por nuestra baja relación superficie/volumen. Pero afecta muy poco a un insecto... y nada a una bacteria.

El mundo de una bacteria es tan diferente al nuestro que deberíamos abandonar toda certidumbre acerca de cómo son las cosas y empezar de cero. La próxima vez que vean *Viaje alucinante* en la televisión, despeguen la mirada de Raquel Welch y el rapaz glóbulo blanco el tiempo suficiente para considerar cómo les habría ido realmente a los minituarizados aventureros como objetos microscópicos en el interior del cuerpo humano (se comportan como personas normales en la película). En primer lugar se verían sometidos al impacto producido por el movimiento browniano, lo que haría de la película una especie de borrón continuo. También, como me señaló Isaac Asimov, su navío no habría podido navegar con la hélice, ya que la sangre es demasiado viscosa a semejante escala. Debería haber tenido (según sus propias palabras) un flagelo, como una bacteria.

D'Arcy Thompson, principal estudioso de las escalas desde Galileo, nos pedía que dejáramos a un lado nuestros prejuicios si queríamos comprender el mundo de una bacteria. En su obra maestra *On Growth and Form* (publicada en 1942, pero aún en circulación), finaliza su capítulo «Acerca de la magnitud» con su prosa incomparable:

> La vida tiene un abanico de dimensiones realmente pequeño comparado con aquel que abarcan las ciencias físicas; pero es lo suficientemente amplio como para incluir tres situaciones tan discrepantes como aquellas en las que un hombre, un insecto y un bacilo existen e interpretan sus respectivos papeles. El hombre se ve gobernado por la gravedad, y reposa sobre la madre Tierra. Para un escarabajo de agua, la superficie de un estanque es cuestión de vida o muerte, un peligroso obstáculo o un apoyo indispensable. En un tercer mundo, donde vive el bacilo, la gravitación queda olvidada y la viscosidad del líquido, la resistencia definida por la ley de Stokes, los impactos moleculares del movimiento browniano y,

sin duda, también las cargas eléctricas del medio ionizado configuran el entorno físico y tienen su influencia potente e inmediata sobre el organismo. Los factores predominantes no son ya los propios de nuestra escala; hemos llegado al umbral de un mundo acerca del cuál carecemos de experiencias, y en el que todas nuestras preconcepciones deben ser revisadas.

De modo que ¿cómo sabe una bacteria qué dirección es hacia abajo? Utilizamos tan exclusivamente los imanes para orientarnos horizontalmente que a menudo olvidamos (de hecho, sospecho que muchos de nosotros no sabemos) que el campo magnético de la Tierra tiene también una componente vertical cuya fuerza depende de la latitud. (Compensamos la deflexión vertical al fabricar brújulas porque no nos interesa. Como criaturas grandes, gobernadas por la gravitación, sabemos qué dirección es hacia abajo. Tan sólo a nuestra escala podría personificarse la locura diciendo que alguien no sabe «en qué dirección está el cielo».) La aguja de una brújula sigue las líneas de fuerza de la Tierra. Cerca de los polos, se inclinan cada vez más hacia dentro de la Tierra. En el polo magnético, la aguja apunta directamente hacia abajo. En mi latitud, en Boston, la componente vertical es, de hecho, más fuerte que la horizontal. En Woods Hole, una bacteria, nadando hacia el norte como una aguja magnética libre, también nada hacia abajo.

Esta función putativa de la brújula bacteriana es, en este momento, pura especulación. Pero si estas bacterias utilizan sus imanes fundamentalmente para nadar hacia abajo (en lugar de para encontrarse las unas a las otras o hacer Dios sabe qué, si es que hacen algo en su mundo desconocido), entonces podemos realizar algunas predicciones comprobables. Los miembros de la misma especie adaptados a la vida en el ecuador, probablemente no elaboren imanes, ya que allí el campo magnético carece de componente vertical. En el hemisferio sur, las bacterias magnetotácticas deberían mostrar una polaridad inversa y nadar en dirección a su polo sur.

La magnetita ha sido hallada como componente de raros organismos de mayor tamaño, todos los cuales realizan notables hazañas de orientación horizontal, el uso convencional de la brújula en criaturas de nuestra propia escala. Los quitones, parientes con ocho placas de las almejas y los caracoles, viven principalmente sobre rocas cercanas al nivel del mar, en regiones tropicales. Raspan alimento de las rocas con una larga lima llamada rádula, y los extremos de los dientes de la rádula están hechos de magnetita. Muchos quitones realizan excursiones a grandes distancias de su lugar de origen, pero regresan posteriormente al punto exacto de partida. La idea de que podrían utilizar su magnetita como brújula se sugiere inmediatamente, pero hasta ahora la evidencia existente no ofrece gran apoyo. Ni siquiera está claro que los quitones tengan la suficiente magnetita como para percibir el campo magnético de la Tierra, y, según me cuenta Frankel, sus partículas se encuentran, en su mayoría, por encima del límite del dominio único.

Algunas abejas tienen magnetita en el abdomen, y sabemos que se ven afectadas por el campo magnético de la Tierra (véase el artículo de J. L. Gould —no es pariente mío—, J. L. Kirschvink y K. S. Defeyes en la bibliografía). Las abejas realizan su famosa danza sobre la superficie de su panal convirtiendo la orientación de su vuelo hacia el alimento, en relación con el Sol, en un ángulo trazado con respecto a la gravedad. Si se gira el panal de modo que las abejas se vean obligadas a danzar sobre una superficie horizontal, donde no pueden expresar la dirección en términos gravitacionales, al principio quedan desorientadas. Finalmente, al cabo de varias semanas, alinean sus danzas con arreglo a la brújula magnética. Más aún, un enjambre de abejas colocado en un panal vacío, sin pistas para orientarse, construyen su panal en la misma dirección magnética que tenía el anterior panal materno. Las palomas, que no son precisamente torpes a la hora de orientarse, elaboran una estructura de magnetita entre su cerebro y su cráneo. Esta magnetita existe en forma de dominios únicos y puede, por lo tanto, funcionar como un imán (véase C. Walcott *et al.* en la bibliografía).

El mundo está repleto de señales que no percibimos. Las criaturas diminutas viven en un mundo diferente de fuerzas poco familiares. Muchos animales de nuestra escala exceden en mucho el alcance de nuestra percepción de sensaciones familiares. Los murciélagos esquivan los obstáculos haciendo rebotar en ellos ondas sonoras de frecuencia que yo no alcanzo a oír, aunque algunas personas sí pueden hacerlo. Muchos insectos ven el ultravioleta y siguen las invisibles «guías» del néctar de las flores hasta lo que para ellos es una fuente de alimentos y de polen que acarrearán hasta la siguiente flor para su fecundación (las flores crean estas trazas orientadoras de color en su propio beneficio, no en el de los insectos).

¡Qué seres tan poco perceptivos somos! Rodeados de tantas cosas fascinantes y reales que no vemos (oímos, olemos, tocamos, saboreamos) en la naturaleza, y, no obstante, tan crédulos y predispuestos a la aceptación de nuevos poderes que confundimos los trucos de magos mediocres con percepciones de un mundo psíquico más allá del nuestro. Lo paranormal puede ser una fantasía; desde luego es un refugio para muchos charlatanes. Pero los poderes de percepción «parahumana» están a nuestro alrededor en las aves, las abejas y las bacterias. Y podemos utilizar los instrumentos de la ciencia para sentir y comprender lo que no podemos percibir directamente.

Post scriptum

Al preguntarse por qué querían las bacterias construir imanes dentro de su cuerpo, Frankel especulaba lúcidamente que nadar hacia el norte no podría servir de gran ayuda a una criatura tan pequeña, pero nadar hacia abajo (otra consecuencia de la vida en torno a una brújula a latitudes medias y altas en el hemisferio norte) podía ser muy importante. Esto me llevó a predecir que, si la explicación de Frankel era válida, las bacterias magnéticas del hemisferio sur deberían nadar hacia el sur para nadar hacia abajo; esto es, su polaridad debería estar invertida con respecto a sus congéneres del norte.

En marzo de 1980, Frankel me envió, antes de su publicación, una copia de un trabajo realizado con sus colegas R. P.

Blakemore y A. J. Kalmijn. Viajaron hasta Nueva Zelanda y Tasmania para comprobar la polaridad magnética de las bacterias del hemisferio sur. En efecto, todas nadaban hacia el sur y hacia abajo: una impresionante confirmación de la hipótesis de Frankel y la base de mi ensayo.

También realizaron un interesante experimento que aportó ulteriores confirmaciones de otro tipo. Recogieron bacterias magnéticas en Woods Hole, Massachusetts, y dividieron la muestra de células nadadoras hacia el norte en dos partes. Cultivaron una submuestra durante varias generaciones en una cámara de polaridad normal y la otra en una de polaridad invertida para imitar las condiciones del hemisferio sur. Efectivamente, tras varias semanas, las células orientadas al norte siguieron predominando en la cámara de polaridad normal. Pero en la de polaridad invertida, las células que nadaban hacia el sur se habían convertido en predominantes. Dado que las células bacterianas no cambian de polaridad en el transcurso de su vida, esta espectacular transformación es, probablemente, el resultado de una fuerte selección natural de la habilidad de nadar hacia abajo. Presumiblemente, se originen tanto células orientadas hacia el norte como células orientadas hacia el sur en ambas cámaras, pero la selección elimina a los individuos incapaces de nadar hacia abajo.

Frankel me cuenta que se marcha ahora al ecuador geomagnético para ver qué pasa allí, donde el campo magnético carece por completo de componente hacia abajo.

31

LA INMENSIDAD DEL TIEMPO

1 de enero de 1979, 2 de la madrugada.

Jamás olvidaré el último concierto de Toscanini: la noche en que el más grande de todos los maestros, el hombre que atesoraba toda la música occidental en su infalible memoria, trastabilló unos instantes y se perdió. Si los héroes fueran realmente invulnerables, ¿cómo iban a atraer nuestro interés? Sigfrido tenía que tener un hombro mortal, Aquiles su talón, Superman su kriptonita.

Karl Marx señaló que todos los sucesos históricos ocurren dos veces, en primer lugar como una tragedia, la segunda vez como una farsa. Si el despiste de Toscanini fue una tragedia (en el sentido heroico), entonces yo fui testigo de la farsa hace dos horas. Estaba a la escucha en el momento en que el espíritu de Guy Lombardo perdió el compás. Por vez primera, en sabe Dios cuántos años, ese sonido suave, esa reconfortante bienvenida al Año Nuevo, se vino abajo por un misterioso instante. Según pude saber más tarde, alguien olvidó hablarle a Guy Lombardo acerca del minuto especial de 61 segundos que ponía fin a 1978; empezó demasiado pronto y no pudo compensar el adelanto con una gracia suficientemente imperceptible.

Este segundo añadido para la contabilidad interna de la sincronización de los relojes atómicos y astronómicos ocupó gran espacio en la prensa, prácticamente todo él en tono jocoso. ¿Y por qué no? Las buenas noticias son un bien escaso en estos días. La mayor parte de los artículos tocaban el mismo tema: se metían con los científicos por su preocupación por la precisión absoluta. Después de todo, ¿qué puede importar un espacio de tiempo tan insignificante como un segundo?

Recordé entonces otra cifra, 1/50.000 de segundo por año. Esta cifra, una hormiga ante el gigantesco segundo, es la tasa anual de desaceleración de la rotación de la Tierra debida a la fricción de las mareas. Intentaré mostrar lo importante que puede llegar a ser una cifra tan «insignificante» en la plenitud del tiempo geológico.

Sabemos, hace ya tiempo, que la Tierra está perdiendo velocidad. Edmund Halley, padrino del famoso cometa y astrónomo real de Inglaterra a principios del siglo XVIII, notó una sistemática discrepancia entre la posición registrada de antiguos eclipses y sus áreas de visibilidad predecibles, basándose en la velocidad de rotación de la Tierra en su época. Calculó que esta disparidad podía resolverse asumiendo una rotación más rápida en el pasado. Los cálculos de Halley han sido refinados y reanalizados multitud de veces, y los registros de los eclipses siguieron una tasa aproximada de reducción de la velocidad de rotación de dos milisegundos por siglo en los últimos miles de años.

Halley no propuso razón alguna para explicar esta desaceleración. Immanuel Kant, un caballero de lo más versátil, aportó la explicación correcta posteriormente, a finales del siglo XVIII. Kant implicó a la Luna y planteó que la fricción de marea había frenado a la Tierra. La Luna tira hacia sí de las aguas formando un abombamiento de marea; éste permanece orientado hacia la Luna mientras la Tierra gira bajo ella. Desde nuestro punto de vista, como observadores terrestres, la marea alta se mueve regularmente hacia el oeste, alrededor del planeta. Esta marea, moviéndose constantemente a través del mar y de la tierra (porque los continentes tienen también sus mareas menores), crea una abundante fricción. Los astrónomos Robert Jastrow y M. H. Thompson escriben: «Se disipa una inmensa cantidad de energía por esta fricción un día tras otro. Si la energía pudiera ser recuperada para su utilización, sería suficiente como para cubrir varias veces los requerimientos de energía eléctrica del mundo. La energía se disipa en forma de turbulencia en las aguas costeras y en un pequeño grado de calentamiento de las rocas de la corteza terrestre».

Sin embargo, la fricción de las mareas tiene otro efecto prácticamente invisible a la escala de nuestras vidas, pero que constituye un factor de la mayor importancia en la historia de la Tierra. Actúan como freno sobre el giro de la Tierra, reduciendo la rotación de ésta en una pausada tasa de, aproximadamente, dos milisegundos por siglo, o 1/50.000 de segundo por año.

El frenado por la fricción de las mareas tiene dos efectos correlativos y fascinantes. En primer lugar, el número de días del año debería ir disminuyendo a lo largo del tiempo. La longitud del año parece ser esencialmente constante según el reloj de cesio oficial. Su invariancia se ve avalada tanto empíricamente, por las mediciones astronómicas, como teóricamente. Podríamos predecir que una marea solar podría restar velocidad a las revoluciones de la Tierra del mismo modo que la Luna resta velocidad a su rotación. Pero las mareas solares son muy débiles, y la Tierra, moviéndose a gran velocidad a través del espacio, tiene tal momento de inercia que el año no aumenta más que en tres segundos cada mil millones de años. Aquí tenemos por fin una cifra que podemos ignorar: ¡medio minuto de diferencia desde el origen de la Tierra hasta su destrucción por la explosión del Sol dentro de unos cinco mil millones de años!

En segundo lugar, al perder la Tierra momento angular al ir perdiendo velocidad, la Luna (obediente a la ley de la conservación del momento angular del sistema Tierra-Luna) tendrá que recoger el que pierda la Tierra. La Luna hace esto girando alrededor de la Tierra a una distancia cada vez mayor. En otras palabras, la Luna ha ido separándose de modo continuo de la Tierra.

Si la Luna les parece grande hoy al estar cerca del horizonte en una fresca noche de octubre, deberían haber estado ustedes presentes para ver lo que vieron los trilobites hace 550 millones de años. G. H. Darwin, astrónomo de renombre y segundo hijo de Charles, desarrolló por vez primera esta idea de la recesión lunar. Creía que la Luna había sido arrancada del océano Pacífico, y extrapolaba su actual tasa de recesión hacia atrás en el tiempo para determinar el momento de su convulsivo nacimiento. (Sí, encaja, pero gracias a la tectónica de placas sabemos que el Pacífico no es un agujero permanente, sino una configuración del actual momento geológico.)

En pocas palabras, la fricción de las mareas inducidas por la Luna lleva como corolario dos consecuencias aparejadas en el tiempo: el frenado de la rotación de la Tierra, que produce una disminución de los días del año, y un incremento de distancia entre la Tierra y la Luna.

Los astrónomos hace ya tiempo que conocen en teoría estos fenómenos; también los han medido directamente sobre microsegundos geológicos. Pero, hasta hace poco, nadie ha sabido cómo calibrar sus efectos a lo largo de grandes periodos de tiempo geológico. Una simple extrapolación hacia atrás de la tasa actual no resultará suficiente porque la intensidad de frenado depende de la configuración de los océanos y los continentes. El frenado más eficaz se produce cuando las mareas se desplazan sobre mares poco profundos; el menos eficaz cuando se mueven con una fricción comparativamente pequeña sobre océanos profundos y tierra firme. Los mares poco profundos no son un rasgo prominente del mundo actual pero cubrieron millones de kilómetros cuadrados en diversos momentos de su pasado. La elevada fricción de las mareas de aquellos tiempos podría haber sido compensada por una desaceleración muy pequeña en otros tiempos, particularmente cuando todos los continentes se aglutinaron en un único continente: Pangea. El esquema del frenado rotacional se convierte en un problema más geológico que astronómico.

Me siento encantado de dar cuenta de que mi propia clase de geología ha aportado, si bien ambiguamente, la información requerida, ya que algunos fósiles registran en sus modos de crecimiento los ritmos astronómicos de tiempos pasados. Los distantes y arrogantes matemáticos y experimentalistas de la geología moderna no suelen inclinarse ante un humilde fósil. No obstante, un eminente estudioso de la rotación de nuestro planeta ha escrito: «Parece ser que la paleontología viene al rescate del geofísico».

Desde hace más de un centenar de años, los paleontólogos habían notado ocasionalmente líneas de crecimiento regularmente espaciadas en algunos de sus fósiles. Se había sugerido que podrían representar periodos astronómicos de días, meses o años, de modo similar a los anillos de los árboles. Y, no obstante, nadie había sacado partido alguno de estas observaciones. A lo largo de la década de 1930, Ting Ying Ma, un paleontólogo chino un tanto visionario, altamente especulativo, pero invariablemente interesante, estudió las bandas anuales de corales fósiles para determinar la posición de los ecuadores primitivos. (Los corales que viven en el ecuador con regímenes de temperaturas prácticamente constantes, no deberían mostrar las bandas estacionales; cuanto más elevada la latitud, más marcadas las bandas.) Pero nadie había estudiado las finísimas laminaciones que a menudo aparecen por centenares en cada banda.

A principios de la década de 1960, el paleontólogo de Cornell John West Wells se dio cuenta de que estas finísimas estriaciones podrían registrar días (crecimiento nocturno lento frente a un crecimiento más rápido a la luz del día, de modo similar a como producen los árboles las bandas alternas de crecimiento invernal lento y crecimiento estival rápido). Estudió un coral moderno con bandas gruesas (presumiblemente anuales) y muy finas, y contó una media de unas trescientas sesenta líneas finas por cada banda gruesa. Llegó a la conclusión de que las líneas finas son diarias.

Wells registró entonces su colección de fósiles en busca de corales lo suficientemente bien preservados como para conservar todas sus bandas finas. Encontró muy pocos, pero le permitieron realizar una de las observaciones más interesantes e importantes de la historia de la paleontología: un grupo de corales de hace unos trescientos setenta millones de años tenía una media de casi cuatrocientas líneas finas por banda anual. Estos corales habían sido testigos de un año de casi cuatrocientos días. Se había encontrado evidencia geológica directa en favor de una antigua teoría astronómica.

Pero los corales de Wells sólo confirmaban la mitad de la historia: la creciente duración del día. La otra mitad, la recesión de la Luna, requería fósiles con bandas diarias y mensuales, porque si la Luna había estado mucho más próxima en el pasado, hubiera girado en torno a la Tierra en mucho menos tiempo que hoy en día. El mes lunar antiguo debería haber contenido menos días que el mes solar de 29,53 días de nuestros tiempos.

Desde que Wells publicó su famoso trabajo sobre «Coral Growth and Geochronometry» («Crecimiento de los corales y Geocronometría») en 1963, se han registrado varios anuncios de descubrimientos de periodicidad lunar. Recientemente Peter Kahn, un paleontólogo de Princeton, y Stephen Pompea, un físico de la Universidad Estatal de Colorado, han argumentado que la clave de la historia lunar yace en una de las criaturas favoritas de todo el mundo: el nautilo. La concha de *Nautilus* está dividida por particiones internas regulares llamadas septos, y la belleza de su construcción inspiró a Oliver Wendell Holmes a exhortarnos, por analogía, a mejorar nuestra vida interior:*

> ¡Construye mansiones más majestuosas, oh alma mía,
> Mientras pasan las veloces estaciones!
> ¡Abandona tu pasado de opresivas bóvedas!
> ¡Que cada nuevo templo, más noble que el anterior,
> Te separe del cielo con una cúpula más amplia,
> Hasta que finalmente seas libre,
> Y abandones tu desbordada concha a la orilla del
> [inquieto mar de la vida!**

Me alegra poder dar la noticia de que los septos nautiloideos pueden haber extendido su utilidad más allá de las me-

* En «The chambered Nautilus». *(N. del r.)*

** [Build the more stately mansions, O my soul, / As the swift seasons roll! / Leave the low-vaulted past! / Let each new temple, nobler than the last, / Shut thee from heaven with a dome more vast, / Till thou at length art free, / Leaving thine outgrow shell by life's unresting sea!]

ditaciones de Holmes acerca de la inmortalidad y de su apropiación por parte de O'Neill de un título para una obra de teatro. Kahn y Pompea contaron las líneas de crecimiento más finas de la concha de *Nautilus* y descubrieron que cada cámara (el espacio comprendido entre dos septos sucesivos) contiene un promedio de treinta líneas finas con pocas variaciones tanto entre diferentes conchas como entre las cámaras sucesivas de la misma concha. Dado que el *Nautilus,* que vive en aguas profundas del Pacífico, migra diariamente en respuesta al ciclo solar (se mueve hacia la superficie por la noche), Kahn y Pompea sugieren que las líneas finas registran los días. La secreción de los septos podría estar relacionada con el ciclo lunar. Muchos animales, incluyendo por supuesto a los seres humanos, tienen ciclos lunares, habitualmente ligados a la reproducción.

Los nautiloideos son bastante comunes como fósiles (el nautilo moderno es el único superviviente de un grupo muy diversificado). Kahn y Pompea contaron las líneas por cámara en veinticinco nautiloideos cuyas edades iban de 25 a 420 millones de años. Plantean que existe un decrecimiento regular del número de líneas por cámara, desde treinta en los actuales hasta alrededor de veinticinco para los fósiles más jóvenes, y hasta nueve o así para el más antiguo. Si la Luna giraba en torno a la Tierra en tan sólo nueve días solares hace cuatrocientos veinte millones de años (cuando el día duraba tan sólo veintiuna horas) entonces debía estar mucho más cerca. Por medio de algunas ecuaciones, Kahn y Pompea llegan a la conclusión de que estos antiguos nautiloideos vieron una Luna gigantesca que tan sólo distaba de la Tierra unos dos quintos de la distancia actual (sí, tenían ojos).

En este punto debo confesar que siento cierta ambivalencia acerca de este gran cuerpo de datos sobre los ritmos de crecimiento de los fósiles. Los métodos están plagados de problemas no resueltos. ¿Cómo sabemos qué periodicidad reflejan las líneas? Consideremos, por ejemplo, el caso de las líneas finas. Habitualmente se cuentan como si registraran días solares. Pero, ¿y si son una respuesta a ciclos de mareas? (una periodicidad que implica tanto la rotación de la Tierra como la revolución de la Luna). Si la Luna daba la vuelta en torno a la Tierra en un tiempo tan corto en el pasado, entonces los ciclos antiguos de las mareas no estaban ni mucho menos tan próximos al día solar como hoy en día. (Deberían ustedes ahora percibir la importancia del planteamiento de Kahn y Pompea, realizado, dicho sea de paso, sin evidencia directa alguna de que las líneas finas del *Nautilus* reflejen ciclos día-noche de migración vertical en lugar de efectos de mareas. De hecho, explican sus tres casos excepcionales argumentando que estos nautiloideos habitaban aguas persistentemente poco profundas, cercanas a la costa y que podrían haber registrado las mareas.)

Incluso aunque las líneas sean respuestas a los ciclos solares, ¿cómo se calculan los días por cada mes primigenio? Un simple recuento no es la solución, porque los animales frecuentemente se saltan un día, pero, en la medida de lo que sabemos, nunca hacen doblete. Los recuentos, de hecho, generalmente subestiman el número de días (recuerden los corales modernos de Wells con una media de 360 y no 365 bandas de días; en días muy nubosos, el crecimiento diurno puede no exceder al nocturno y pueden no formarse bandas).

Más aún, y por plantear la más básica de todas las preguntas, ¿cómo podemos estar seguros de que las líneas reflejen en absoluto una periodicidad astronómica? Con demasiada frecuencia se ha asumido que registran días, meses o años, sin más base que su regularidad geométrica. Pero los animales no son máquinas pasivas que registran fielmente los ciclos astronómicos con todas sus regularidades de crecimiento. Los animales tienen también su reloj interior, y este está a menudo conectado a unos ritmos metabólicos sin relación aparente con los días, las mareas ni las estaciones. Por ejemplo, la mayor parte de los animales reduce grandemente sus ritmos de crecimiento al ir su edad en aumento. Pero muchas líneas de crecimiento continúan aumentando de tamaño a un ritmo constante. La distancia entre los septos de *Nautilus* aumenta constante y regularmente a todo lo largo de su crecimiento. ¿Se depositan realmente los septos una vez al mes? ¿O tal vez los más posteriores miden periodos de tiempo más largos? El *Nautilus* puede vivir con arreglo a la siguiente norma: producir un septo una vez alcanzado un volumen de cámara dado que se incrementa de modo constante, y no producir un septo cada luna llena. Me siento profundamente escéptico, principalmente por esta razón, acerca de las conclusiones de Kahn y Pompea.

El resultado de estos problemas no resueltos es un cuerpo de datos pobremente sincronizados. Existen diferencias incómodamente grandes en los textos. Un estudio de supuestas periodicidades lunares en los corales sugiere que, hace alrededor de trescientos ciencuenta millones de años, el mes contenía el triple de días de los que admitirían Kahn y Pompea.

No obstante, quedo satisfecho y optimista por dos razones. En primer lugar, a pesar de toda la asincronía interna, todos los estudios han revelado el mismo esquema básico: un decrecimiento del número de días por año. En segundo lugar, tras un período inicial de entusiasmo acrítico, los paleontólogos están realizando el duro trabajo necesario para averiguar qué es exactamente lo que representan las líneas: estudios experimentales con animales modernos en condiciones controladas. Pronto deberían surgir los criterios necesarios para la resolución de las discrepancias en los datos fósiles.

Pocos temas geológicos pueden resultar más fascinantes, ni estar más rodeados de jugosos problemas. Consideren lo siguiente: si extrapolamos hacia atrás en el tiempo la recesión de la Luna según ha sido estimada a partir de los datos sobre los eclipses, la Luna entra dentro del límite de Roche hace mil millones de años. Dentro del límite de Roche no puede formarse ningún cuerpo de grandes dimensiones. Si un cuerpo de estas características penetrara en él desde el exterior, los resultados serían inciertos, pero resultarían impresionantes. Vastas mareas arrasarían la Tierra y la superficie lunar se fundiría, lo que, según los datos obtenidos de las rocas del *Apolo,* no ocurrió. (Y la tasa de recesión estimada a partir de los datos modernos, 5,8 cm por año, es mucho menor que la media defendida por Kahn y Pompea, 94,5 cm al año.) Claramente, la Luna no estuvo tan cerca de nosotros ni hace mil millones de años ni nunca, ya que su superficie se solidificó hace más de cuatro mil millones de años. O bien las tasas de recesión han variado drásticamente y eran mucho menores a principios de la historia de la humanidad o la Luna entró en su órbita actual mucho tiempo después de la formación de la Tierra. En cualquier caso, la Luna estuvo en algún momento mucho más cerca de nosotros y esta diferente relación debió de tener un efecto importante en la historia de ambos cuerpos actuales.

En cuanto a la Tierra, disponemos de algunas indicaciones tentativas, en algunas de las rocas sedimentarias más antiguas, acerca de unas amplitudes en las mareas que harían palidecer de envidia a la bahía de Fundy.* Respecto a la Luna, Kahn y Pompea hacen la interesante sugerencia de que su posición más próxima y la mayor atracción gravitatoria de la Tierra en aquellos tiempos, podrían explicar por qué los mares lunares están concentrados sobre su cara visible, dirigida a la Tierra (los mares representan enormes extensiones de magma líquido) y por qué el centro de gravedad de la Luna está desplazado en dirección a la Tierra.

La geología carece de lección más importante que dar que la de la inmensidad del tiempo. No tenemos problema en transmitir nuestras conclusiones intelectualmente; cuatro mil quinientos millones de años es algo fácil de decir, y representa la edad de la Tierra. Pero el conocimiento intelectual y la apreciación visceral son cosas muy diferentes. Como número, cuatro mil quinientos millones es algo incomprensible, y recurrimos a la metáfora y la imagen para resaltar cuánto tiempo lleva existiendo la Tierra y qué insignificante resulta el período correspondiente a la evolución humana. (Por no mencionar el milimicrosegundo cósmico de nuestras vidas individuales.)

La metáfora típica para la historia de la Tierra es un reloj de 24 horas en el que la civilización humana ocupa los últimos escasos segundos. Yo prefiero destacar el empaque acumulado de los efectos absolutamente insignificantes a la escala de nuestras vidas. Acabamos de ver finalizar otro año y la Tierra se ha frenado otro 1/50.000 de segundo. ¿Y qué pasa? Lo que acabo de contarles es lo que pasa.

* Bahía de la costa atlántica de Canadá en la que se registran las mareas de mayor amplitud, pues superan los quince metros. *(N. del r.)*

BIBLIOGRAFÍA

Agassiz, E. C., *Louis Agassiz: his life and correspondence,* Houghton Mifflin, Boston, 1895.

Agassiz, L., «The diversity of origin of the human races», *Christian Examiner,* 49 (1850), pp. 110-145.

—, *An essay on classification,* Belknap Press de Harvard University Press, Cambridge, Massachusetts, 1962 (publicado originalmente en 1857).

Baker, V. R., y D. Nummedal, *The channeled scabland,* National Aeronautics and Space Administration, Planetary Geology Program, Washington, 1978.

Bakker, R. T., «Dinosaur renaissance», *Scientific American,* abril (1975), pp. *58-78.*

—, y P. M. Galton, «Dinosaur monophyly and a new class of vertebrates», *Nature,* 248 (1974), pp. 168-172.

Bateson, W. «Evolutionary faith and modern doubts», *Science,* 55 (1922), pp. 55-61.

Berlin, B., «Folk systematics in relation to biological classification and nomenclature», *Annual Review of Ecology and Systematics,* 4 (1973), pp. 259-271.

—, D. E. Breedlove y P. H. Rayen, «Folk taxonomies and biological classification», *Science,* 154 (1966), pp. 273-275.

—, *Principies of Tzeltal plant classification: an introduction to the botanical ethnography of a Mayan speaking people of highland Chiapas,* Academic Presa, Nueva York (1974).

Bourdier, F., Georges Cuvier, *Dictionary of Scientific Biography,* 3 (1971), pp. 521-528, Charles Scribner, Nueva York.

Bretz, J Harlen, «The channeled scabland of the Columbia Plateau», *Journal of Geology,* 31 (1923), pp. 617-649.

—, «Channeled scabland and the Spokane flood», *Journal of the Washington Academy of Science,* 17 (1927), pp. 200-211.

—, «The Lake Missoula floods and the channeled scablands», *Journal of Geology,* 77 (1969), pp. 505-543.

Broca, P., «Sur le volume et la forme du cerveau suivant les individus et suivant les races», *Bulletin de la Société d Anthropologie de Paris,* 2 (1861), pp. 139-207, 301-321, 441-446.

—, «Sur les cranes de la caverne de l'Homme-Mort (Lozère)», *Revue d'Anthropologie,* 2 (1873), pp. 1-53.

Bulmer, R., y M. Tyler, «Karam classification of frogs», *Journal of the Polynesian Society,* 77 (1968), pp. 333-385.

Carr, A., y P. J. Coleman, «Sea floor spreading theory and the odyssey of the Breen turtle», *Nature,* 249 (1974), pp. 128-130.

Carrel, J. E., y R. D. Heathcote, «Heart rate in spiders: influence of body size and foraging energetics», *Science,* (1976).

Chambers, R., *Vestiges of the natural history of creation,* Wiley and Putnam, Nueva York, 1844.

Cuénot, C., *Teilhard de Chardin,* Taurus, Madrid, 1967.

Darwin, C., *On the origin of species,* John Murray, Londres, 1859 (hay trad. cast.: *El origen de las especies,* Bruguera, Barcelona, 1980).

—, *On the various contrivances kv which British and foreign orchids are fertilized by insects,* John Murray, Londres, 1862.

—, *The descent of man,* John Murray, Londres, 1871 (hay trad. cast.: *El origen del hombre y la selección en relación al sexo,* Bruguera, Barcelona, 1980).

—, *The expression of the emotions in man and animals,* John Murray, Londres, 1872 (hay trad. cast.: *La expresión de las emociones en el hombre y en los animales,* Atlante, Barcelona, 1909).

Davis, D. D., «The giant panda: a morphological study of evolutionary mechanisms», *Fieldiana* (Chicago Museum of Natural History), *Memoirs* (Zoology), 3 (1964), pp. 1-339.

Dawkins, R., *The selfish gene,* Oxford University Press, Nueva York, 1976 (hay trad. cast.: *El gen egoísta,* Labor, Barcelona, 1979).

Diamond, J., «Zoological classification system of a primitive people», *Science,* 151 (1966), pp. 1.102-1.104.

Down, J. L. H., «Observations on an ethnic classification of idiots», *London Hospital Reports* (1866), pp. 259-262.

Elbadry, E. A., y M. S. F. Tawfik, «Life cycle of the mite *Adactylidium sp.* (Acarina: Pyemotidae), a predator of thrips eggs in the United Arab Republic», *Annals of the Entomological Society of America,* 59 (1966), pp. 458-461.

Eldredge, N., y S. J. Gould, «Punctuated equilibria: an alternative to phyletic gradualism», en *Models in Paleobiology,* ed. T. J. M. Schopf, Freeman, Cooper, San Francisco, 1972, pp. 82-115.

Finch, C., *The art of Walt Disney,* H. N. Abrams, Nueva York, 1975.

Fine, P. E. M., «Lamarckian ironies in contemporary biology», *The Lancet* (2 de junio, 1979), pp. 1181-1182.

Fluehr-Lobban, C., «Down's syndrome (Mongolism): the scientific history of a genetic disorder». Inédito, 1979.

Fowler, W. A., *Nuclear astrophysics,* American Philosophical Society, Filadelfia, 1967.

Fox, G. E., L. J. Magrum, W. E. Balch, R. S. Wolfe y C. R. Woese, «Classification of methanogenic bacteria by 16S ribosomal RNA characterization», *Proceedings of the National Academy of Sciences,* 74 (1977), pp. 4.537-4.541.

Frankel, R. B., R. P. Blakemore y R. S. Wolfe, «Magnetite in freshwater magnetotactic bacteria», *Science,* 203 (1979), pp. 1.355-1.356.

Frazzetta, T., «From hopeful monsters to bolyerine snakes», *American Naturalist,* 104 (1970), pp. 55-72.

Galileo Galilei, *Dialogues concerning two new sciences,* 1638, traducido por H. Crew y A. DeSalvio, 1914, MacMillan, Nueva York (hay trad. cast. de la *Jornada segunda de los diálogos sobre dos nuevas ciencias,* Alpuerto, Madrid, 1982).

Goldschmidt, R., *The material basis of evolution,* Yale University Press, New Haven, Connecticut, 1940.

Gould, S. J., *Ontogeny and phylogeny,* Belknap Press de Harvard University Press, Cambridge, Massachusetts, 1977.

Gould, S. J., y N. Eldredge, «Punctuated equilibria: the tempo and mode of evolution reconsidered», *Paleobiology,* 3 (1977), pp. 115-151.

Gould, J. L., J. L. Kirschvink y K. S. Defeyes, «Bees have magnetic remanence», *Science,* 201 (1978), pp. 1.026-1.028.

Gruber, H. E., y P. H. Barrett, *Darwin on man,* Dutton, Nueva York, 1974.

Günther, B., y E. Guerra, «Biological similarities», *Acta Physiologica Latinoamerica,* 5 (1955), pp. 169-186.

Haldane, J. B. S., «Can a species concept be justified?», en *The species concept in paleontology,* ed. P. C. Sylvester-Bradley, pp. 95-96, Systematics Association, Publicación n.° 2, Londres, 1956.

Hamilton, W. D., «Extraordinary sex ratios», *Science,* 156 (1967), pp. 477-488.

Hanson, E. D., «Homologies and the ciliate origin of the Eumetazoa», en *The lower Metazoa,* ed. E. C. Dougherty *et al.,* University of California Press, Berkeley, 1963, pp. 7-22.

—, *The origin and early evolution of animals,* Wesleyan University Press, Middletown, Connecticut, 1977.

Hopson, J. A., «Relative brain size and behavior in archosaurian reptiles», *Annual Review of Ecology and Systematics,* 8 (1977), pp. 429-448.

Hull, D. L., «Are species really individuals?», *Systematic Zoology,* 25 (1976), pp. 174-191.

Jackson, J. B. C., y G. Hartman, «Recent brachiopod-coralline sponge communities and their paleoecological significance», *Science,* 173 (1971), pp. 623-625.

Jacob, F., «Evolution and tinkering», *Science,* 196 (1977), pp. 1.161-1.166.

Jastrow, R., y M. H. Thompson, *Astronomy: fundamentals and frontiers,* John Wiley, Nueva York, 1972.

Jerison, H. J., *Evolution of the brain and intelligence,* Academic Press, Nueva York, 1973.

Johanson, D. C., y T. D. White (1979), «A systematic assessment of early African hominids», *Science,* 203 (1979), pp. 321-330.

Kahn, P. G. K., y S. M. Pompea, «Nautiloid growth rhythms and dynamical evolution of the earth-moon system», *Nature,* 275 (1978), pp. 606-611.

Keith, A., *A new theory of human evolution,* Watts, Londres, 1948.

Kirkpatrick, R., *The nummulosphere. An account of the organic origin of so-called igneous rocks and of abyssal red clays,* Lamley, Londres, 1913.

Kirsch, J. A. W., «The six-percent solution: second thoughts on the adaptedness of the Marsupialia», *American Scientist,* 65 (1977), pp. 276-288.

Knoll, A. H., y E. S. Barghoorn, «Archean microfossils showing cell division from the Swaziland System of South Africa», *Science,* 198 (1977), pp. 396-398.

Koestler, A., *The case of the midwife toad,* Random House, Nueva York, 1971 (hay trad. cast.: *El abrazo del sapo,* Aymá, Barcelona, 1973).

—, *Janus,* Random House, Nueva York, 1978.

Leakey, L. S. B., *By the evidence,* Harcourt Brace Jovanovich, Nueva York, 1974.

Leakey, M. D., y R. L. Hay «Pliocene footprints in the Laetoli Beds at Laetoli, northern Tanzania», *Nature,* 278 (1979), pp. 317-323.

Long, C. A., «Evolution of mammalian cheek pouches and a possibly discontinuous origin of a higher taxon (Geomyoidea)», *American Naturalist,* 110 (1976), pp. 1.093-1.097.

Lorenz, K., «Part and parcel in animal and human societies», en *Studies in animal and human behavior,* vol. 2, pp. 115-

195, Harvard University Press, Cambridge, Massachusetts, 1971 (publicado originalmente en 1950).
Lurie, E., *Louis Agassiz: a life in science,* University of Chicago Press, Chicago, 1960.
Lyell, C., *The principies of geology,* 3 vols., John Murray, Londres, 1830-1833.
Ma, T. Y. H., «The relation of growth rate of reef corals to surface temperature of sea water as a basis for study of causes of diastrophisms instigating evolution of life», *Research on the Past Climate and Continental Drift,* 14 (1958), pp. 1-60.
Majnep, I., y R. Bulmer, *Birds of my Kalam country,* Oxford University Press, Londres, 1977.
Mayr, E., *Animal species and evolution,* Belknap Press de Harvard University Press, Cambridge, Massachusetts, 1963 (hay trad. cast.: *Especies animales y evolución,* Universidad de Chile y Ariel, Barcelona, 1968).
Merton, R. K., *On the shoulders of giants,* Harcourt, Brace and World, Nueva York, 1965.
Montessori, M., *Pedagogical anthropology,* F. A. Stokes, Nueva York, 1913.
Morgan, E., *The descent of woman,* Stein and Day, Nueva York, 1972.
O'Brian, C. F., «On *Eozoón canadense», Isis,* 62 (1971), pp. 381-383.
Osborn, H. F., *Man rices lo Parnassus,* Princeton University Press, Princeton, New Jersey, 1927.
Ostrom, J., «Bird flight: how did it begin?», *American Scientist,* 67 (1979), pp. 46-56.
Payne, R., «Songs of humpback whales», *Science,* 173 (1971), pp. 587-597.
Pietsch, T. W., y D. B. Grobecker, «The compleat angler: aggressive mimicry in an antennariid anglerfish», *Science,* 201 (1978), pp. 369-370.
Raymond, P., «Invertebrate paleontology», en *Geology, 1888-1938. Fiftieth anniversary volume,* pp. 71-103, Geological Society of America, Washington, 1941.
Rehbock, P. F., «Huxley, Haeckel, and the oceanographers: the

case of *Bathybius haeckelii*», *Isis,* 66 (1975), pp. 504-533.

Rupke, N. A., «*Bathybius Haeckelii* and the psychology of scientific discovery», *Studies in the History and Philosophy of Science,* 7 (1976), pp. 53-62.

Russo, F., S. J., «Supercherie de Piltdown: Teilhard de Chardin et Dawson», *La Recherche,* 5 (1974), p. 293.

Schreider, E., «Brain weight correlations calculated from the original result of Paul Broca», *American Journal of Physical Anthropology,* 25 (1966), pp. 153-158.

Schweber, S. S., «The origin of the *Origin* revisited» *Journal of the History of Biology,* 10 (1977), pp. 229-316.

Stahl, W. R., «Similarity and dimensional methods in biology», *Science,* 137 (1962), pp. 205-212.

Teilhard de Chardin, P., *El fenómeno humano,* Taurus, Madrid, 1963.

Temple, S. A., «Plant-animal mutualism: coevolution with dodo leads to near extinction of plant», *Science,* 197 (1977), pp. 885-886.

Thompson, D'Arcy W., *On growth and form,* Macmillan, Nueva York, 1942 (hay trad. cast. de la ed. abreviada por J. T. Bonner en 1961: *Sobre el crecimiento y la forma,* Blume, Madrid, 1980).

Verrill, A. E., «The Bermuda Islands, part 4», *Transactions of the Connecticut Academy of Arts and Sciences,* 12 (1907), pp. 1-160.

Walcott, C., J. L. Gould y J. L. Kirschvink, «Pigeons have magnets», *Science,* 205 (1979), pp. 1027-1029.

Wallace, A. R., *Darwinism,* MacMillan, Londres, 1890.

—, *Natural selection and tropical nature,* MacMillan, Londres, 1895.

Waterston, D., «The Piltdown mandible», *Nature,* 92 (1913), p. 319.

Wells, J. W., «Coral growth and geochronometry», *Nature,* 197 (1963), pp. 948-950.

Weiner, J. S., *The Piltdown forgery,* Oxford University Press, Londres, 1955.

White, M. J. D., *Modes of speciation,* W. H. Freeman, San Francisco, 1978.

Wilson, E. B., *The cell in development and inheritance,* MacMillan, Nueva York, 1896.
Wilson, E. O., *Sociobiology,* Belknap Press de Harvard University Press, Cambridge, Massachusetts, 1975 (hay trad. cast.: *Sociobiología,* Omega, Barcelona, 1980).
Wynne-Edwards, V. C., *Animal dispersion in relation to social behavior,* Oliver and Boyd, Londres, 1962.
Zirkle, C., «The early history of the idea of the inheritance of acquired characters and pangenesis», *Transactions of the American Philosophical Society,* 35 (1946), pp. 91-151.

ÍNDICE ALFABÉTICO

ÍNDICE

OCTAVA PARTE
TAMAÑO Y TIEMPO